JN074899

Python
実践
機械学習システム
100本ノック

第2版

下山輝昌・三木孝行・伊藤淳二 著

はじめに

施策につなげるという強い意識と、
小さな成果を継続的に生み出すための最小限の仕組化

　ウェブからの情報が手軽に手に入る時代になり、新しいプログラミング言語が簡単に学べるようになりました。そのおかげで、技術障壁は大きく下がり、自分の意志と一台のパソコンさえあれば誰でもエンジニアになれる時代が到来したと言っても良いかもしれません。

　しかしながら、入門書で身に付けた技術をビジネスの現場でどのように活用し、対処していけば良いのか、そうした現場ならではのノウハウは、入門書で技術を学ぶだけでは、決して身に付くものではありません。

　その想いから、前著である『Python実践データ分析100本ノック』が生まれました。この本は、実際のビジネスの現場を想定した100の例題を解くことで、現場の視点が身に付き、技術を現場に即した形で応用できる力を付けられるように設計した問題集です。扱っている技術も、データ加工に始まり、機械学習はもちろんのこと、最適化問題や画像認識、自然言語処理と幅広い技術をビジネスの現場で引き出せるように設計しました。『Python実践データ分析100本ノック』を手に取って、社内外でデータ分析や機械学習等のデータ活用プロジェクトを新たに立ち上げた人や、推進する人たちへの力になっていたらこれほど嬉しいことはありません。

　さて、様々な入門書を通して技術の引き出しを増やしたあなたが現場に入ると、あなたの分析結果や技術が理解されない状況に直面することでしょう。残念ながら、それはほとんどの現場で起きてしまうのです。なぜなのでしょうか。現場に理解されるためには、技術だけでは不十分で、運用を意識し、小さな成果を継続的に生み出すための最小限の仕組化が必要です。最小限の仕組みでも、小さな成果を上げ続けていくことで、少しずつ味方を増やし、文化の醸成につながっていきます。

　本書は、実際のビジネスの現場を想定した100の例題を解くことで、小規模ではありますが継続的にデータ分析や機械学習を回す仕組みを構築していきます。本書の100本ノックを解くことで、パソコン1台で施策を意識した仕組みが構築でき、データ活用プロジェクトを社内外に浸透・定着させ、文化を醸成するため

の最初の一歩を踏み出せるようになるはずです。本書だけでは、大規模なシステムや、様々なツールを使えるようにはなりませんが、データ活用プロジェクトを立ち上げ、きっちりと定着化させていきたいと思っている読者の方には、最初の一歩としてきっと役に立つのではないでしょうか。

　本書の構成は、データ分析システムと機械学習システムの二部構成となり、最後に放課後ノックを追加しています。第1部では、データ分析を行い、その結果を施策につなげるための仕組みを構築していきます。データの加工から始まり、まずは探索的にデータを可視化していきます。また、データ可視化のためのダッシュボードを作成し、様々な角度から分析が可能になるような工夫を行います。それらの中で得られた知見は、施策につなげられるようにエクセル形式のレポートとして表現することに挑戦します。最後に、データが継続的に更新できるようにフォルダ構成等を整理し、小規模な仕組みとして仕上げていきます。第2部では、機械学習のモデル構築を行い、そのモデルを施策につなげるための仕組みを構築していきます。機械学習のためのデータ加工を行った後に、機械学習モデルの構築や評価を行います。その後、機械学習の予測結果を施策につなげるためにレポーティングを実施し、継続的にデータが更新されることを想定した機械学習システムを構築していきます。放課後ノックでは、大規模言語モデル（LLM）を活用したプログラミングを行っていきます。ChatGPTで有名なOpenAI社のAPIを用いてLangchainというライブラリと、エージェントの使い方を中心に学びます。単に使ってみるのではなく、システムに組み込むことを想定したときに何が必要になるのかを想像しながら、活用のイメージを含まらせていきます。
　前著『Python実践データ分析100本ノック』と共通する部分はありますが、本書では仕組化に重きを置いています。

なぜ、継続的かつ小規模な仕組化が
データ分析や機械学習プロジェクトで必要なのか

　これからの世の中で、データ活用の重要性は益々認識されていき、データ分析や機械学習などのデータ活用プロジェクトは、企業の業績を決める大きな要因になっていくでしょう。しかしながら、これらのプロジェクトが真に成功している企業は一握りです。それはいったいなぜなのでしょうか。
　その答えは、成果が不確実なプロジェクトの進め方を理解し、適応できていない企業が多いからです。開発する機能がはっきりしている従来型のシステム開発のプロセスとは大きく異なり、データ分析や機械学習は、結果の保証ができません。

AIの精度が最初からわかっていたら、誰も苦労しないのです。そのため、仮説構築と検証を繰り返していく体制や仕組が非常に重要になってきます。

　データ活用プロジェクトは、現場から始まるボトムアップ型と、経営陣からの指示でシステム部門や本社部門が担うトップダウン型の２パターンに大別できます。ボトムアップ型の場合は、最初は予算が限られていますが、アンダーグラウンド的に小さい規模で始められるので、すぐに成果を求められにくく、現場で始まることから現場感もあります。そのため、最初のうちは上手くいくことが多いです。ただし、社内外で顧客が増えてくると、これまであまりシステム的な要素を意識していなかった弊害が出てきてしまい、人手不足によってパンクするケースが増えてくるのです。

　逆に、トップダウン型の場合、上からの指示ということもあり、予算が確保できるため、最初から可視化システム等のシステム化に舵を切ることが多いでしょう。ここで現場感のある良いシステムができれば現場に大きく浸透しますが、現場感がないシステムの場合、苦労して構築してもあまり使われないものとなってしまうでしょう。よく、「せっかく可視化システムを作ったけど現場の人が使ってくれない」というシステム部門の声と、「あのシステムは使いにくいからエクセルを使っています」という現場の声を耳にします。

　このどちらのパターンにおいても使える最強の進め方が、仕組化を意識した継続性のある小規模システムです。ボトムアップ型の場合、現場で取り組む課題や、現場で使いやすいものは良く理解していると思います。そのため、必要なのはデータの更新やレポーティングを継続的に行える仕組みを最初から頭に入れておくことです。データは更新されるから価値があります。現場感のある良い分析や機械学習の結果が得られたとしても、データが更新された際に対応できなかったり、莫大な労力や時間がかかってしまったら元も子もありません。逆にトップダウン型の場合は、予算が潤沢にあり、仕組化には強いことが多いです。システム化やツール導入ですべて解決する方向に行きがちですが、必要なのは現場に必要な施策を意識し、小規模なプロジェクトを数多く回すことに予算を充てるべきです。現場では、可視化ダッシュボードやCSVダウンロード機能など必要ではなく、簡易的なエクセルのレポートが週次で出てくるのを求めている可能性もあり、それは小規模システムを使って検証していくのがベストです。

　では、我々が考えている小規模システムとはどういったものなのでしょうか。

それは、データを手動で取り寄せ、プログラムを回すと、Excel等で最新の分析レポートや機械学習の結果を加味したレポートが出力されるレベルです。

　完全なデータ加工の自動化や非常にハイレベルな分析ダッシュボードや機械学習システムは、どんなレポートが最も効果があるのかを小規模システムで検証してからでも遅くはありません。

　この小規模システムは、あなたの目の前にあるパソコン一台で十分に開発できるレベルです。あなたの意志とパソコン一台で、会社ひいては日本のデータ文化を変革できる、そんな可能性を秘めているのです。

本書の効果的な使い方

　本書は、Pythonの入門書ではありません。読者の皆さんが、データ分析や機械学習プロジェクトの担当者として、現場で即戦力として活躍することを目指して作られた実践書です。そこで、全11章それぞれで、自分が実際に直面している状況だと思って取り組むと、最大の効果が得られます。

　まず、各章には、「あなたの状況」が書かれています。これがあなたが実際に置かれているプロジェクトの状況やあなたの想いです。そして、それに続く「前提条件」には、今、あなたが手にしているデータなど、ヒアリング等で得られた情報が記されています。これらを頼りに、あなたなら、どうすればこの状況を打破できるのか、想像してみてください。

　各章それぞれのノックは、一緒に働く先輩データサイエンティストからのアドバイスだと捉えると良いかもしれません。まずは何も考えず、素直にアドバイスに従ってみるのも良いでしょう。また、「自分ならこうする」などと、少し異なった視点での分析や施策の立案を行ってみるのも良いでしょう。先輩データサイエンティストは、経験豊富かもしれませんが、案外、初級者のほうが、現場に対して新鮮な視点でものを見ることができることも多いのです。本書の中には、敢えて現場感を出すために、冗長なコードも少し掲載しています。自分なりの視点で、改善案を考えてみるのも、本書ならではの醍醐味の1つです。最も重要なことは、分析の方法は1つではないということです。本書を片手に、エンジニア仲間と一緒に議論してみてください。

■動作環境

Python	Python 3.10（Google Colaboratoryを利用）
Webブラウザ	Google Chrome

　本書では、Google Colaboratoryを使用してノックを進めていきます。
　使用する前に、Colaboratoryサイト上の『よくある質問』を読むことをお勧めします。
　ColaboratoryにおけるPythonのバージョンとインストールされている各ライブラリのバージョンは、本書執筆時点（2024年4月）において、以下の通りです。

python	3.10.12
numpy	1.25.2
pandas	2.0.3
openpyxl	3.1.2
scikit-learn	1.2.2
matplotlib	3.7.1
japanize-matplotlib	1.1.3
seaborn	0.13.1
ipywidgets	7.7.1
ipympl	0.5.8
xlrd	2.0.1

サンプルソース

本書のサンプルは、以下からダウンロード可能です。

Jupyter ノートブック形式(.ipynb)のソースコード、使用するデータファイルが格納されています。

https://www.shuwasystem.co.jp/support/7980html/7261.html

サンプルソースのアップロード

ダウンロードしたサンプルソースを解凍し、Google Drive にアップロードします。

※画像は本書執筆時点(2024年4月)のものとなります。
　画面表示が画像と異なる場合は、適宜読み替えて進めてください。

ソースファイルをColaboratoryで開く

Google Driveで本章の下にある各章のフォルダに移動し、各章にある.ipynb
ファイルを選択して右クリック > アプリで開く > Google Colaboratoryを選
択してください。

```
# 下記セルを実行すると、Googleドライブへの接続を求められます。
# Googleアカウントにログインして進めてください。
import os
from google.colab import drive
drive.mount('/content/drive')
```

ソースコードの実行

ソースコードはShift + Enterを押すか、セルの左上にある実行ボタンを押す
ことで実行できます。

最初だけGoogle DriveのデータをColaboratory上にマウントするにあたっ
て、Googleからユーザー認証が求められます。以下の手順に沿って認証を行っ
てください。

このノートブックに **Google** ドライブのファイルへのアクセスを許可しますか？

このノートブックは Google ドライブ ファイルへのアクセスをリクエストしています。Google ドライブへのアクセスを許可すると、ノートブックで実行されたコードに対し、Google ドライブ内のファイルの変更を許可することになります。このアクセスを許可する前に、ノートブックコードをご確認ください。

スキップ　　Google ドライブに接続

「Google ドライブに接続」をクリックします。

すると、アカウント選択画面がポップアップ表示されます。(画面を最大化しています)

※認証手続き画面はユーザーの皆さまが設定している言語で表示されますので、適宜読み替えて進めてください。

自分のアカウントを選択します。

すると、次の画面が表示されます。

「次へ」をクリックします。
すると、次の画面が表示されます。

「続行」をクリックします。
すると、認証が完了し、以降のセルが実行可能となります。

Google Colaboratoryのライブラリバージョンが変更された場合

　Google ColaboratoryのPythonライブラリは不定期で更新されるため、バージョンアップにより執筆時点のソースコードでは動作しないケースが想定されます。その場合は、Colaboratory上でライブラリのバージョンを確認し、執筆時点のバージョンに戻すことで動作する可能性があります。

バージョン確認手順

・Colaboratory上で新しいセルを追加し、「pip freeze」と入力する。
・「本書の効果的な使い方」に記載のライブラリバージョンと、画面表示されたライブラリのバージョンを比較する。
・バージョンが異なる場合、Colaboratory上で新しいセルを追加し、
　「　!pip install pandas==2.0.3　」
　のように、本誌に記載のバージョンを指定して実行する。

※章ごとにインストールする必要があります。

第1部 データ分析システム

第2部 機械学習システム

第6章　機械学習のためのデータ加工をする10本ノック　193

放課後練 大規模言語モデル(LLM)の活用

第1部
データ分析システム

　データ分析のゴールは、分析結果から施策を提案し、効果を上げることです。
　一般的な流れとしては、分析設計、データ加工、可視化分析、施策、効果検証となります。そこで十分な効果が得られた場合は、本格的な横展開やシステム化を検討していきます。
　施策は一度実施しただけでは、効果を検証しきれないことが多いため、繰り返しデータを更新して、施策を実施することがあります。データが常に蓄積され、更新に対応できる仕組みを意識して構築していくことが重要です。

　第1部では、ピザチェーンをテーマに、データ分析プロジェクトに携わります。あなたは、プロジェクトに参画し、まずは、データの理解から始まり、分析できる形にデータを加工します。その際に、データの結合や、基礎統計量の把握を行います。その後、データを可視化することで、基礎分析を実施します。その中では、教師なし学習のクラスタリングや次元圧縮も取り扱います。それらの知見をもとに、多角的な視点を取り入れるために、分析ダッシュボードを作成し、最終的にはエクセルによるレポーティング作成まで実施します。
　それらを仕組み化し、継続的に運用できる形に仕上げていきます。

第1部で取り扱うPythonライブラリ

データ加工：pandas
可視化：matplotlib、seaborn、openpyxl
機械学習：scikit-learn

第1章
分析に向けた準備を行う
10本ノック

　あなたがデータを使って会社を劇的に変えるための第一歩目は、どんなデータがあるかを知り、分析できる形に整えることです。実際のビジネスの現場では、複数のシステムが存在し、また、1つひとつのデータは、分析しやすい形に整えられていない場合がほとんどです。理由は様々ですが、システムが扱いやすいデータと人間が理解しやすい情報は異なるということが挙げられます。例えば日本人向けの資料を作る場合、その資料は日本語で表現されることが多いでしょう。資料の作り手は見る側の人をイメージし、より正確に、より伝わりやすくしようと意識するからです。これに対して、システム上で扱うデータの多くは英数字が連結された状態となっており、それだけを見ても人間には理解できません。システムが処理しやすいようにルール化されたデータを、人間が理解できる形に整えなければならないのです。そのためには、どのようなデータがあるのか、そしてそのデータはどのようなルールによって作られているのかを把握する必要があります。データの理解が進むことで、どのように整形すれば分析に使えるのか、また、分析しやすいデータはどのようなものなのかも見えてくることでしょう。

　まずは第1章で、システムから出力したデータを人間が分析しやすい形に加工する手順を身に付けていきましょう。

ノック1：データを全て読み込んでみよう
ノック2：データを結合(ユニオン)してみよう
ノック3：フォルダ内のファイル名を一覧化してみよう
ノック4：複数データを結合(ユニオン)してみよう
ノック5：データの統計量を確認しよう
ノック6：不要なデータを除外しよう
ノック7：マスタデータを結合(ジョイン)してみよう
ノック8：マスタが存在しないコードに名称を設定しよう
ノック9：分析基礎テーブルを出力してみよう
ノック10：セルを整理して使いやすくしよう

あなたの状況

　さっそく、あなたは、自社のデータを分析してみようと考えます。しかし、データというのはそもそもどのようなものなのでしょうか。システムの運用に係わる部署であればデータを覗く機会があるかもしれませんが、そうでない方々が生のデータを扱う機会はまずありません。

　データを取得するために必要な手続きは会社や現場ごとに異なりますが、ここでは、あなたの趣旨に会社や上司が賛同し、システム部門を通じてデータを提供してもらえることを前提としています。あなたの成果によって、会社がデータ分析部隊を新設するきっかけになるかもしれません。

前提条件

　本章の10本ノックでは、ピザチェーンのデータを扱っていきます。

　データは表に示した3種類5個のデータとなります。

　m_store.csvは店舗マスタで、店舗コードと店舗名、エリアコードを保持しています。

　m_area.csvは地域マスタで、エリアコードとエリア情報、都道府県名を保持しています。店舗マスタとエリアコードを紐づけることで、対象店舗がどのエリアに属するのか確認することができます。

　このように値が必ず一意になる固定的なデータは、マスタデータとして管理されます。

　tbl_order_202004.csvは、このピザチェーンの4月分の注文データです。注文の有無やその内容はその時々で変わりますので、値が一意になることはありません。このような流動的なデータはトランザクションデータとして管理されます。

　tbl_order_202005.csv、tbl_order_202006.csvはそれぞれ注文データの5月分と6月分です。どうやらこのシステムでは注文データが月別で出力されるようです。トランザクションデータは数が非常に多くなることがあるので、予めシステムを構築する段階で、どのくらいの量をどのように管理するのかが考慮されています。このようなデータを上手に扱えるかどうかはあなた次第、ということになります。

　実際のシステムにはもう少し情報がありそうです。顧客マスタや注文詳細データなどが必要になる状況もでてきそうですが、本書では除外し、基本的なデータの扱い方から始めていきましょう。

■表1-1：データ一覧

No.	ファイル名	概要
1	m_area.csv	地域マスタ。都道府県情報等。
2	m_store.csv	店舗マスタ。店舗名等。
3-1	tbl_order_202004.csv	注文データ。4月分。
3-2	tbl_order_202005.csv	注文データ。5月分。
3-3	tbl_order_202006.csv	注文データ。6月分。

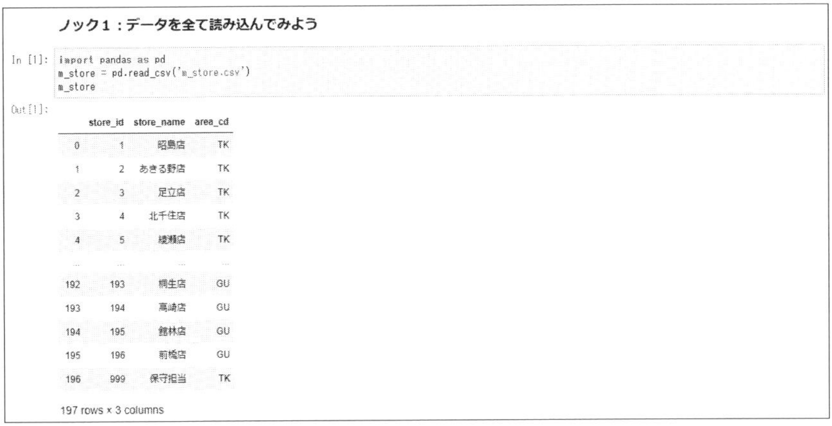

ノック1：
データを全て読み込んでみよう

　まずは、3種類のデータをそれぞれ読み込んで、中身を表示してみましょう。
3種類のデータは、データベースから抽出したCSV形式のファイルとなります。
　最初に、m_store.csvをColaboratoryで読み込んでみましょう。

```
import pandas as pd
m_store = pd.read_csv('m_store.csv')
m_store
```

■図1-1：m_storeの読み込み結果

23

　1行目で、Python ライブラリのpandasを読み込みます。import pandas の後ろにas pdと記述し、別名を付けています。

　2行目では、pandasのread_csvを使用してm_store.csvファイルを読み込み、データフレーム型の変数m_storeに格納しています。1行目でpandasにpdという別名を付けたことで、pd.read_csvのように省略して記載することができます。

　3行目で、変数m_storeの内容を表示しています。データフレームの変数名をそのまま入力すると、データの内容、行数、列数を表示します。データ件数が多い場合、先頭5行と末尾5行のみ表示するので、読み込んだデータの概要を確認するのに適しています。

　図1-1の出力結果の一番左側には0からの連番(インデックス)が表示されていますが、データフレームに自動的に設定される行番号となります。

　データ件数だけを確認する場合、以下のように記述することもできます。

```
len(m_store)
```

■図1-2：m_storeの件数

```
In [2]: len(m_store)
Out[2]: 197
```

　また、データの先頭5件だけを確認する場合、以下のように記述することもできます。

```
m_store.head()
```

■図1-3：m_storeの先頭5件

```
In [3]: m_store.head()
Out[3]:
```

	store_id	store_name	area_cd
0	1	昭島店	TK
1	2	あきる野店	TK
2	3	足立店	TK
3	4	北千住店	TK
4	5	綾瀬店	TK

これらの関数は、状況に応じて使い分けていきましょう。

それでは、他のデータも読み込んでみます。

tbl_orderは複数のファイルがありますが、まずはtbl_order_202004.csvを読み込んでみましょう。

Colaboratoryのセルはデータごとに分けて書いていきます。

```
m_area = pd.read_csv('m_area.csv')
m_area
```

```
tbl_order_4 = pd.read_csv('tbl_order_202004.csv')
tbl_order_4
```

図1-4：データの読み込み結果

```
In [4]: m_area = pd.read_csv('m_area.csv')
        m_area
Out[4]:
```

	area_cd	wide_area	narrow_area
0	TK	東京	東京
1	KN	神奈川	神奈川
2	CH	千葉	千葉
3	SA	埼玉	埼玉
4	IB	北関東	茨城
5	TO	北関東	栃木
6	GU	北関東	群馬

```
In [5]: tbl_order_4 = pd.read_csv('tbl_order_202004.csv')
        tbl_order_4
Out[5]:
```

	order_id	store_id	customer_id	coupon_cd	sales_detail_id	order_accept_date	delivered_date	takeout_flag	total_amount	status
0	79339111	49	C26387220	50	67393872	2020-04-01 11:00:00	2020-04-01 11:18:00	1	4144	1
1	18941733	85	C48773811	26	91834983	2020-04-01 11:00:00	2020-04-01 11:22:00	0	2877	2
2	56217880	76	C66287421	36	64409634	2020-04-01 11:00:00	2020-04-01 11:15:00	0	2603	2
3	28447783	190	C41156423	19	73032165	2020-04-01 11:00:00	2020-04-01 11:16:00	0	2732	2
4	32576156	191	C54568117	71	23281182	2020-04-01 11:00:00	2020-04-01 11:53:00	0	2987	2
...	...	...	...	...	...	...	...	...	...	...
233255	25546308	3	C24617924	46	3700904	2020-04-30 21:58:58	2020-04-30 22:19:58	0	2615	2
233256	91693481	45	C68997855	6	37852755	2020-04-30 21:58:58	2020-04-30 22:13:58	0	2732	2
233257	57908119	36	C16123702	81	90372382	2020-04-30 21:58:58	2020-04-30 22:47:58	0	2363	2
233258	7145625	174	C80733640	75	48265986	2020-04-30 21:58:58	2020-04-30 22:32:58	0	2238	2
233259	31301192	151	C23758178	9	13847510	2020-04-30 21:58:58	2020-04-30 22:52:58	0	1900	2

233260 rows × 10 columns

実行すると、それぞれのデータが表示され、内容を確認できます。

読み込んだデータの一部を表示させることで、どのような項目が存在するのか、それぞれの項目の関係性など、データの大枠を掴むことができます。

　今回のように整形前のデータを扱うこともあれば、整形後のデータを扱うこともあると思います。大事なことは、データは全ての土台であり、ここが正しくできなければ後の分析も誤った内容になるということです。慣れれば簡単にデータを加工できるようになりますが、本当に正しく加工できているか、中身を表示して確認する癖をつけていきましょう。

　それでは、今回使用するデータの大枠を掴んでいきましょう。
　m_storeには、店舗の名称やエリアコードといった店舗情報が、m_areaには、広域エリア名称や都道府県名が格納されています。
　そして、tbl_orderから始まる複数のファイルには、いつ、誰が、どこで、いくら購入したのかなどの注文情報が格納されています。どの商品を幾つ購入したのかという具体的な内容までは保持していないようですが、sales_detail_idという売上詳細IDを持っていますので、詳細な内容を保持した別のデータが存在することがわかります。本書では売上詳細データは使いませんが、もし必要なデータが足りていない状況にある場合、上長やシステム部門等に相談してみるのもよいでしょう。

　さて、今回のデータはどのように使っていくのが良いでしょうか。
　分析をする際はなるべく粒度の細かいデータを基準にしていきますが、今回は注文詳細データを除外していますので、注文データをベースとして加工していくのが良いでしょう。
　注文データをベースに考える場合、大きく2つのデータ加工を行う必要があります。
　1つ目は、月ごとに分割されたtbl_orderを縦に結合するユニオンです。
　2つ目は、tbl_orderにm_storeとm_areaを横に結合するジョインです。
　まずは、データユニオンから見ていきましょう。

⚾ ノック2：データを結合（ユニオン）してみよう

　ここでは、tbl_order_4とtbl_order_5の**ユニオン**に挑戦してみます。
　tbl_order_202004.csvは既に読み込んでいるので、tbl_order_202005.csvを読み込み、tbl_order_5というデータフレーム型の変数に格納してみます。
　その上で、tbl_order_5の内容を表示してみましょう。

```
tbl_order_5 = pd.read_csv('tbl_order_202005.csv')
tbl_order_5
```

■図1-5：データの読み込み結果

ノック2：データを結合（ユニオン）してみよう

```
In [6]: tbl_order_5 = pd.read_csv('tbl_order_202005.csv')
        tbl_order_5
Out[6]:
```

	order_id	store_id	customer_id	coupon_cd	sales_detail_id	order_accept_date	delivered_date	takeout_flag	total_amount	status
0	24742472	22	C90731046	22	80308413	2020-05-01 11:00:00	2020-05-01 11:22:00	1	2328	1
1	11342919	56	C68678177	12	35725624	2020-05-01 11:00:00	2020-05-01 11:50:00	0	2987	2
2	76451864	56	C79630016	46	2609869	2020-05-01 11:00:00	2020-05-01 11:32:00	0	2603	2
3	28392539	192	C83895707	80	17111162	2020-05-01 11:00:00	2020-05-01 11:19:00	0	2603	2
4	71706591	121	C36584528	93	22800835	2020-05-01 11:00:00	2020-05-01 11:17:00	0	2877	2
...	...	...	...	...	...	...	...	...	...	...
241134	47039360	154	C39765066	90	27121351	2020-05-31 21:58:58	2020-05-31 22:42:58	1	2363	1
241135	61054188	94	C19465010	41	61513298	2020-05-31 21:58:58	2020-05-31 22:40:58	0	2112	2
241136	45288914	11	C23883838	40	65359139	2020-05-31 21:58:58	2020-05-31 22:38:58	0	3838	2
241137	41608372	149	C48350551	43	42138977	2020-05-31 21:58:58	2020-05-31 22:52:58	0	1899	2
241138	40316733	169	C49087342	61	59737067	2020-05-31 21:58:58	2020-05-31 22:08:58	0	3901	2

241139 rows × 10 columns

ノック1と同じ流れで５月分の注文データを読み込みました。

４月分のデータと項目が同じであることがわかります。

それでは、この２つのデータをユニオンしてorder_allというデータフレーム型の変数に格納してみましょう。

その上で、order_allの内容を表示してみます。

```
order_all = pd.concat([tbl_order_4, tbl_order_5], ignore_index=True)
order_all
```

■図1-6：データユニオン

```
In [7]: order_all = pd.concat([tbl_order_4, tbl_order_5], ignore_index=True)
        order_all
Out[7]:
```

	order_id	store_id	customer_id	coupon_cd	sales_detail_id	order_accept_date	delivered_date	takeout_flag	total_amount	status
0	79339111	49	C26387220	50	67393872	2020-04-01 11:00:00	2020-04-01 11:18:00	1	4144	1
1	18941733	85	C48773811	26	91834983	2020-04-01 11:00:00	2020-04-01 11:22:00	0	2877	2
2	56217880	76	C66287421	36	64409634	2020-04-01 11:00:00	2020-04-01 11:15:00	0	2603	2
3	28447783	190	C41156423	19	73032165	2020-04-01 11:00:00	2020-04-01 11:16:00	0	2732	2
4	32576156	191	C54568117	71	23281182	2020-04-01 11:00:00	2020-04-01 11:53:00	0	2987	2
...	...	...	...	...	...	...	...	...	...	...
474394	47039360	154	C39765066	90	27121351	2020-05-31 21:58:58	2020-05-31 22:42:58	1	2363	1
474395	61054188	94	C19465010	41	61513298	2020-05-31 21:58:58	2020-05-31 22:40:58	0	2112	2
474396	45288914	11	C23883838	40	65359139	2020-05-31 21:58:58	2020-05-31 22:38:58	0	3838	2
474397	41608372	149	C48350551	43	42138977	2020-05-31 21:58:58	2020-05-31 22:52:58	0	1899	2
474398	40316733	169	C49087342	61	59737067	2020-05-31 21:58:58	2020-05-31 22:08:58	0	3901	2

474399 rows × 10 columns

　先頭行のpd.concatでユニオンを行っています。ignore_index=Trueはデータフレームごとに持っていたインデックス番号を0から振り直すことを意味しています。ここではインデックスをキーとした操作を行わないのであまり意味はありませんが、状況によってはインデックスをキーとしたデータ加工を行う場合がありますので、もとのインデックスを保持するかどうか、適切に見極める必要があります。

　2行目でデータ内容と行数を表示しています。ユニオンした件数が合っているかどうか確認するためには、データフレームの確認で画面表示した件数を単純に合算して比較することもできますし、以下のように検証することもできます。

```
len(order_all) == len(tbl_order_4) + len(tbl_order_5)
```

■図1-7：データ件数比較

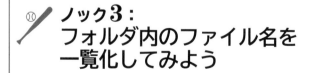

```
In [8]: len(order_all) == len(tbl_order_4) + len(tbl_order_5)
Out[8]: True
```

　ユニオン後の件数と、4月分に5月分を加算した件数を==で比較しています。Trueの場合は件数が一致、Falseの場合は件数が不一致となります。

　これで、ユニオンが完了しました。
　しかし、今回のデータには6月分の注文データも用意されています。また、実際には1年につき12ヶ月分のデータが存在するはずです。そのようなデータを1つひとつ処理していく場合、効率よく処理したくなるものです。
　次のノックでは、複数のファイルを効率よく処理する方法を意識してみましょう。

⚾🏏 ノック3：
フォルダ内のファイル名を
一覧化してみよう

　複数のファイルを連続して読み込むためには、ファイルが格納されたフォルダの中身を調べた上で、フォルダに存在するファイルを順番に処理する必要があります。まずは、カレントディレクトリ（現在の作業フォルダ）を確認してみましょう。

```
import os
current_dir = os.getcwd()
current_dir
```

■図1-8：カレントディレクトリの表示

```
ノック3：フォルダ内のファイル名を一覧化してみよう
In [9]:  import os
         current_dir = os.getcwd()
         current_dir
Out[9]:  '/root/jupyter_notebook/codes/1章'
```

　1行目で、Pythonライブラリのosを読み込みます。文字数が短いため別名は付けません。

　2行目では、osのgetcwdを使用してカレントディレクトリを取得し、current_dir変数に格納しています。

　3行目で変数の内容を表示しています。表示内容は環境によって異なりますが、本章ではcsvファイルが格納されたフォルダ上でコードを実行することを前提としています。

　それでは、カレントディレクトリを覗いてみましょう。

```
os.listdir(current_dir)
```

■図1-9：カレントディレクトリの内容を一覧表示

```
In [10]:  # 全てのファイルを一覧表示する
          os.listdir(current_dir)
Out[10]:  ['.ipynb_checkpoints',
           '1章_分析に向けた準備を行う10本ノック.ipynb',
           'm_area.csv',
           'm_store.csv',
           'output_data',
           'tbl_order_202004.csv',
           'tbl_order_202005.csv',
           'tbl_order_202006.csv']
```

　osのlistdirを使用してcurrent_dirの情報を取得しています。

　カレントディレクトリに存在する全てのフォルダ名とファイル名がリストで保持されていることがわかります。

　では、ここで取得した情報をそのまま利用することはできるでしょうか。今回

使いたいファイルは注文データのcsvファイルだけですから、もう少し工夫してみましょう。

```
tbl_order_file = os.path.join(current_dir, 'tbl_order_*.csv')
tbl_order_file
```

■図1-10：カレントディレクトリの検索キーを設定

```
In [11]: tbl_order_file = os.path.join(current_dir, 'tbl_order_*.csv')
         tbl_order_file
Out[11]: '/root/jupyter_notebook/codes/1章/tbl_order_*.csv'
```

　1行目で、osのpath.joinを使用して、カレントディレクトリと注文データファイル名を連結しています。このとき、ファイル名の月にあたる部分にワイルドカードの*を指定することで、注文データファイルだけを検索することができます。
　1行目で連結した情報を2行目で表示して、内容を確認しています。
　それでは、この内容をもとにカレントディレクトリを検索してみましょう。

```
import glob
tbl_order_files = glob.glob(tbl_order_file)
tbl_order_files
```

■図1-11：カレントディレクトリの注文データを一覧表示

```
In [12]: # 特定のファイルを一覧表示する
         import glob
         tbl_order_files = glob.glob(tbl_order_file)
         tbl_order_files
Out[12]: ['/root/jupyter_notebook/codes/1章/tbl_order_202004.csv',
          '/root/jupyter_notebook/codes/1章/tbl_order_202005.csv',
          '/root/jupyter_notebook/codes/1章/tbl_order_202006.csv']
```

　1行目で、Pythonライブラリのglobを読み込みます。
　2行目で、先程設定した検索キーに該当するファイルを全て取得し、tbl_order_files変数に格納しています。
　3行目で、tbl_order_files変数の内容を表示しています。毎月の注文データが、ディレクトリ情報を含むフルパスで取得できていることが確認できます。

ノック4：複数データを結合(ユニオン)してみよう

それでは注文データのユニオンに戻りましょう。先程のノックで注文データファイルの一覧を取得していますので、その一覧をもとに処理を繰り返すことができそうです。

ただし、いきなり繰り返し処理を行うことはお勧めしません。コードが誤っていた場合に結果がおかしくなってしまいますが、繰り返し処理が終わった後だと、どこが悪かったのか確認するのが面倒になるためです。

そこで、まずは先程取得したリストを１件だけ処理するコードを書いてみます。

```
order_all = pd.DataFrame()
file = tbl_order_files[0]
order_data = pd.read_csv(file)
print(f'{file}:{len(order_data)}')
order_all = pd.concat([order_all, order_data], ignore_index=True)
order_all
```

■図1-12：リストの１個目のファイルを指定した処理

ノック４：複数データを結合（ユニオン）してみよう

In [13]:
```
# 繰り返しの前に1個だけ処理して確認したい場合
order_all = pd.DataFrame()
file = tbl_order_files[0]
order_data = pd.read_csv(file)
print(f'{file}:{len(order_data)}')
order_all = pd.concat([order_all, order_data], ignore_index=True)
order_all
```

/root/jupyter_notebook/codes/1章/tbl_order_202004.csv:233260

Out[13]:

	order_id	store_id	customer_id	coupon_cd	sales_detail_id	order_accept_date	delivered_date	takeout_flag	total_amount	status
0	79339111	49	C26387220	50	67393872	2020-04-01 11:00:00	2020-04-01 11:18:00	1	4144	1
1	18941733	85	C48773811	26	91834983	2020-04-01 11:00:00	2020-04-01 11:22:00	0	2877	2
2	56217880	76	C66287421	36	64409634	2020-04-01 11:00:00	2020-04-01 11:15:00	0	2603	2
3	28447783	190	C41156423	19	73032165	2020-04-01 11:00:00	2020-04-01 11:16:00	0	2732	2
4	32576156	191	C54568117	71	23281182	2020-04-01 11:00:00	2020-04-01 11:53:00	0	2987	2
...	...	...	...	...	...	...	...	...	...	...
233255	25546308	3	C24617924	46	3700904	2020-04-30 21:58:58	2020-04-30 22:19:58	0	2615	2
233256	91693481	45	C68997855	6	37852755	2020-04-30 21:58:58	2020-04-30 22:13:58	0	2732	2
233257	57908119	36	C16123702	81	90372382	2020-04-30 21:58:58	2020-04-30 22:47:58	0	2363	2
233258	7145625	174	C80733640	75	48265986	2020-04-30 21:58:58	2020-04-30 22:32:58	0	2238	2
233259	31301192	151	C23758178	9	13847510	2020-04-30 21:58:58	2020-04-30 22:52:58	0	1900	2

233260 rows × 10 columns

１行目で、処理結果を格納するためのデータフレームを用意します。

　2行目で、リスト内の1個目のファイルを処理対象ファイルとして指定します。

　3行目で注文データファイルを読み込み、読み込んだファイル名と件数を4行目で出力しています。print(f'{file}:{len(order_data)}')は表示フォーマットを指定する書き方で、{}の中に変数をそのまま記載できます。4行目の例では、ファイルのフルパスと入力レコード数が：で区切って表示されます。画面表示させるコードをセルの途中に書く場合、print()で囲みます。Python 3.5以前のバージョンをお使いの場合は、従来のformatを指定する方法で記述してください。その場合の記載例は、print("{0}:{1}".format(file, len(order_data)))となります。

　5行目でデータをユニオンし、6行目でユニオン結果を表示しています。

　問題なく処理できていることが確認できましたので、繰り返し処理ができる形に直していきましょう。

```
order_all = pd.DataFrame()
for file in tbl_order_files:
    order_data = pd.read_csv(file)
    print(f'{file}:{len(order_data)}')
    order_all = pd.concat([order_all, order_data], ignore_index=True)
```

■図1-13：繰り返し処理を実行

```
In [14]:  # 処理を繰り返す場合
          order_all = pd.DataFrame()
          for file in tbl_order_files:
              order_data = pd.read_csv(file)
              print(f'{file}:{len(order_data)}')
              order_all = pd.concat([order_all, order_data], ignore_index=True)

          /root/jupyter_notebook/codes/1章/tbl_order_202004.csv:233260
          /root/jupyter_notebook/codes/1章/tbl_order_202005.csv:241139
          /root/jupyter_notebook/codes/1章/tbl_order_202006.csv:233301
```

　1行目は前と同じく、処理結果を格納するためのデータフレームの作成です。

　2行目でfor文を使用して繰り返し処理をしています。tbl_order_filesから1個ずつ取り出してfileに格納し、3行目から5行目までの処理を行います。for文の記載ルールに合わせ、末尾に：（コロン）を記述し、繰り返す部分のインデントを下げています。

　4行目でファイル名と件数を出力することで、どのファイルから何件処理されたのかを見ることができます。途中経過を出力することで、あとどのくらいで処理が終わるのか予測することができますので、状況に応じてこのような情報を出力することを心がけてください。

　それでは、ユニオン結果を確認してみましょう。

```
order_all
```

■図1-14：繰り返し処理の結果を表示

```
In [15]: order_all
Out[15]:
```

	order_id	store_id	customer_id	coupon_cd	sales_detail_id	order_accept_date	delivered_date	takeout_flag	total_amount	status
0	79339111	49	C26387220	50	67393872	2020-04-01 11:00:00	2020-04-01 11:18:00	1	4144	1
1	18941733	85	C48773811	26	91834983	2020-04-01 11:00:00	2020-04-01 11:22:00	0	2877	2
2	56217880	76	C66287421	36	64409634	2020-04-01 11:00:00	2020-04-01 11:15:00	0	2603	2
3	28447783	190	C41156423	19	73032165	2020-04-01 11:00:00	2020-04-01 11:16:00	0	2732	2
4	32576156	191	C54568117	71	23281182	2020-04-01 11:00:00	2020-04-01 11:53:00	0	2987	2
...	...	...	...	...	...	...	...	...	...	...
707695	90872494	191	C35992970	46	51884378	2020-06-30 21:58:58	2020-06-30 22:43:58	1	2112	1
707696	30345862	35	C53126526	88	6295273	2020-06-30 21:58:58	2020-06-30 22:36:58	0	4462	2
707697	85345862	118	C25099070	32	15733308	2020-06-30 21:58:58	2020-06-30 22:42:58	0	3865	2
707698	73038887	100	C27421314	84	67608099	2020-06-30 21:58:58	2020-06-30 22:21:58	0	3319	2
707699	14799648	39	C90614204	5	13300147	2020-06-30 21:58:58	2020-06-30 22:38:58	0	2064	2

707700 rows × 10 columns

　先頭5件と末尾5件のデータから、データのずれは発生していないことがわかります。

　また、表示された件数から、3ヶ月分の注文データがユニオンされていることも確認できました。

ノック5：データの統計量を確認しよう

　注文データを1個にまとめることができましたので、データの中身を確認していきましょう。

　まずは**欠損値**を確認してみます。欠損値が含まれる場合、集計や機械学習に大きな影響を与える可能性があります。それでは、どの程度の欠損値があるのかを確認してみましょう。

```
order_all.isnull().sum()
```

33

■図1-15：データ欠損値の確認

```
        ノック5：データの統計量を確認しよう

In [16]:  order_all.isnull().sum()

Out[16]:  order_id            0
          store_id            0
          customer_id         0
          coupon_cd           0
          order_detail_id     0
          order_accept_date   0
          delivered_date      0
          takeout_flag        0
          total_amount        0
          status              0
          dtype: int64
```

　ユニオン後の注文データであるorder_allに対して、isnullを使用して欠損値の数を出力しています。isnullを用いると、欠損値をTrue/Falseで返してくれます。そのTrueの数を列毎にsumで集計しています。今回のデータは欠損値がない綺麗なデータであることが確認できました。欠損値が存在する場合は、項目名などから欠損値が存在して良いか確認しましょう。その上で、そのまま処理するのか、その行を除外するのか、何かしらの値を設定するのか、状況に応じて決めていきましょう。クライアントがいる場合は、全体に対してどの程度欠けているかを伝え、除去すべきかどうか確認するのが良いでしょう。

> **note**
>
> 欠損値処理等は、前作『Python実践データ分析100本ノック』で取り扱っていますので、本作と併せてお読みいただくと、より効率良く学習が進められるかと思います。

　次に、注文データの**統計量**を出力してみます。データ全体の数字感を知っておくことは、データ分析を進めていく上でとても重要なことです。今回利用する注文データは売上を含んでいますが、桁が1つ違うだけで規模や影響度合いが大きく変わってきます。
　それでは、統計量を出力してみましょう。

```
order_all.describe()
```

■図1-16：注文データの統計量の確認

```
In [17]: order_all.describe()

Out[17]:
              order_id      store_id     coupon_cd  sales_detail_id  takeout_flag   total_amount        status
count      7.077000e+05  707700.000000  707700.000000   7.077000e+05  707700.000000  707700.000000  707700.000000
mean       5.000989e+07     103.934565      49.514363   5.000335e+07       0.259864    2960.651814       3.082906
std        2.889226e+07      86.374451      28.882605   2.885575e+07       0.438560     954.378771       2.836278
min        2.200000e+01       1.000000       0.000000   4.600000e+01       0.000000     698.000000       1.000000
25%        2.501247e+07      51.000000      25.000000   2.504502e+07       0.000000    2308.000000       2.000000
50%        4.999655e+07      99.000000      49.000000   5.004506e+07       0.000000    2808.000000       2.000000
75%        7.508014e+07     148.000000      75.000000   7.499707e+07       1.000000    3617.000000       2.000000
max        9.999980e+07     999.000000      99.000000   9.999965e+07       1.000000    5100.000000       9.000000
```

　describeを用いると、データ件数（count）、平均値（mean）、標準偏差（std）、最小値（min）、四分位数（25%、75%）、中央値（50%）、最大値（max）を簡単に出力できます。total_amountを見ると、平均は約2960円となっています。今回のケースでは、注文1回あたりの平均購入金額となります。最低金額は698円、最高金額は5100円ということもわかりました。

　横の項目を見ると、total_amount以外にも幾つか出力されていることがわかります。describeは数値データの集計を行ってくれるので、データの型が数値であれば全て集計されますが、中には集計しても意味がないものもあります。例えばorder_idは注文番号ですが、この番号の平均をとることに意味はありません。データ型を変換しておくことで集計対象から除外することができますが、ここでは省略し、第2章で解説します。最小値や最大値を手っ取り早く知りたい、という場合はこの方法がおすすめです。

　また、見たい項目だけを出力する場合、以下のように記述することもできます。

```
order_all['total_amount'].describe()
```

■図1-17：total_amountの統計量

```
In [18]: order_all['total_amount'].describe()

Out[18]: count    707700.000000
         mean       2960.651814
         std         954.378771
         min         698.000000
         25%        2308.000000
         50%        2808.000000
         75%        3617.000000
         max        5100.000000
         Name: total_amount, dtype: float64
```

　今回のデータには注文金額の合計しかありませんが、売上詳細データや顧客データがあれば、統計量から多くの情報を得ることができそうです。

　その他に見ておきたい項目として、データの期間が挙げられます。データ受け渡し時点でのヒアリングやファイル名に付与された数字から期間を判断することもできますが、念のため確認しておくことをお勧めします。

```python
print(order_all["order_accept_date"].min())
print(order_all["order_accept_date"].max())
print(order_all["delivered_date"].min())
print(order_all["delivered_date"].max())
```

■図1-18：日付の最小・最大値を確認

```
In [19]: print(order_all["order_accept_date"].min())
         print(order_all["order_accept_date"].max())
         print(order_all["delivered_date"].min())
         print(order_all["delivered_date"].max())

         2020-04-01 11:00:00
         2020-06-30 21:58:58
         2020-04-01 11:10:00
         2020-06-30 22:55:56
```

　実行すると、2020年4月1日から2020年6月30日までのデータ範囲であることがわかります。

ノック6： 不要なデータを除外しよう

　これまでデータの欠損値や統計量を確認してきましたが、中には分析に含めてはいけないデータが紛れていることがあります。不具合で欠損した情報もあれば、システムのテスト段階で作られたデータが紛れていたり、運用保守担当者がデータを作り出すケースもあります。このようなデータは極端な値を持っていたり、顧客コードや店舗コードに保守担当用のコードが設定されている場合があります。除外した方が良いデータがないか、予めヒアリングしておいたり、データの中身から判断していく必要があります。

　ノック5で注文金額の最小値と最大値を確認していますが、極端な値はなさそうでした。しかしノック1で読み込んだ店舗マスタから、保守担当用の店舗がstore_id：999で設定されていることがわかりました。ここでは、保守担当店舗の注文データを除外する処理を加えておきましょう。

```
order_data = order_all.loc[order_all['store_id'] != 999]
order_data
```

■図1-19：不要なデータを除外した結果

1行目で、店舗IDが999以外のデータを抽出し、order_data変数に格納しています。

2行目でorder_dataの件数を確認できますが、除外する前の件数から減っている為、今回のデータに保守店舗のデータが含まれていたことがわかりました。

このような保守データはいつ作られるかわかりませんので、予め除外する処理を加えておくのが良いでしょう。また、ここでは記載しませんが、**ノック5**で実施したdescribe()を再度実施して、除外した後の統計量を確認しておくのが良いでしょう。

ノック7：マスタデータを結合（ジョイン）してみよう

分析のベースとなる注文データが整ってきましたので、次はマスタデータを横に結合してみましょう。これにより、何を意味するのかわかりづらかったコード値に名称が紐づき、分析をしやすくなります。

```
order_data = pd.merge(order_data, m_store, on='store_id', how='left')
order_data
```

■図1-20：店舗マスタのジョイン

　1行目で、order_dataとm_storeを**ジョイン**しています。このとき、それぞれに共通する列はstore_idとなります。共通する列をon=に指定することで、紐づく値を横に結合することができます。how=でorder_dataとm_storeのどちらを主軸にするかを指定します。今回はorder_dataに店舗マスタの情報を連結しますので、how='left'と記述します。

　2行目で、店舗マスタの2つの列が追加されたことがわかりました。

　次に、order_dataにエリアマスタをジョインします。

```
order_data = pd.merge(order_data, m_area, on='area_cd', how='left')
order_data
```

■図1-21：エリアマスタのジョイン

```
In [22]: order_data = pd.merge(order_data, m_area, on='area_cd', how='left')
         order_data
```

	order_id	store_id	customer_id	coupon_cd	sales_detail_id	order_accept_date	delivered_date	takeout_flag	total_amount	status	store_name	area_
0	79339111	49	C26387220	50	67393872	2020-04-01 11:00:00	2020-04-01 11:18:00	1	4144	1	浅草店	
1	18941733	85	C48773811	26	91834983	2020-04-01 11:00:00	2020-04-01 11:22:00	0	2877	2	目黒店	
2	56217880	76	C66287421	36	64409634	2020-04-01 11:00:00	2020-04-01 11:15:00	0	2603	2	本郷店	
3	28447783	190	C41156423	19	73032165	2020-04-01 11:00:00	2020-04-01 11:16:00	0	2732	2	栃木店	
4	32576156	191	C54568117	71	23281182	2020-04-01 11:00:00	2020-04-01 11:53:00	0	2987	2	伊勢崎店	
...	...											
703875	90872494	191	C35992970	46	51884378	2020-06-30 21:58:58	2020-06-30 22:43:58	1	2112	1	伊勢崎店	
703876	30167637	35	C53126526	88	6295273	2020-06-30 21:58:58	2020-06-30 22:36:58	0	4462	2	代々木店	
703877	85345862	118	C25099070	32	15733308	2020-06-30 21:58:58	2020-06-30 22:42:58	0	3865	2	銚子店	
703878	73038887	100	C27421314	84	67608099	2020-06-30 21:58:58	2020-06-30 22:21:58	0	3319	2	中原店	
703879	14799648	39	C90614204	5	13300147	2020-06-30 21:58:58	2020-06-30 22:38:58	0	2064	2	杉並店	

703880 rows × 14 columns

　1行目で、area_cdをキーにレフトジョインしています。area_cdは店舗マスタをジョインして追加される項目なので、店舗マスタをジョインするまではエリアマスタをジョインすることができません。データをジョインする際は、順番とキーを事前に確認しておきましょう。

　2行目で、項目が2つ増えていることが確認できます。具体的な値は、出力結果のスクロールバーを横にずらすことで確認できます。

ノック8：
マスタが存在しないコードに
名称を設定しよう

　注文データを眺めていると、マスタが存在しないコードがあることがわかりました。takeout_flagとstatusという2つの項目は、値を見ることはできますが、マスタが用意されていないため、値が何を意味するのかまでは読み取ることができません。

　実際の現場でもこのようなデータが稀にありますが、担当者が内容を把握していることもありますので、可能であればヒアリングで確認してみましょう。

　今回のデータでは、takeout_flagは0：デリバリー、1：お持ち帰りであるこ

とが確認できました。order_dataにtakeout_name項目を追加し、それぞれの
値に紐づく名称を設定していきます。

```
order_data.loc[order_data['takeout_flag'] == 0, 'takeout_name'] = 'デリバ
リー'
```

```
order_data.loc[order_data['takeout_flag'] == 1, 'takeout_name'] = 'お持ち
帰り'
```

```
order_data
```

■図1-22：takeout_flagの名称を設定

```
ノック8：マスタが存在しないコードに名称を設定しよう
```

In [23]:
```
order_data.loc[order_data['takeout_flag'] == 0, 'takeout_name'] = 'デリバリー'
order_data.loc[order_data['takeout_flag'] == 1, 'takeout_name'] = 'お持ち帰り'
order_data
```

Out[23]:

	order_id	store_id	customer_id	coupon_cd	sales_detail_id	order_accept_date	delivered_date	takeout_flag	total_amount	status	store_name	area_
0	79339111	49	C26387220	50	67393872	2020-04-01 11:00:00	2020-04-01 11:18:00	1	4144	1	浅草店	
1	18941733	85	C48773811	26	91834983	2020-04-01 11:00:00	2020-04-01 11:22:00	0	2877	2	目黒店	
2	56217880	76	C66287421	36	64409634	2020-04-01 11:00:00	2020-04-01 11:15:00	0	2603	2	本郷店	
3	28447783	190	C41156423	19	73032165	2020-04-01 11:00:00	2020-04-01 11:16:00	0	2732	2	栃木店	
4	32576156	191	C54568117	71	23281182	2020-04-01 11:00:00	2020-04-01 11:53:00	0	2987	2	伊勢崎店	
703875	90872494	191	C35992970	46	51884378	2020-06-30 21:58:58	2020-06-30 22:43:58	1	2112	1	伊勢崎店	
703876	30167637	35	C53126526	88	6295273	2020-06-30 21:58:58	2020-06-30 22:36:58	0	4462	2	代々木店	
703877	85345862	118	C25099070	32	15733308	2020-06-30 21:58:58	2020-06-30 22:42:58	0	3865	2	銚子店	
703878	73038887	100	C27421314	84	67608099	2020-06-30 21:58:58	2020-06-30 22:21:58	0	3319	2	中原店	
703879	14799648	39	C90614204	5	13300147	2020-06-30 21:58:58	2020-06-30 22:38:58	0	2064	2	杉並店	

703880 rows × 15 columns

　1行目でtakeout_flagが0の全データを抽出し、takeout_nameに一括でデ
リバリーと設定しています。2行目も同様に、takeout_flagが1の全データに
対して、takeout_nameにお持ち帰りを一括で設定しています。
　status項目についても確認したところ、0：受付、1：お支払済、2：お渡し済、
9：キャンセルであることがわかりました。今回のデータは0：受付を含まない
ようですが、念のため全ての名称を追加していきます。

```
order_data.loc[order_data['status'] == 0, 'status_name'] = '受付'
```

```
order_data.loc[order_data['status'] == 1, 'status_name'] = 'お支払済'
```

```
order_data.loc[order_data['status'] == 2, 'status_name'] = 'お渡し済'
```

```
order_data.loc[order_data['status'] == 9, 'status_name'] = 'キャンセル'
order_data
```

■図1-23：statusの名称を設定

1〜4行目は、先程と同様、コード値に紐づく名称を一括で設定しています。
5行目で、status_nameが追加されたことが確認できました。

ノック9：
分析基礎テーブルを出力してみよう

注文データの加工が完了しましたので、データフレームの内容をファイルに出力してみましょう。データを出力しておくことで、別の機能で利用することができるようになりますので、適切なタイミングでの出力を心がけましょう。

今回は、カレントディレクトリに出力用のフォルダを作成し、CSV形式でファイル出力してみます。

```
output_dir = os.path.join(current_dir, 'output_data')
os.makedirs(output_dir, exist_ok=True)
```

●図1-24：出力フォルダの作成

```
ノック9：分析基礎テーブルを出力してみよう
In [25]:  output_dir = os.path.join(current_dir, 'output_data')
          os.makedirs(output_dir, exist_ok=True)
```

　1行目で、osのpath.joinを用いてcurrent_dirとoutput_dataフォルダを連結しています。このoutput_dataフォルダが出力用のフォルダです。

　2行目で、osのmakedirsを用いてoutput_dir変数に格納したフォルダを作成しています。makedirs はフォルダが既に存在するとエラーになりますが、exist_ok=Trueを記述することでエラーを抑制することができます。

　続けて、データフレームの内容をファイルに出力してみましょう。

```
output_file = os.path.join(output_dir, 'order_data.csv')
order_data.to_csv(output_file, index=False)
```

●図1-25：ファイルの出力

```
In [26]:  output_file = os.path.join(output_dir, 'order_data.csv')
          order_data.to_csv(output_file, index=False)
```

　1行目で、出力用ディレクトリと出力ファイル名を連結しています。

　2行目で、order_dataの内容をto_csvを用いてファイル出力しています。index=Falseを記述することで、ファイルの読込やユニオンで設定されたインデックスを除外しています。出力するデータにインデックスを含めたい場合は、indexにTrueを指定します。

　これで、出力用ディレクトリにorder_data.csvが出力されました。

⚾ ノック10：
セルを整理して使いやすくしよう

　ここまでのノックでファイルの読込から加工、出力までの一連の処理ができあがりました。このままでも利用することはできますが、見やすく使いやすい形に整理してみましょう。

```
# ライブラリのインポート
import pandas as pd
```

```python
import os
import glob

# ファイルの読込
m_store = pd.read_csv('m_store.csv')
m_area = pd.read_csv('m_area.csv')

# オーダーデータの読込
current_dir = os.getcwd()
tbl_order_file = os.path.join(current_dir, 'tbl_order_*.csv')
tbl_order_files = glob.glob(tbl_order_file)
order_all = pd.DataFrame()

for file in tbl_order_files:
    order_data = pd.read_csv(file)
    print(f'{file}:{len(order_data)}')
    order_all = pd.concat([order_all, order_data], ignore_index=True)

# 不要なデータを除外
order_data = order_all.loc[order_all['store_id'] != 999]

# マスタデータの結合
order_data = pd.merge(order_data, m_store, on='store_id', how='left')
order_data = pd.merge(order_data, m_area, on='area_cd', how='left')

# 名称を設定（お渡し方法）
order_data.loc[order_data['takeout_flag'] == 0, 'takeout_name'] = 'デリバリー'
order_data.loc[order_data['takeout_flag'] == 1, 'takeout_name'] = 'お持ち帰り'

# 名称を設定（注文状態）
order_data.loc[order_data['status'] == 0, 'status_name'] = '受付'
order_data.loc[order_data['status'] == 1, 'status_name'] = 'お支払済'
order_data.loc[order_data['status'] == 2, 'status_name'] = 'お渡し済'
order_data.loc[order_data['status'] == 9, 'status_name'] = 'キャンセル'

# ファイルの出力
output_dir = os.path.join(current_dir, 'output_data')
```

```
os.makedirs(output_dir, exist_ok=True)
output_file = os.path.join(output_dir, 'order_data.csv')
order_data.to_csv(output_file, index=False)
```

■図1-26：コードの整理

ノック10：セルを整理して使いやすくしよう

```
In [27]:   # ライブラリのインポート
           import pandas as pd
           import os
           import glob

           # ファイルの読込
           m_store = pd.read_csv('m_store.csv')
           m_area = pd.read_csv('m_area.csv')

           # オーダーデータの読込
           current_dir = os.getcwd()
           tbl_order_file = os.path.join(current_dir, 'tbl_order_*.csv')
           tbl_order_files = glob.glob(tbl_order_file)
           order_all = pd.DataFrame()

           for file in tbl_order_files:
               order_data = pd.read_csv(file)
               print(f'{file}:{len(order_data)}')
               order_all = pd.concat([order_all, order_data], ignore_index=True)

           # 不要なデータを除外
           order_data = order_all.loc[order_all['store_id'] != 999]

           # マスタデータの結合
           order_data = pd.merge(order_data, m_store, on='store_id', how='left')
           order_data = pd.merge(order_data, m_area, on='area_cd', how='left')
```

```
           # 名称を設定（お渡し方法）
           order_data.loc[order_data['takeout_flag'] == 0, 'takeout_name'] = 'デリバリー'
           order_data.loc[order_data['takeout_flag'] == 1, 'takeout_name'] = 'お持ち帰り'

           # 名称を設定（注文状態）
           order_data.loc[order_data['status'] == 0, 'status_name'] = '受付'
           order_data.loc[order_data['status'] == 1, 'status_name'] = 'お支払済'
           order_data.loc[order_data['status'] == 2, 'status_name'] = 'お渡し済'
           order_data.loc[order_data['status'] == 9, 'status_name'] = 'キャンセル'

           # ファイルの出力
           output_dir = os.path.join(current_dir, 'output_data')
           os.makedirs(output_dir, exist_ok=True)
           output_file = os.path.join(output_dir, 'order_data.csv')
           order_data.to_csv(output_file, index=False)

/root/jupyter_notebook/codes/1章/tbl_order_202004.csv:233260
/root/jupyter_notebook/codes/1章/tbl_order_202005.csv:241139
/root/jupyter_notebook/codes/1章/tbl_order_202006.csv:233301
```

　セルが１つにまとまりましたので、注文データが追加された場合は、この１つのセルを実行するだけで処理を完了させることができます。

　今回のコード整理では、以下のポイントを意識しています。

- 処理の「まとまり」を意識してセルの数を減らす
- importを先頭にまとめる
- 適宜コメントを付ける（# で記載した行はコメントになります）
- データ確認用のコードは必要なものだけを残し、不要なものを除外する（データフレームの表示やhead()など）

　この中で大事なことの１つは、適宜コメントを付けるというところです。
　コメントを付ける理由として、コードを他人と共有する際に理解を助けるということがよく言われますが、それだけではありません。
　処理ができあがると次第にコードの中身は見なくなりますが、改修要望は忘れた頃に発生するものです。１ヶ月後の自分がコードを見て、なぜそうしたのか覚えていないということはよくあることです。未来の自分が困らないためにも、処理の概要や注意点などはコメントとして残しておくことをお勧めします。

　これで、最初の10本ノックは終了です。
　ファイルを読み込み、データの中身を確認しつつ加工していく流れを掴んでいただけたと思います。このようなデータ加工は、データ分析や機械学習をする上では必須の作業となりますので、コードの中身まで詳しく説明してきました。
　繰り返しとなりますが、データ加工の段階で誤りがあると、後の可視化や機械学習も間違った結果となってしまいます。このような加工の誤りは現場レベルでは非常に嫌がられ、信用を傷つけることにもなりかねません。自分では気付かなかった誤りをお客様に指摘される、ということが続くと話も聞いてもらえなくなりますので、しっかり時間を割いて、加工したデータの確認をきちんと行いましょう。

次の章では、今回出力したデータを可視化し、簡単な分析を行っていきます。加工したデータからどのような情報が見えてくるのか、とても楽しみですね。

第2章
データを可視化し分析を行う 10本ノック

前章ではデータ加工の基本を学び、基礎データを作成しました。ここからは基礎データを利用した分析に入ります。データ分析とはどのようなものか、どうすればデータを読み解いていけるのかを学びます。その中でデータを可視化する技術を身に付け、簡易的な機械学習も実践してみましょう。

ノック11：データを読み込んで不要なものを除外しよう
ノック12：データの全体像を把握しよう
ノック13：月別の売上を集計してみよう
ノック14：月別の推移を可視化してみよう
ノック15：売上からヒストグラムを作成してみよう
ノック16：都道府県別の売上を集計して可視化しよう
ノック17：クラスタリングに向けてデータを加工しよう
ノック18：クラスタリングで店舗をグループ化してみよう
ノック19：グループの傾向を分析してみよう
ノック20：クラスタリングの結果をt-SNEで可視化しよう

あなたの状況

　前章でデータ加工の基本をマスターしたあなたは、さっそく何かしらの傾向を読み取ろうとするのではないでしょうか。一言でデータ分析といっても、さまざまな視点があり、多くの手法が存在します。まずは簡単な分析から始め、大きな視点で捉えつつ、必要な知識と技術を学んでいきましょう。

前提条件

本章では、第1章で作成したデータを扱っていきます。

■表2-1：データ一覧

No.	ファイル名	概要
1	order_data.csv	第1章で作成した注文データ。

 ## ノック11：
データを読み込んで不要なものを
除外しよう

　まずは第1章の**ノック9**または**ノック10**で出力した注文データ（同じ内容です）を読み込み、中身を確認してみましょう。

```
import pandas as pd
order_data = pd.read_csv('order_data.csv')
print(len(order_data))
order_data.head()
```

■図2-1：order_dataの読み込み結果

問題なくデータを読み込むことができました。ではこのデータをそのまま分析、といきたいところですが、今回の分析で必要のないデータも含まれていますので、それらを除外していきたいと思います。

```
order_data = order_data.loc[(order_data['status'] == 1)|(order_data['stat
us'] == 2)]
print(len(order_data))
order_data.columns
```

■図2-2：絞り込み結果

1行目でlocを使い、statusが1か2のデータだけを抽出しています。**ノック8**でstatus=0は受付、status=9はキャンセルであることが分かっています。この章での分析は金額がメインとなるためそれらを除外しますが、注文回数やキャンセル回数を見るなど、分析の視点によっては含めたままの状態が望ましい場合もあります。どのデータをどの時点で除外するかの考慮はとても大事で、欲しかった情報が早い段階で削除されていた、ということもよくあります。データ加工の際は、

どのタイミングで追加や削除ができるかを意識してみてください。

なお、locで複数条件を指定する場合、1つひとつの条件を( )で括り、&(and)か¦(or)の記号でつなぐ点に注意してください。

続いて、不要な項目を除外します。

```
analyze_data = order_data[['store_id', 'customer_id', 'coupon_cd', 'order_accept_date', 'delivered_date', 'total_amount', 'store_name', 'wide_area', 'narrow_area', 'takeout_name', 'status_name']]
```

```
print(analyze_data.shape)
```

```
analyze_data.head()
```

■図2-3：分析用データ

```
In [3]: analyze_data = order_data[['store_id', 'customer_id', 'coupon_cd',
               'order_accept_date', 'delivered_date', 'total_amount',
               'store_name', 'wide_area', 'narrow_area',
               'takeout_name', 'status_name']]
        print(analyze_data.shape)
        analyze_data.head()

        (574436, 11)
Out[3]:
```

	store_id	customer_id	coupon_cd	order_accept_date	delivered_date	total_amount	store_name	wide_area	narrow_area	takeout_name	status_name
0	49	C26387220	50	2020-04-01 11:00:00	2020-04-01 11:18:00	4144	浅草店	東京	東京	お持ち帰り	お支払済
1	85	C48773811	26	2020-04-01 11:00:00	2020-04-01 11:22:00	2877	目黒店	東京	東京	デリバリー	お渡し済
2	76	C66287421	36	2020-04-01 11:00:00	2020-04-01 11:15:00	2603	本郷店	東京	東京	デリバリー	お渡し済
3	190	C41156423	19	2020-04-01 11:00:00	2020-04-01 11:16:00	2732	栃木店	北関東	栃木	デリバリー	お渡し済
4	191	C54568117	71	2020-04-01 11:00:00	2020-04-01 11:53:00	2987	伊勢崎店	北関東	群馬	デリバリー	お渡し済

order_dataの項目を絞ってanalyze_dataに格納しています。今回のデータはそれほど大きくありませんが、レコード数や項目数が非常に多いデータを扱う場合、処理対象のデータはなるべく少なくしておいた方が、処理速度やメモリ使用量の面で良いと思います。ちなみに項目数が多いと1つひとつ書くのが大変ですので、1つ前のセルのorder_data.columnsで画面表示した項目名をコピー&ペーストし、不要な項目を削っています。

この方法はあくまでも複数ある手段の1つで、他のやり方としては、いったん全ての項目をanalyze_dataに追加し、不要な項目を後から指定して削除する、ということもできます。状況に応じた効率的な加工を意識してみてください。

ノック12：
データの全体像を把握しよう

次に、分析用データの統計量を確認します。**ノック5**で書いたdescribe()を用いて、改めて確認してみます。

```
analyze_data.describe()
```

■図2-4：分析用データの統計量

		store_id	coupon_cd	total_amount
		ノック12：データの全体像を把握しよう		
In [4]:	analyze_data.describe()			
Out[4]:				
count		574436.000000	574436.000000	574436.000000
mean		99.113844	49.478758	2960.087555
std		55.913615	28.888993	954.282731
min		1.000000	0.000000	698.000000
25%		51.000000	24.000000	2308.000000
50%		99.000000	49.000000	2808.000000
75%		147.000000	75.000000	3617.000000
max		196.000000	99.000000	5100.000000

describe()は数値型の項目を対象に集計を行いますので、store_idとcoupon_cdも集計されています。改めて**データ型**を確認してみましょう。

```
analyze_data.dtypes
```

■図2-5：分析用データのデータ型（変更前）

```
In [5]:  analyze_data.dtypes
Out[5]:  store_id             int64
         customer_id          object
         coupon_cd            int64
         order_accept_date    object
         delivered_date       object
         total_amount         int64
         store_name           object
         wide_area            object
         narrow_area          object
         takeout_name         object
         status_name          object
         dtype: object
```

それぞれ数値型のint64となっています。では、文字列型に変更してみましょう。

```
analyze_data[['store_id', 'coupon_cd']] = analyze_data[['store_id', 'coup
on_cd']].astype(str)
```
```
analyze_data.dtypes
```

■図2-6：分析用データのデータ型(変更後)

```
In [6]: analyze_data[['store_id', 'coupon_cd']] = analyze_data[['store_id', 'coupon_cd']].astype(str)
        analyze_data.dtypes

        C:¥ProgramData¥Anaconda3¥lib¥site-packages¥pandas¥core¥frame.py:3494: SettingWithCopyWarning:
        A value is trying to be set on a copy of a slice from a DataFrame.
        Try using .loc[row_indexer,col_indexer] = value instead

        See the caveats in the documentation: http://pandas.pydata.org/pandas-docs/stable/user_guide/indexing.html#returning-a-view-versus-a-copy
          self[k1] = value[k2]

Out[6]: store_id             object
        customer_id          object
        coupon_cd            object
        order_accept_date    object
        delivered_date       object
        total_amount          int64
        store_name           object
        wide_area            object
        narrow_area          object
        takeout_name         object
        status_name          object
        dtype: object
```

２つの項目に.astype(str)を指定することで文字列型に変更され、型表示がobjectに変わりました。ちょっと気になったのは、このコマンドを実行した際、Colaboratory上でワーニング(warning：警告・注意)が表示されたようです。今回はanalyze_dataの型を変えたのですが、本来はanalyze_dataの参照元であるorder_dataの型を変えるべき、というのがワーニングの原因のようです。データをうまく整理できていればこの状況は回避できると思いますが、処理が込み入ってくると、そうも言っていられない場合があります。また、型変換は後からでもできますので、必要なタイミングで実施すれば良いと思います。そこで予備知識として、ワーニングを表示しないためのコードも入れておきましょう。

```
import warnings
```
```
warnings.filterwarnings('ignore')
```

あくまでも予備知識です。なるべくワーニングが出ない書き方を意識してみてください。

ではもう一度describeで表示してみましょう。

```
analyze_data.describe()
```

■図2-7：分析用データの統計量

```
In [8]: analyze_data.describe()
Out[8]:
                total_amount
        count  574436.000000
        mean     2960.087555
        std       954.282731
        min       698.000000
        25%      2308.000000
        50%      2808.000000
        75%      3617.000000
        max      5100.000000
```

　これで、数値型のtotal_amountだけが集計されましたが、ここで確認できる
値は全体としての統計であり、ピザチェーンのグループ全体としての売上がどう
なのか、という見方です。ここからはもう少し掘り下げ、どういう視点で見るこ
とができるのかを考えていきましょう。

ノック13：月別の売上を集計してみよう

　それでは一歩踏み込んだ視点でデータを覗いてみましょう。ここまでに売上の
総計を見ることができましたが、さすがにこの粒度で見つけられることには限界
があります。そこで、データを月別に集計してみましょう。今回のデータには日
時の項目が2つあり、月の集計に利用できそうです。ですが、どちらもobject
型となっており、そのままでは集計できません。そこで、まずは日時型に変換し、
さらに年月項目を作成していきましょう。

```
analyze_data['order_accept_date'] = pd.to_datetime(analyze_data['order_ac
cept_date'])
```
```
analyze_data['order_accept_month'] = analyze_data['order_accept_date'].dt
.strftime('%Y%m')
```
```
analyze_data[['order_accept_date', 'order_accept_month']].head()
```

■図2-8：注文受付日時の編集

```
ノック13：月別の売上を集計してみよう

In [9]:  analyze_data['order_accept_date'] = pd.to_datetime(analyze_data['order_accept_date'])
         analyze_data['order_accept_month'] = analyze_data['order_accept_date'].dt.strftime('%Y%m')
         analyze_data[['order_accept_date', 'order_accept_month']].head()

Out[9]:
              order_accept_date  order_accept_month
         0    2020-04-01 11:00:00             202004
         1    2020-04-01 11:00:00             202004
         2    2020-04-01 11:00:00             202004
         3    2020-04-01 11:00:00             202004
         4    2020-04-01 11:00:00             202004
```

　1行目でpandasのto_datetimeを利用して、order_accept_dateを日時に変換しています。そして2行目で、order_accept_dateをもとにorder_accept_monthを追加しています。dt.strftimeは列を任意のフォーマットの文字列に一括変換する関数です。%Y%mで年月のフォーマットを指定しています。

　この章で使用する日付はorder_accept_dateのみですが、念のためdelivered_dateも同様に変換しておきましょう。複数の日時項目が存在する場合、各項目の差分を計算して所要日数や所要時間を取得するケースもあります。型の変換が中途半端だと、いざ使おうとした場合に混乱することがありますので、すぐ使わなくても型は揃えておくのが良いでしょう。

```
analyze_data['delivered_date'] = pd.to_datetime(analyze_data['delivered_d
ate'])
```

```
analyze_data['delivered_month'] = analyze_data['delivered_date'].dt.strft
ime('%Y%m')
```

```
analyze_data[['delivered_date', 'delivered_month']].head()
```

■図2-9：配達完了日時の編集

```
In [10]:  analyze_data['delivered_date'] = pd.to_datetime(analyze_data['delivered_date'])
          analyze_data['delivered_month'] = analyze_data['delivered_date'].dt.strftime('%Y%m')
          analyze_data[['delivered_date', 'delivered_month']].head()

Out[10]:
              delivered_date  delivered_month
         0    2020-04-01 11:18:00          202004
         1    2020-04-01 11:22:00          202004
         2    2020-04-01 11:15:00          202004
         3    2020-04-01 11:16:00          202004
         4    2020-04-01 11:53:00          202004
```

　同様に処理できました。では、改めてanalyze_dataのデータ型を確認してみましょう。

```
analyze_data.dtypes
```

▞図2-10：日時のデータ型確認

```
In [11]: analyze_data.dtypes

Out[11]: store_id              object
         customer_id          object
         coupon_cd            object
         order_accept_date    datetime64[ns]
         delivered_date       datetime64[ns]
         total_amount         int64
         store_name           object
         wide_area            object
         narrow_area          object
         takeout_name         object
         status_name          object
         order_accept_month   object
         delivered_month      object
         dtype: object
```

　それぞれの日時がdatetime64[ns]に変更され、日時項目として利用できるようになりました。それでは、統計データを月別で見てみましょう。

```
month_data = analyze_data.groupby('order_accept_month')
month_data.describe()
```

▞図2-11：月別の統計データ

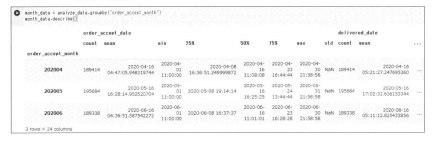

　月別に見るということは、月別のグループを作成して、グループ毎に計算させるということです。コードを見ると、analyze_dataのorder_accept_monthをキーにgroupby()を行い、month_dataに結果を格納しています。これにdescribe()を実行することで、月別の統計が行われます。次のように書くことで、合計金額も確認できます。

```
month_data['total_amount'].sum()
```

■図2-12：月別の統計データ（合計）

```
month_data['total_amount'].sum()

order_accept_month
202004    560559489
202005    579288785
202006    560532581
Name: total_amount, dtype: int64
```

　ここでは月別の推移を確認しましたが、同じような集計ができる情報は他にも
あります。例えば、地域別に集計するとどうなるか？　店舗別では？　というよ
うに視点を変えることで、シンプルに分析を始めていくことができますね。

ノック14：
月別の推移を可視化してみよう

　ノック13では月別の売上を表形式で捉えましたが、ここでは同じ内容をグラ
フで可視化してみましょう。データを捉える上で、昔ながらの表形式を好む人も
一定数いるのですが、実は表形式は値の比較には向いていません。表の中から数
字を拾って比較する、というステップが見る側に求められ、全体を正しく順位付
けするためには頭の中で計算し続けなければならないからです。そのような計算
をするまでもなく直感的な理解が得られる、という点で、グラフを利用した可視
化は非常に重要です。情報を落としつつもわかりやすく可視化するというのは、
簡単そうに思えますが実はとても奥が深く、それだけで壮大なテーマとなります。
当たり前のことと思われがちですが、グラフを用いた可視化はデータの理解を助
ける大事なテクニックで、その効果がどれほど大きいかまで認識している人は意
外にも少ないのです。

　本格的な可視化のテクニックは別の機会に掘り下げることとし、本書では
Pythonでできる、簡易的かつ現場で役立つ技術を身に付けていきましょう。ま
ずはPythonライブラリのmatplotlibを利用します。

```
import matplotlib.pyplot as plt
%matplotlib inline
month_data['total_amount'].sum().plot()
```

■図2-13：月別の売上合計推移

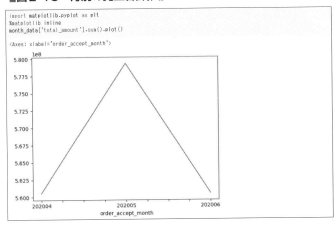

　最初に**matplotlib**をインポートします。pyplotはmatplotlibパッケージのモジュールで、1行目のようにpltと略して記載するのが一般的です。2行目の%matplotlib inlineは、Colaboratoryでノートブック上にグラフを描画する場合に記述します。そして合計金額を見るためにmonth_data['total_amount']をsum()で集計し、plot()でグラフ化しています。

　単純に数字で比較するよりも、5月の売上が他より伸びていることを直感的に捉えられますね。それでは次に、売上の平均額を可視化してみましょう。

```
month_data['total_amount'].mean().plot()
```

■図2-14：月別の平均額推移

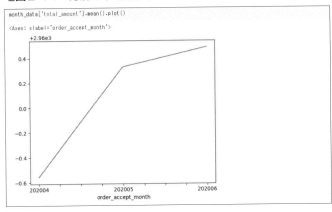

　sum()をmean()に変更しています。月平均の場合、6月の金額が5月をわずかに上回っており、合計金額と異なる傾向が見られることが確認できました。このような傾向を見ていくと、普段の売上がどの程度で、売上が上がったときどのような施策を打っていたかなどの分析をすることができますね。

ノック15：
売上からヒストグラムを作成してみよう

　次に、売上金額から**ヒストグラム**を作成してみましょう。ヒストグラムを作成することで、売上の分布を見ることができます。どのようなものか、まずは出力してみましょう。

```
plt.hist(analyze_data['total_amount'])
```

■図2-15：ヒストグラム

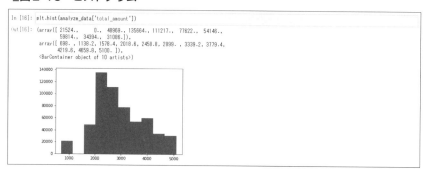

　plt.hist()で対象データを指定するだけで、簡単に表示できました。横軸が価格帯、縦軸がレコード数です。結果を見ると、1オーダーあたり2,000円～3,000円の注文が入ることが多いようです。これを地域や店舗といった単位で見ることで、客層の特徴を掴む手掛かりに使えそうです。また、次の施策を練る上でも大事な要素になります。パーティーメニューを用意する場合に、どのくらいの価格まで許容され、需要とマッチするかなどを検討する材料になります。

　今回作成したヒストグラムでは、横軸は10個の階級に分けられています。階級の数を指定しなければ自動的に設定されますが、意図的に変更することもできます。もう少し細かい階級に分けてみましょう。

```
plt.hist(analyze_data['total_amount'], bins=21)
```

■図2-16：ヒストグラム（ビンを変更）

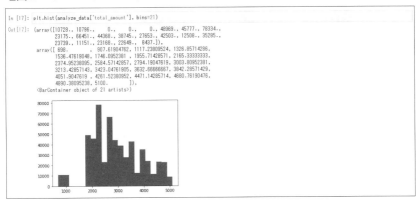

　ビン（bins）を指定することで、横軸の数が変わりました。こうして見ると、実際にはもう少し凹凸があることがわかります。最適な階級数を算出する公式もあるのですが、ここでは省略します。どの粒度で見るべきかは状況によって変わりますので、まずは自動的に出力されたものを見るところから始めましょう。あまり細かくしすぎると、1つひとつの凹凸に対する説明が難しくなります。ビンを変えることでどのような傾向が見られ、どのように読み解くことができるか、その説明に納得感が得られるかを考えるのが良いでしょう。

ノック16：
都道府県別の売上を集計して可視化しよう

　分析の粒度をさらに細かくしていきましょう。分析をする際は大きなところから捉えてブレイクダウンしていくのがスムーズです。そこで、ここでは地域別の売上を確認してみましょう。今回のデータではwide_areaとnarrow_areaが用意されています。**ノック1**で読み込んだ地域マスタを確認するとnarrow_areaは都道府県、wide_areaは北関東の3県が1つにまとめられているようです。ここでは都道府県ごとの集計をしたいので、narrow_areaを使用します。それでは月別かつ都道府県別の売上を、**ピボットテーブル**を使った**クロス集計**で表示してみましょう。

```
pre_data = pd.pivot_table(analyze_data, index='order_accept_month', colum
ns='narrow_area', values='total_amount', aggfunc='mean')
pre_data
```

■図2-17：都道府県別の売上

ノック16：都道府県別の売上を集計して可視化しよう

In [18]:
```
pre_data = pd.pivot_table(analyze_data, index='order_accept_month', columns='narrow_area', values='total_amount', aggfunc='mean')
pre_data
```

Out[18]:

narrow_area	千葉	埼玉	東京	栃木	神奈川	群馬	茨城
order_accept_month							
202004	2959.062000	2976.519634	2960.592173	2992.173548	2948.001171	2942.046543	2947.479814
202005	2953.545504	2977.290771	2962.603059	2998.165682	2949.597054	2948.269611	2941.796835
202006	2955.761885	2976.988380	2962.949987	2991.542844	2950.520464	2945.504744	2935.951783

pandas.pivot_table()でクロス集計を行っています。カンマ区切りの引数は以下のようになります。

引数1：集計対象データとしてanalyze_data
引数2：index　　　：行名として'order_accept_month'
引数3：columns　　：列名として'narrow_area'
引数4：values　　 ：使用する値として'total_amount'
引数5：aggfunc　　：集計方法として'mean'(平均値)

このようなクロス集計表はよく見るものだと思います。しかし、この表の中で順位付けを行うのは難しいと思いませんか？　表が細かくなればなるほど、見るのがつらくなります。そこで、特徴を容易に捉えるための可視化が必要になってくるのです。では、この結果をグラフで可視化してみましょう。

```
import japanize_matplotlib
plt.plot(list(pre_data.index), pre_data['東京'], label='東京')
plt.plot(list(pre_data.index), pre_data['神奈川'], label='神奈川')
plt.plot(list(pre_data.index), pre_data['埼玉'], label='埼玉')
plt.plot(list(pre_data.index), pre_data['千葉'], label='千葉')
plt.plot(list(pre_data.index), pre_data['茨城'], label='茨城')
plt.plot(list(pre_data.index), pre_data['栃木'], label='栃木')
plt.plot(list(pre_data.index), pre_data['群馬'], label='群馬')
plt.legend()
```

■図2-18：都道府県別売上のグラフ

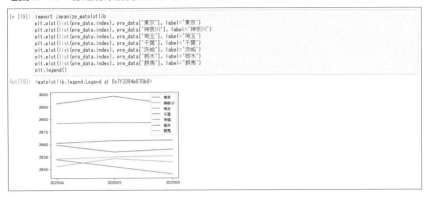

```
In [19]: import japanize_matplotlib
         plt.plot(list(pre_data.index), pre_data['東京'], label='東京')
         plt.plot(list(pre_data.index), pre_data['神奈川'], label='神奈川')
         plt.plot(list(pre_data.index), pre_data['埼玉'], label='埼玉')
         plt.plot(list(pre_data.index), pre_data['千葉'], label='千葉')
         plt.plot(list(pre_data.index), pre_data['茨城'], label='茨城')
         plt.plot(list(pre_data.index), pre_data['栃木'], label='栃木')
         plt.plot(list(pre_data.index), pre_data['群馬'], label='群馬')
         plt.legend()

Out[19]: <matplotlib.legend.Legend at 0x7f3394e870b8>
```

　1行目でjapanize_matplotlibをインポートしていますが、これは凡例を日本語で表示するためです。実はmatplotlibは日本語に対応していないので、インポートしていないとlabelを日本語で正しく表示することができません。label ='Tokyo'と英語表記すれば良いのですが、状況によっては日本語を使いたい場合があると思います。そのような場合、japanize_matplotlibをインポートするだけで済みますので、ぜひ覚えておいてください。

　2行目以降で、ノック14で定義したpltに各都県の値を設定していますが、plot()の引数は以下の通りです。

　　引数1：インデックス（行）のリスト
　　引数2：利用するカラム（列）
　　引数3：凡例に表示する値

　これで、地域ごとの平均売上が可視化されました。都道府県での金額差はわずかなものですが、栃木の平均売上が最も高く、茨城の金額が徐々に下がってきていることが確認できます。

ノック17：
クラスタリングに向けて
データを加工しよう

　ここまでくれば、分析の視点を店舗までブレイクダウンすることができます。では、全店舗の売上を一度にグラフ化するとどうなるでしょう。**ノック1**で店舗マスタを読み込みましたが、200近い店舗がありました。これをそのまま可視化しても、対象が多すぎて、特徴を捉えるのが難しいでしょう。

　都道府県毎に分けてみたり、特定の店舗だけを見るなど、手段はいろいろありますが、ここから先はクラスタリングによる店舗のグループ化を検討してみましょう。店舗毎の特徴をもとに幾つかのグループに分けることができれば、グループの特徴に合わせた対応をとることができるかもしれません。そこで、まずは注文データを店舗毎に集計し、クラスタリングに使用できる状態にしましょう。

```
store_clustering = analyze_data[['store_id', 'total_amount']].groupby('store_id').agg(['size', 'mean', 'median', 'max', 'min'])
store_clustering.reset_index(inplace = True, drop = True)
print(len(store_clustering))
store_clustering.head()
```

■図2-19：店舗別の統計量

　analyze_dataをstore_id でgroupby()しています。集計する値はtotal_amountとし、agg()でオーダー数、平均値、中央値、最大値、最小値を算出して、store_clusteringに格納しています。2行目のreset_index(inplace = True, drop = True）でインデックスを振り直しているのですが、この後クラスタリング結果を可視化するための加工です。インデックスを振り直すケースは稀にありますので、書き方を覚えておくと良いでしょう。3行目でグループ化した結果が店舗数と同数であることを確認し、最後にデータの中身を確認しています。

これでクラスタリングの準備ができたのですが、クラスタリングの前に、各店舗の状況を可視化してみましょう。matplotlibでも可視化することはできるのですが、ここでは**seaborn**ライブラリを利用してみます。

```
import seaborn as sns
hexbin = sns.jointplot(x='mean', y='size', data=store_clustering['total_a
mount'], kind='hex')
```

■図2-20：店舗の分布（六角形ビニング）

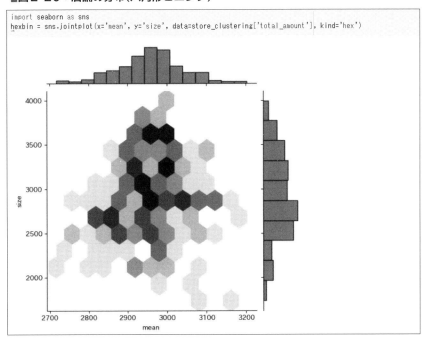

いかがでしょう。こんな短いコードですが、とても綺麗なグラフを描けた気になりませんか？

　1行目でseabornライブラリをインポートし、as snsで略称を付けています。そして2行目でseabornのjointplot()を用いてグラフを作成しています。引数としてxとyに平均値とオーダー数、dataにstore_clustering['total_amount']、グラフの種類(kind)に'hex'を指定しています。純粋な散布図は点の数がそのままプロットされるのですが、点の数が多すぎると、散布図の効果が発揮できないことがあります。六角形ビニングはエリアを六角形で区切り、そこに含まれる点の数を色の濃さで表現しています。補足として、グラフの種類(kind)を削ると通常の散布図が表示され、kind = 'kde'と記載すると密度が表示されます。

　1回あたり2900円から3000円の注文が多いようです。オーダー数にも極端な外れ値がないことが見てとれます。このように加工したデータも可視化することで、分析の視点や切り口が広がりますね。

ノック18：クラスタリングで店舗をグループ化してみよう

　それでは店舗に対する**クラスタリング**を行いましょう。Pythonの機械学習ライブラリであるscikit-learnをインポートして、**K-means法**でのクラスタリングを行います。本書を手に取ったみなさんであれば、機械学習についての知識は既にあるかもしれませんが、念のため機械学習についても軽く触れておきましょう。

　機械学習は大きく分けると、**教師あり学習**、**教師なし学習**、**強化学習**の3つに分けられます。中でも多く使われるのは教師あり学習と教師なし学習で、AIがデータを予測、分類するための特徴を人間が定義し、特徴量として与えます。それをAIが学習することで、未知のデータに対する予測、分類ができるようになるのです。

　教師あり学習は正解の情報まで与える学習方法で、正解を与えずに学習するのが教師なし学習です。ここで利用する**k-means法は、教師なし学習**となります。何が正解かを知らないまま、与えられた特徴からデータをグループ分けしていくことができるのです(ここでは、クラスタとグループを同じものとして扱います)。

　それでは、実際にクラスタリングを行ってみましょう。

```
from sklearn.cluster import KMeans
from sklearn.preprocessing import StandardScaler
sc = StandardScaler()
store_clustering_sc = sc.fit_transform(store_clustering)

kmeans = KMeans(n_clusters=4, random_state=0)
clusters = kmeans.fit(store_clustering_sc)
store_clustering['cluster'] = clusters.labels_
print(store_clustering['cluster'].unique())
store_clustering.head()
```

■図2-21：クラスタリング結果

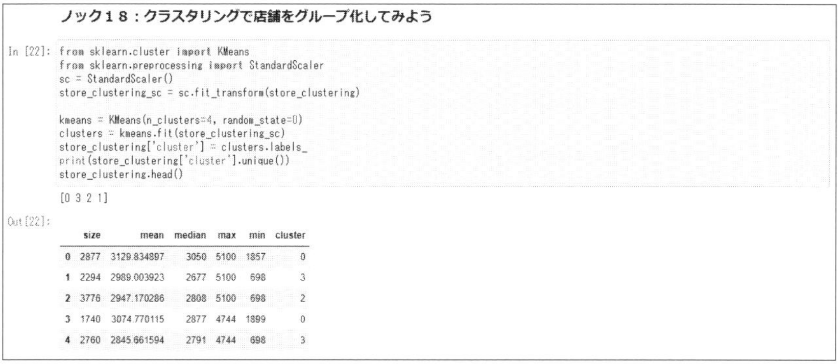

ノック１８：クラスタリングで店舗をグループ化してみよう

In [22]:
```
from sklearn.cluster import KMeans
from sklearn.preprocessing import StandardScaler
sc = StandardScaler()
store_clustering_sc = sc.fit_transform(store_clustering)

kmeans = KMeans(n_clusters=4, random_state=0)
clusters = kmeans.fit(store_clustering_sc)
store_clustering['cluster'] = clusters.labels_
print(store_clustering['cluster'].unique())
store_clustering.head()
```

[0 3 2 1]

Out[22]:

	size	mean	median	max	min	cluster
0	2877	3129.834897	3050	5100	1857	0
1	2294	2989.003923	2677	5100	698	3
2	3776	2947.170286	2808	5100	698	2
3	1740	3074.770115	2877	4744	1899	0
4	2760	2845.661594	2791	4744	698	3

１～２行目で必要なライブラリをインポートし、３～４行目でデータの**標準化**を行っています。今回利用するデータは店舗ごとのオーダー数と売上金額ですが、地域によってオーダー数にばらつきがあり、値のスケールが異なる可能性があります。このように機械学習に利用するデータの桁が違う可能性がある場合、標準化してスケールを合わせる必要があるのです。空行の後でクラスタ数とランダムシードを定義しています。

今回はクラスタの数を４としていますが、いくつが良いとは一概には言えませんので、クラスタ数を変えて、何度もトライしてみてください。ランダムシードを固定するのは、結果が毎回変わるのを防ぐためです。ここを固定しない場合、毎回結果が変わりますので、ある程度分析が進むまでは固定しておく方が良いでしょう。次の行でモデルを構築し、さらに次の行でクラスタリングの結果を

store_clustering['cluster']に格納しています。このようにクラスタリング結果をデータとして持つことで、この後の分析に利用できるようになります。今回は0、1、2、3の4つのグループに分けられました。

ノック19：グループの傾向を分析してみよう

それでは、4つのグループの傾向を分析してみましょう。まずは、それぞれの件数を確認してみます。

```
store_clustering.columns = ['月内件数', '月内平均値', '月内中央値', '月内最大値', '月内最小値', 'cluster']
store_clustering.groupby('cluster').count()
```

■図2-22：グループ毎の件数

ノック１９：グループの傾向を分析してみよう

```
In [23]: store_clustering.columns = ['月内件数', '月内平均値', '月内中央値', '月内最大値', '月内最小値', 'cluster']
         store_clustering.groupby('cluster').count()
Out[23]:
```

cluster	月内件数	月内平均値	月内中央値	月内最大値	月内最小値
0	14	14	14	14	14
1	24	24	24	24	24
2	89	89	89	89	89
3	69	69	69	69	69

1行目でstore_clusteringの項目を追加しています。ここで追加する項目はクラスタリングに使用した項目に合わせてあります。そして2行目でclusterをキーとしたグループ化を行い、それぞれの件数をcount()で取得しています。特徴をもとにしたグループ分けなので、クラスタごとの件数は異なります。件数はわかるが平均値はわからない、ということはありませんので、横軸の値は同じになります。

件数だけを見ると、クラスタ2と3が多く、クラスタ0と1が少ないことがわかります。件数が少ないクラスタ0や1に、何かしらの特徴が見られるかもしれません。しかし件数だけではこれ以上の掘り下げは難しいので、各グループの金額がどうなっているか確認してみましょう。

```
store_clustering.groupby('cluster').mean()
```

■ 図2-23：グループ毎の金額の内訳

```
In [24]: store_clustering.groupby('cluster').mean()
Out[24]:
                 月内件数      月内平均値     月内中央値     月内最大値    月内最小値
         cluster
              0  2514.642857  3071.595911  2880.428571  4896.571429  1882.071429
              1  2801.583333  3063.532847  3009.375000  5023.666667   758.250000
              2  3274.797753  2967.584258  2796.808989  5080.000000   741.325843
              3  2616.463768  2887.247467  2728.217391  4756.304348   743.405797
```

　先程と同様にclusterでグループ化し、平均を求めました。それぞれの値から想像すると、クラスタ0は最低金額が高めなグループ、クラスタ4は売上が低めのグループのようです。今回は与えた特徴が少ないですが、もっと多くの項目を要素として与えることができれば、さらに面白い傾向がでるかもしれません。

　このように教師なし学習では、与えられた特徴を学習して自動的にグループ分けをしてくれるのですが、1つ注意点があります。それは、作られたグループがどういうグループなのか、人間が解釈して説明する必要があるということです。クラスタリングで10個のグループを作ってみても、細かい違いをどう解釈していいかわからないということはよくあります。最適なクラスタの数は状況によって違うのでいろいろ試す、というのはこれが理由です。

ノック20：
クラスタリングの結果を
t-SNEで可視化しよう

　それでは本章の最後に、クラスタリングの結果を可視化してみましょう。今回のデータは5つの項目を持っていますが、項目が多いということは、高次元のデータであると言い換えることができます。この高次元データをそのまま2次元のグラフで表現することはできません。そこで、次元数を減らして可視化できる状態にする必要があるのです。

この次元数を減らす行為を**次元削減**といい、教師なし学習のライブラリが用意されています。次元削減には複数の手法がありますが、今回は**t-SNE**を使ってみましょう。

```
from sklearn.manifold import TSNE
tsne = TSNE(n_components=2, random_state=0)
x = tsne.fit_transform(store_clustering_sc)
tsne_df = pd.DataFrame(x)
tsne_df['cluster'] = store_clustering['cluster']
tsne_df.columns = ['axis_0', 'axis_1', 'cluster']
tsne_df.head()
```

図2-24：t-SNEでの可視化

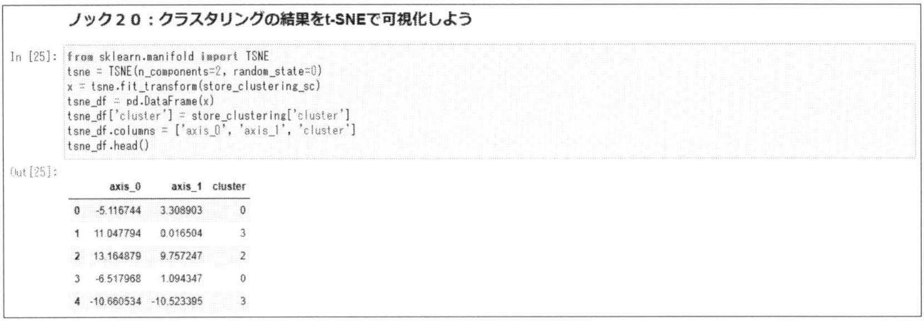

ノック20：クラスタリングの結果をt-SNEで可視化しよう

In [25]:
```
from sklearn.manifold import TSNE
tsne = TSNE(n_components=2, random_state=0)
x = tsne.fit_transform(store_clustering_sc)
tsne_df = pd.DataFrame(x)
tsne_df['cluster'] = store_clustering['cluster']
tsne_df.columns = ['axis_0', 'axis_1', 'cluster']
tsne_df.head()
```

Out[25]:

	axis_0	axis_1	cluster
0	-5.116744	3.308903	0
1	11.047794	0.016504	3
2	13.164879	9.757247	2
3	-6.517968	1.094347	0
4	-10.660534	-10.523395	3

1行目でt-SNEのライブラリをインポートし、2行目でt-SNEを定義しています。n_components=2で2次元までの削減を指定し、random_state=0でランダムシードを固定しています。3行目のtsne.fit_transformでモデルを構築しますが、ここで引数として渡す情報は**ノック18**で作成したstore_clustering_scとなります。xには2次元に削減された値が格納されますので、4行目でデータフレームに格納し、5行目でクラスタのIDを連結しています。ここで使用するクラスタのIDも**ノック18**で作成した値です。6行目でデータフレームの項目名を再設定し、最後にデータフレームの状態を表示すると、どのようなデータが作成されたのか、イメージができましたね。では、散布図で可視化してみましょう。

```
tsne_graph = sns.scatterplot(x='axis_0', y='axis_1', hue='cluster', data=
tsne_df)
```

■図2-25：t-SNEでの可視化結果

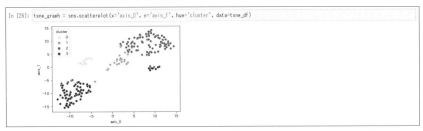

　seabornを利用することで、シンプルに可視化することができます。sns. scatterplot()で散布図を指定し、引数としてx軸にaxis_0、y軸にaxis_1を指定しています。dataにtsne_dfを指定することで、xのaxis_0とyのaxis_1がtsne_dfの項目であると認識されます。そしてクラスタごとに色を変えるため、hueにclusterを指定しました。一見するととても綺麗にクラスタリングされたように見えますが、異なるクラスタがわずかに重なったような部分もあります。次元削減も完全ではないので、このような状態はよくあることです。今回は、これだけ分かれていれば十分だと言ってよいのではないでしょうか。

　次元削除されたx軸とy軸が何を意味するのか、それを言葉にして説明するのは簡単ではありません。ここではクラスタリングがうまく行われたことを確認できたことで終了としましょう。ここまでできれば、問題のあるクラスタに属する店舗に絞って調査、分析を行っていくことができますね。

　これで、この章の10本ノックは終了です。
　基礎データを利用して、さらに適切な加工を行い、様々な可視化の手法を取り入れつつ、大きな視点からブレイクダウンして分析を行いました。Pythonのライブラリを利用することで、様々な集計や可視化を効率的に行えることが伝わったと思います。この章で紹介した手法や技術は数ある中の1つです。特にグラフは一部だけを紹介した形になりましたので、本章で興味をもっていただけたなら、ぜひ応用する技術を調べてみてください。

　分析の知識と技術の基本を身に付けたあなたは、次章でさらに踏み込んだ分析を行っていきます。ここでの学びから分析の視点が広がることで、様々な仮説が立てられ、それを証明する手段も身に付いていくでしょう。

第3章
可視化の仕組みを構築する
10本ノック

　これまでは、現場のヒアリングや集まったデータの傾向から「仮説」を構築し、それに基づいて基礎分析やクラスタリング分析を行ってきました。そこで次のステップでは、様々な切り口で動的にデータを可視化することで、現場を知る人に意見をもらい、多角的に仮説や分析結果を評価していきます。

　人にデータを見てもらうためには、見やすさやわかりやすさが重要になってきます。例えば、フィルタ機能を用いて、店舗毎のグラフや詳細なデータを表示させたり、複数の指定した店舗を比較できるように表示させたりしていきます。このように動的にデータを変化させる機能を搭載することで、いちいちプログラムのコードを変更しなくても、必要なデータをスピーディに可視化することができます。このような機能や、複数の情報を効率よくユーザーに届けるための工夫を進めて行くことで、**ダッシュボード**ができあがっていきます。

Column
ダッシュボードとは

　ダッシュボードとは、複数のグラフやデータ等の情報を1つにまとめて、一目でデータを把握できるようにするデータ可視化ツールです。

　データを集約するといっても、ただグラフ等をたくさん表示すればいい訳ではなく、何を見せるか、何を把握してもらうか、といったデータのストーリーまで考えていく必要があり、とても深い知識や経験を必要とします。

　今回は演習としてPythonで簡易的なダッシュボードを作成しますが、TableauやPower BIなどのビジネスインテリジェンスツール（BIツール）を活用するのも有効です。

　データを扱う上で、必ずといって良いほど話題に上がる言葉ですので、ぜひ覚えておいてください。

本章で最終的に簡易的なダッシュボードを作成していきますが、どのようなデータをまとめるか等、ぜひご自身でもストーリーを考えながらノックを進めてください。

　それでは、ダッシュボードに向けて、まずはデータを動的に可視化する所から取り組んでいきましょう。

ノック21：店舗を絞り込んで可視化できるようにしてみよう
ノック22：複数店舗の詳細を可視化できるようにしてみよう
ノック23：スライドバーを用いてオーダー件数を調べてみよう
ノック24：トグルボタンで地域データを抽出しよう
ノック25：日付を指定してデータを抽出してみよう
ノック26：ストーリーを考えてデータを構築しよう
ノック27：キャンセルの理由を分析してみよう
ノック28：仮説を検証してみよう
ノック29：ストーリーをもとにパーツやデータを組み合わせて
　　　　　ダッシュボードを作ろう
ノック30：ダッシュボードを改善しよう

あなたの状況

　これまで行ってきた分析や仮説が正しいか、現場のメンバーにヒアリングをしたいと考えます。しかし、現場のメンバーに見てもらうにしても、データリテラシー(データや知識の活用能力)が低い場合、表やグラフをただ渡しても見向きもしてくれません。

　そこで、データを一目で把握できるように簡易的なダッシュボードを作成することにしました。

■ 前提条件

　本章で取り扱う基礎データはこれまでと同じものを用います。

■ 表3-1：データ一覧

No.	ファイル名	概要
1	m_area.csv	地域マスタ。都道府県情報等。
2	m_store.csv	店舗マスタ。店舗名等。
3-1	tbl_order_202004.csv	注文データ。4月分。
3-2	tbl_order_202005.csv	注文データ。5月分。
3-3	tbl_order_202006.csv	注文データ。6月分。

 # ノック21：
店舗を絞り込んで可視化できるように
してみよう

　今回、Colaboratoryでフィルタ機能等を搭載するのに「ipywidgets」というライブラリを利用します。
　ipywidgetsがインストールされていない環境の場合は、pip等でインストールを行ってください。pipの場合「pip install ipywidgets」となりますが、pip以外の場合は各環境に応じてインストールを行ってください。

　まずは注文データ4月分、店舗情報、エリア情報を読み込み、情報を結合して

おきます。

　これらの基礎的な処理については前章からの繰り返しとなりますので、説明を
割愛していきます。もし分からない部分が出たら、前章を見返してください。

```python
import pandas as pd
from IPython.display import display, clear_output

m_store = pd.read_csv('m_store.csv')
m_area = pd.read_csv('m_area.csv')
order_data = pd.read_csv('tbl_order_202004.csv')
order_data = pd.merge(order_data, m_store, on='store_id', how='left')
order_data = pd.merge(order_data, m_area, on='area_cd', how='left')


# マスターにないコードに対応した文字列を設定
order_data.loc[order_data['takeout_flag'] == 0, 'takeout_name'] = 'デリバ
リー'
order_data.loc[order_data['takeout_flag'] == 1, 'takeout_name'] = 'お持ち
帰り'


order_data.loc[order_data['status'] == 0, 'status_name'] = '受付'
order_data.loc[order_data['status'] == 1, 'status_name'] = 'お支払済'
order_data.loc[order_data['status'] == 2, 'status_name'] = 'お渡し済'
order_data.loc[order_data['status'] == 9, 'status_name'] = 'キャンセル'


order_data.head()
```

■図3-1：データの読み込みと結合

```
入力 [1]: import pandas as pd
         from IPython.display import display, clear_output

         m_store = pd.read_csv('m_store.csv')
         m_area = pd.read_csv('m_area.csv')
         order_data = pd.read_csv('tbl_order_202004.csv')
         order_data = pd.merge(order_data, m_store, on='store_id', how='left')
         order_data = pd.merge(order_data, m_area, on='area_cd', how='left')

         # マスターにないコードに対応した文字列を設定
         order_data.loc[order_data['takeout_flag'] == 0, 'takeout_name'] = 'デリバリー'
         order_data.loc[order_data['takeout_flag'] == 1, 'takeout_name'] = 'お持ち帰り'

         order_data.loc[order_data['status'] == 0, 'status_name'] = '受付'
         order_data.loc[order_data['status'] == 1, 'status_name'] = 'お支払済'
         order_data.loc[order_data['status'] == 2, 'status_name'] = 'お渡し済'
         order_data.loc[order_data['status'] == 9, 'status_name'] = 'キャンセル'

         order_data.head()
```

出力[1]:

	order_id	store_id	customer_id	coupon_cd	sales_detail_id	order_accept_date	delivered_date	takeout_flag	total_amount	status	store_name	area_cd
0	79339111	49	C26387220	50	67393872	2020-04-01 11:00:00	2020-04-01 11:18:00	1	4144	1	浅草店	TK
1	18941733	85	C48773811	26	91834983	2020-04-01 11:00:00	2020-04-01 11:22:00	0	2877	2	目黒店	TK
2	56217880	76	C66287421	36	64409634	2020-04-01 11:00:00	2020-04-01 11:15:00	0	2603	2	本郷店	TK
3	28447783	190	C41156423	19	73032165	2020-04-01 11:00:00	2020-04-01 11:16:00	0	2732	2	栃木店	TO
4	32576156	191	C54568117	71	23281182	2020-04-01 11:00:00	2020-04-01 11:53:00	0	2987	2	伊勢崎店	GU

　1行目と2行目は、必要なライブラリや画面上の結果エリアをクリアする処理
など、画面系のインポートを行っています。

　本章全体に関わる処理なので、先頭で宣言しておきます。

　オーダーデータはいったん4月分のみを読み込み、地域データや店舗データ、
非マスタ情報の付与等を結合しデータを変数に格納します。

　無事、データを結合した注文データが表示されましたら、続いてipywidgets
の機能を実装し、**ドロップダウン**で店舗を選べるようにしていきます。

```
from ipywidgets import Dropdown


def order_by_store(val):
    clear_output()
    display(dropdown)
    pick_data = order_data.loc[(order_data['store_name']==val['new']) & (
order_data['status'].isin([1, 2]))]
    display(pick_data.head())


store_list = m_store['store_name'].tolist()
```

```
dropdown = Dropdown(options=store_list)
dropdown.observe(order_by_store, names='value')
display(dropdown)
```

■図3-2：ipywidgetsの実装、ドロップダウン

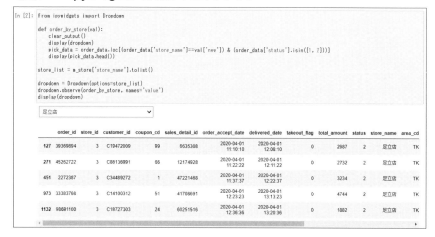

　まず、ipywidgetsライブラリからDropdownをインポートします。

　次に、ドロップダウンを変化させた時に動く関数「order_by_store」を定義します。

　この処理はまず結果エリアのクリアとドロップダウンの再描画を行い、その後、選択された店舗名に該当する注文データを抽出し、画面上に表示する処理が記述されています。その際、ステータスコードが「お支払済(1)、お渡し済(2)」を条件に付与しています。これは、実際に売上として計上してよいデータに限定するためです。ステータスコードが「受付(0)、キャンセル(9)」は、実際に決済が行われていないデータなので、売上の計上からは除外する必要があります。

　次に、関数外で店舗情報から店舗名のリストを作成し、ドロップダウンオブジェクトを生成します。生成したドロップダウンの変化を検知したら関数「order_by_store」が実行されるように設定し、画面上にドロップダウンを表示します。

　実際に動作を実行し、ドロップダウンの店舗を変えると、抽出されたデータが動的に変化することが確認できると思います。

　今回の処理では、ドロップダウン等の要素が「変化」した際に動くので、初期値と同じものを選択しても動作しない点に注意してください。

　次は、抽出した各店舗の注文データを可視化(**折れ線グラフ**化)していきましょう。

```
%matplotlib inline
import matplotlib.pyplot as plt
import japanize_matplotlib

def graph_by_store(val):
    clear_output()
    display(dropdown2)
    pick_data = order_data.loc[(order_data['store_name']==val['new']) & (
order_data['status'].isin([1, 2]))]
    temp = pick_data[['order_accept_date', 'total_amount']].copy()
    temp.loc[:,'order_accept_date'] = pd.to_datetime(temp['order_accept_d
ate'])
    temp.set_index('order_accept_date', inplace=True)
    temp.resample('D').sum().plot()

dropdown2 = Dropdown(options=store_list)
dropdown2.observe(graph_by_store, names='value')
display(dropdown2)
```

■図3-3：店舗毎の週単位の売上表示（折れ線グラフ）

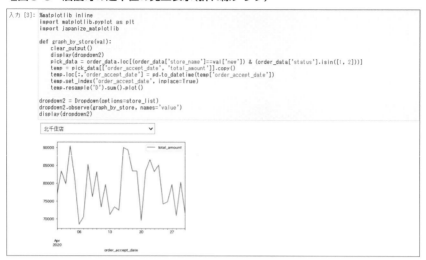

先頭の3行でグラフを描画するために、matplotlibのインポートと、画面上に描画する宣言、グラフの日本語化ライブラリのインポートを行います。

先ほど作成したドロップダウンの処理と同じように、ドロップダウンを変化させた時に動く関数「graph_by_store」を定義します。

この処理の最初の3行は前回同様、結果エリアのクリアとドロップダウンの再描画、ドロップダウンで選択された店舗情報の抽出を行います。

その後、グラフ描画用に一時的なデータフレームにorder_accept_dateとtotal_amountのみを抽出し、order_accept_dateを日付型に再定義し、インデックスとして設定します。日付型のインデックスを用いる理由は、日時等でリサンプリング（再集計）を行うために必要となるからです。

プログラムの.resample('D').sum()の「D」は日を意味し、日単位でリサンプリングを行った結果を画面及びグラフに表示しています。

今回のドロップダウンをはじめ、まずはダッシュボードに向けて必要なパーツを学んでいきましょう。次はマルチセレクトを用いて複数店舗のデータを同時に表示していきます。

ノック22：
複数店舗の詳細を可視化できるように
してみよう

　前ノックでは店舗毎に情報を表示することができましたので、続いていくつか
の店舗を選んでデータを動的に可視化していきましょう。

　すでに**ノック21**で読み込んでいるオーダー情報に対して、**セレクトボックス**
で選んだ店舗の結果を表示していきます。

```python
from ipywidgets import SelectMultiple

def order_by_multi(val):
    clear_output()
    display(select)
    pick_data = order_data.loc[(order_data['store_name'].isin(val['new'])
) & (order_data['status'].isin([1, 2]))]
    display(pick_data.head())

select = SelectMultiple(options=store_list)
select.observe(order_by_multi, names='value')
display(select)
```

■図3-4：複数店舗の詳細表示

79

　1行目でSelectMultipleのインポートを行います。前回はドロップボックスの変化に対応した関数を作りましたが、今回はマルチセレクトボックスの変化に対応した関数「order_by_multi」を定義します。この処理の内容は、前回の関数とほぼ同じで、選択された店舗でデータを絞り込んで表示しています。抽出方法に.isin(val['new'])関数を用いて、選択された複数の店舗を条件に与えて抽出を行っています。

　次に、関数外で店舗情報から店舗名のリストを作成し、マルチセレクトオブジェクトを生成します。この辺りは前回のドロップボックスと同じです。
　実際に動作を実行し、マルチセレクトで店舗を選択すると、抽出されたデータが動的に変化することが確認できると思います。複数の店舗を選ぶときは、ShiftキーやCtrlキーを押しながらクリックしてください。

　続けて、マルチセレクトでのグラフ描画も行いましょう。

```python
def graph_by_multi(val):
    clear_output()
    display(select2)

    fig = plt.figure(figsize=(17,4))
    plt.subplots_adjust(wspace=0.25, hspace=0.6)

    i = 0

    for trg in val['new']:
        pick_data = order_data[(order_data['store_name']==trg) & (order_data['status'].isin([1, 2]))]
        temp = pick_data[['order_accept_date', 'total_amount', 'store_name']].copy()
        temp.loc[:,'order_accept_date'] = pd.to_datetime(temp['order_accept_date'])
        temp.set_index('order_accept_date', inplace=True)
        i += 1
        ax = fig.add_subplot(1, len(val['new']), i)
        ax.plot(temp['total_amount'].resample('D').sum())
        ax.set_title(trg)
```

```
select2 = SelectMultiple(options=store_list)
select2.observe(graph_by_multi, names='value')
display(select2)
```

■図3-5：複数店舗のグラフ表示

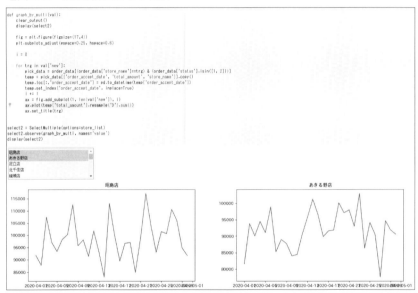

　ドロップダウンの時とほぼ同じですが、違う点として、複数の店舗が選択された時にそれぞれの店舗をループして画面上にグラフを並べる処理を追加しています。

　このように、複数の店舗のオーダー情報を並べて見ることができると、数字だけ並べるより明らかに見やすくなるかと思います。

　さて、どんどん必要なパーツを作っていきましょう。

⚾ ノック23：
スライドバーを用いて
オーダー件数を調べてみよう

　次は、**スライドバー**でオーダー件数の閾値を設定し、それより件数が少ない・多い店舗を調べてみましょう。

```python
from ipywidgets import IntSlider

def store_lower(val):
    clear_output()
    display(slider)
    temp = order_data.groupby('store_name')
    print(temp.size()[temp.size() < val['new']])


slider = IntSlider(value=1100, min=1000, max=2000, step=100, description='件数:',)
slider.observe(store_lower, names='value')
display(slider)
```

■図3-6：スライドバーで指定した数値より下回るオーダー件数の店舗表示

```
In [8]: from ipywidgets import IntSlider

        def store_lower(val):
            clear_output()
            display(slider)
            temp = order_data.groupby('store_name')
            print(temp.size()[temp.size() < val['new']])

        slider = IntSlider(value=1100, min=1000, max=2000, step=100, description='件数:',)
        slider.observe(store_lower, names='value')
        display(slider)

                件数: ○━━━━━━━        1000

        store_name
        佐倉店        879
        六本木店       998
        前橋店        821
        北千住店       993
        四街道店       816
        国分寺店       969
        墨田店        970
        大田店        917
        宮前店        702
        小平店        968
        小田原店       884
        志木店        885
        恵比寿店       990
        成田店        854
        新座店        997
        本郷店        735
        東久留米店      854
        石神井店       941
        磯子店        915
        稲城店        938
        茅ヶ崎店       886
        草加店        978
        荒川店        879
        行田店        973
        西東京店       968
        西葛西店       792
        越谷店        885
```

　1行目でIntSliderのインポートを行い、これまで同様に関数「store_lower」を定義します。この関数は、スライドバーで指定した数値を下回るオーダー件数の店舗を抽出する処理となっています。

　次に、関数外でスライダーの要素を決めてスライダーオブジェクトを生成します。今回は1000 ～ 2000の間を100刻みで設定し、初期値を1100としています。

　実際に動作を実行し、スライドバーを変化させると、オーダー件数が下回る店舗が表示されます。

　ほぼ同じ処理ですが、次はスライドバーで件数上限を設けてみましょう。

```
def store_upper(val):
    clear_output()
    display(slider2)
    temp = order_data.groupby('store_name')
    print(temp.size()[temp.size() > val['new']])
```

```
slider2 = IntSlider(value=1600, min=1000, max=2000, step=100, description
='件数:',)
slider2.observe(store_upper, names='value')
display(slider2)
```

図3-7：スライドバーで指定した数値を上回るオーダー件数の店舗表示

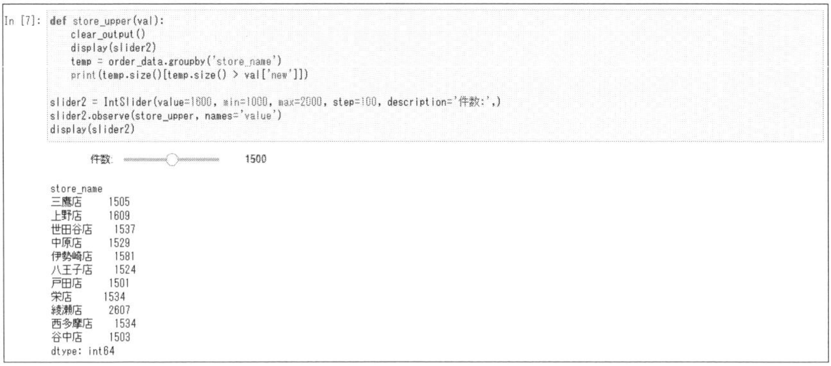

```
In [7]: def store_upper(val):
            clear_output()
            display(slider2)
            temp = order_data.groupby('store_name')
            print(temp.size()[temp.size() > val['new']])

        slider2 = IntSlider(value=1600, min=1000, max=2000, step=100, description='件数:',)
        slider2.observe(store_upper, names='value')
        display(slider2)

            件数:                1500

        store_name
        三鷹店      1505
        上野店      1609
        世田谷店     1537
        中原店      1529
        伊勢崎店     1581
        八王子店     1524
        戸田店      1501
        栄店       1534
        綾瀬店      2607
        西多摩店     1534
        谷中店      1503
        dtype: int64
```

1つ前とほぼ同じ処理ですが、関数名が「store_upper」となり、数値の条件が「>」と変わっています。これで、スライドバーで設定した件数以上の店舗が抽出できました。

次は、トグルボタンを使ってみましょう。

ノック24：トグルボタンで地域データを抽出しよう

トグルボタンのパーツを作成します。

トグルボタンはデータを切り替えるのに適しています。**ノック22**で作成したリストに似ていますが、リストよりユーザー利便性が高いです。逆に、選択肢が多すぎるとボタンだらけになってしまうので、今回のケースだと地域ごとにデータを抽出するのに適しています。

さっそく実装してみましょう。

```
from ipywidgets import ToggleButtons

area_list = m_area['wide_area'].unique()

def order_by_area(val):
    clear_output()
    display(toggle)
    pick_data = order_data.loc[(order_data['wide_area'] == val['new']) &
(order_data['status'].isin([1, 2]))]
    display(pick_data.head())

toggle = ToggleButtons(options=area_list)
toggle.observe(order_by_area, names='value')
display(toggle)
```

■図3-8：トグルボタンで地域毎にデータ抽出

1行目でToggleButtonsのインポートを行います。次にボタンに設定するために、エリア情報（m_area）から広域地域名をリスト化しておきます。

次に関数「order_by_area」を定義します。トグルボタンが押された地域に該当するデータを抽出しています。

　最後にトグルボタンのオブジェクトを設定しますが、最初に作っておいた広域地域名のリストを設定しています。

　実行し、トグルボタンで任意の地域を選択すると、該当地域に属するデータが表示されます。

　続いて、地域ごとのオーダー情報をグラフにしてみましょう。

　処理としては、他と同様なのでサラっと進めていきましょう。

```python
def graph_by_area(val):
    clear_output()
    display(toggle2)
    pick_data = order_data.loc[(order_data['wide_area']==val['new']) & (order_data['status'].isin([1, 2]))]
    temp = pick_data[['order_accept_date', 'total_amount']].copy()
    temp.loc[:,'order_accept_date'] = pd.to_datetime(temp['order_accept_date'])
    temp.set_index('order_accept_date', inplace=True)
    temp.resample('D').sum().plot()

toggle2 = ToggleButtons(options=area_list)
toggle2.observe(graph_by_area, names='value')
display(toggle2)
```

■図3-9：トグルボタンで地域毎のグラフを表示

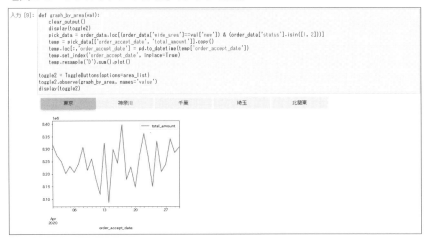

　地域ごとの売上がグラフで表示されます。

　実際に地域を変えてみると、波形の違いや総額(左軸)の違いがわかるかと思います。

　さて、同じようなプログラムで飽きてきたかもしれませんが、もうひと踏ん張り、最後のパーツを作っていきましょう。

ノック25：
日付を指定してデータを抽出してみよう

　パーツの作成はこれで最後です。
　今回は、日付を指定できるようにして、データを絞り込める機能を作りましょう。データを見るときには日付や期間で絞り込むことが多いので、とても重要なパーツです。
　さっそく、実装してみましょう。

```
from ipywidgets import DatePicker
import datetime

order_data.loc[:,'order_date'] = pd.to_datetime(order_data['order_accept_
date']).dt.date

def order_by_date(val):
    clear_output()
    display(date_picker)
    pick_data = order_data.loc[(order_data['order_date'] == val['new']) &
(order_data['status'].isin([1, 2]))]
    print(len(pick_data))
    display(pick_data.head())

date_picker = DatePicker(value=datetime.datetime(2020, 4, 1))
date_picker.observe(order_by_date, names='value')
display(date_picker)
```

■図3-10：日付を指定してデータを抽出

```
In [10]:  from ipywidgets import DatePicker
          import datetime

          order_data.loc[:,'order_date'] = pd.to_datetime(order_data['order_accept_date']).dt.date

          def order_by_date(val):
              clear_output()
              display(date_picker)
              pick_data = order_data.loc[(order_data['order_date'] == val['new']) & (order_data['status'].isin([1, 2]))]
              print(len(pick_data))
              display(pick_data.head())

          date_picker = DatePicker(value=datetime.datetime(2020, 4, 1))
          date_picker.observe(order_by_date, names='value')
          display(date_picker)
```

```
2020/04/16

6363
```

	order_id	store_id	customer_id	coupon_cd	sales_detail_id	order_accept_date	delivered_date	takeout_flag	total_amount	status	store_name	area_
116667	15033819	16	C17937252	95	67711155	2020-04-16 11:00:00	2020-04-16 11:57:00	0	2238	2	蒲田店	
116669	53990363	90	C43339908	75	8053044	2020-04-16 11:00:00	2020-04-16 11:35:00	0	2603	2	綾瀬店	
116670	55811234	66	C69559846	8	91627509	2020-04-16 11:00:00	2020-04-16 12:15:00	0	3234	2	石神井店	
116671	59981543	67	C64097015	38	58776243	2020-04-16 11:00:00	2020-04-16 11:31:00	0	2677	2	大泉店	
116672	55202430	49	C68922555	28	37306695	2020-04-16 11:00:00	2020-04-16 11:15:00	1	2328	1	浅草店	

　1行目でDatePickerをインポートします。次にオーダー情報の「オーダー受注日（order_accept_date）」を日付型に変換して、別のカラム名（order_date）として保存します。

　次に「order_by_date」関数を定義し、データを抽出する処理を作ります。この際、先ほど追加したorder_dateデータに対して、画面上で選択した日付と比較する条件を付与します。

　関数外で、日付選択オブジェクトを設定する際、今回のデータは2020年4月分を対象としているので、初期値を2020年4月1日として設定します。

　実行して日付項目をクリックすると、カレンダーが表示されます。任意の日付を選択すると、その日付のオーダー情報が抽出され、画面に表示されます。

　最後に、日付選択を使って、期間指定できるようにしてみましょう。

```
min_date = datetime.date(2020, 4, 1)
max_date = datetime.date(2020, 4, 30)

# 期間が設定されたら呼ばれれる関数、期間データを抽出し画面に表示
def order_between_date():
    clear_output()
```

```
    display(date_picker_min)
    display(date_picker_max)
    pick_data = order_data.loc[(order_data['order_date'] >= min_date) & (
order_data['order_date'] <= max_date) & (order_data['status'].isin([1, 2]
))]
    print(len(pick_data))
    display(pick_data.head())


# 最小日（期間自）の日付を変数にセットする関数
def set_min_date(val):
    global min_date
    min_date = val['new']
    order_between_date()


# 最大日（期間至）の日付を変数にセットする関数
def set_max_date(val):
    global max_date
    max_date = val['new']
    order_between_date()


date_picker_min = DatePicker(value=min_date)
date_picker_min.observe(set_min_date, names='value')
print("最小日付")
display(date_picker_min)
date_picker_max = DatePicker(value=max_date)
date_picker_max.observe(set_max_date, names='value')
print("最大日付")
display(date_picker_max)
```

■図3-11：期間を指定してデータを抽出

　期間条件に必要な「期間（自）、期間（至）」の日付を確保する変数を作成します。初期値としては、2020年4月1日〜2020年4月30日となるように設定します。
　次に、期間が設定されたら、その期間に応じたデータを抽出し、画面に表示する「order_between_date」関数を定義します。
　続いて、最小日（期間自）、最大日（期間至）の変数を画面の入力に応じてセットする関数を定義します。その中で「order_between_date」関数を呼んでいるので、最小日か最大日の変数がセットされると、画面のデータが更新されることになります。
　関数外で、最小日と最大日用の日付選択オブジェクトを定義します。
　実行すると、2つの日付選択ボックスが表示されますので、日付を選択して期間抽出を行ってみてください。

　さて、ダッシュボードに必要なパーツを色々と作成してきました。
　次ノックからは、ダッシュボードの構築に向けて進んでいきましょう。

ノック26：ストーリーを考えてデータを構築しよう

これまでのノックで、ダッシュボードに必要なパーツを作ってきました。

それではいよいよ、パーツを組み合わせてダッシュボードの作成を進めていきましょう。

……と、いきたいところですが、冒頭でも記載しましたようにダッシュボードは、ただグラフやデータを並べれば良いわけではなく、データを「誰に」「何を」「どのように」見せるかを設計することが肝要です。これを「ストーリー」と捉えて考えていきましょう。

それでは改めて、今回の状況を確認してみましょう。

あなたは宅配ピザ会社の営業情報を可視化して、データで営業や経営を改善するために、チェーン店の営業データを取得し、可視化しています。

それでは、まずは「誰に」データを届けるべきでしょうか？

当たり前ですが、営業や経営を改善する権限を持つ人に届ける必要があります。今回のケースでは、社内の経営戦略部にデータを届けるものとします。

次に「何を」となりますが、ストーリーを考える際は、データを受け取って活用する人の視座で考えるように心がけましょう。

経営戦略部のメンバーが業務を改善するためには、まずは現状の把握が必要となります。

さっそく各店舗の売上状況を一覧化してみましょう。その際、単純に売上の合計で比較してはいけません。後に説明しますが、必ず平均値や中央値、顧客単価など多角的に捉えましょう。

それでは、ノックを進めながらデータを構築していきましょう。

これまでのノックでは、オーダー情報の4月分のみを読み込んでノックを進めてきましたので、改めて全期間のオーダー情報を読み込み、エリア情報等を付与したデータを作成します。その際、第1章**ノック8**で行った「マスタデータのない情報（takeout_flagやstatus）」も忘れずに補完しておきましょう。

まずは、各店舗の売上データから、平均値、中央値、顧客単価などのデータを作成します。

```python
import glob
import os
current_dir = os.getcwd()
tbl_order_file = os.path.join(current_dir, 'tbl_order_*.csv')
tbl_order_files = glob.glob(tbl_order_file)


order_all = pd.DataFrame()
for file in tbl_order_files:
    order_tmp = pd.read_csv(file)
    print(f'{file}:{len(order_tmp)}')
    order_all = pd.concat([order_all, order_tmp], ignore_index=True)


# 保守用店舗データの削除
order_all = order_all.loc[order_all['store_id'] != 999]


order_all = pd.merge(order_all, m_store, on='store_id', how='left')
order_all = pd.merge(order_all, m_area, on='area_cd', how='left')


# マスターにないコードに対応した文字列を設定
order_all.loc[order_all['takeout_flag'] == 0, 'takeout_name'] = 'デリバリー'
order_all.loc[order_all['takeout_flag'] == 1, 'takeout_name'] = 'お持ち帰り'


order_all.loc[order_all['status'] == 0, 'status_name'] = '受付'
order_all.loc[order_all['status'] == 1, 'status_name'] = 'お支払済'
order_all.loc[order_all['status'] == 2, 'status_name'] = 'お渡し済'
order_all.loc[order_all['status'] == 9, 'status_name'] = 'キャンセル'


order_all.loc[:,'order_date'] = pd.to_datetime(order_all['order_accept_date']).dt.date


order_all.groupby(['store_id', 'customer_id'])["total_amount"].describe()
```

■図3-12：データの読み込み直しとデータ把握

```
入力 [12]: import glob
          import os
          current_dir = os.getcwd()
          tbl_order_file = os.path.join(current_dir, 'tbl_order_*.csv')
          tbl_order_files = glob.glob(tbl_order_file)

          order_all = pd.DataFrame()
          for file in tbl_order_files:
              order_tmp = pd.read_csv(file)
              print(f'{file}:{len(order_tmp)}')
              order_all = pd.concat([order_all, order_tmp], ignore_index=True)

          # 保守用店舗データの削除
          order_all = order_all.loc[order_all['store_id'] != 999]

          order_all = pd.merge(order_all, m_store, on='store_id', how='left')
          order_all = pd.merge(order_all, m_area, on='area_cd', how='left')

          # マスターにないコードに対応した文字列を設定
          order_all.loc[order_all['takeout_flag'] == 0, 'takeout_name'] = 'デリバリー'
          order_all.loc[order_all['takeout_flag'] == 1, 'takeout_name'] = 'お持ち帰り'

          order_all.loc[order_all['status'] == 0, 'status_name'] = '受付'
          order_all.loc[order_all['status'] == 1, 'status_name'] = 'お支払済'
          order_all.loc[order_all['status'] == 2, 'status_name'] = 'お渡し済'
          order_all.loc[order_all['status'] == 9, 'status_name'] = 'キャンセル'

          order_all.loc[:,'order_date'] = pd.to_datetime(order_all['order_accept_date']).dt.date

          order_all.groupby(['store_id', 'customer_id'])['total_amount'].describe()

/root/jupyter_notebook/codes/3章/tbl_order_202004.csv:233260
/root/jupyter_notebook/codes/3章/tbl_order_202005.csv:241139
/root/jupyter_notebook/codes/3章/tbl_order_202006.csv:233301
```

出力[12]:

store_id	customer_id	count	mean	std	min	25%	50%	75%	max
1	C00244531	14.0	3319.571429	860.262546	1882.0	2515.75	3679.5	3901.00	4462.0
	C00493736	7.0	3318.142857	922.546915	2471.0	2719.00	2987.0	3615.50	5100.0
	C01249550	8.0	2664.375000	848.339881	1857.0	2029.75	2379.5	3132.75	3931.0
	C02241044	6.0	3653.833333	1184.407770	2029.0	2571.00	3979.5	4683.75	4692.0
	C02859946	9.0	3216.555556	858.216044	1857.0	2647.00	3586.0	3900.00	3931.0
...									
196	C84471901	66.0	2781.772727	805.412494	698.0	2255.50	2677.0	3172.25	4659.0
	C88251581	58.0	3054.465517	984.291289	698.0	2328.00	2987.0	3891.25	4659.0
	C90878439	73.0	2851.068493	852.860779	698.0	2154.00	2615.0	3865.00	4659.0
	C97487773	61.0	2988.524590	892.917047	698.0	2238.00	2750.0	3900.00	4659.0

　上記の処理は全て第1章で行った処理をまとめて実行したものになります。分からない箇所があれば第1章を見直してみてください。

　次はデータを加工し、店舗単位で実際に売上が成立したデータ（statusが1＝お支払済、2＝お渡し済）の合計値を計算し、売上の上位店舗、下位店舗を表示してみます。

```
summary_df = order_all.loc[order_all['status'].isin([1, 2])]
store_summary_df = summary_df.groupby(['store_id'])['total_amount'].sum()
store_summary_df = pd.merge(store_summary_df, m_store, on='store_id', how='left')
print("売上上位")
display(store_summary_df.sort_values('total_amount', ascending=False).head(10))
```

```
print("売上下位")
display(store_summary_df.sort_values('total_amount', ascending=True).head
(10))
```

■図3-13：売上上位店舗と売上下位店舗の表示

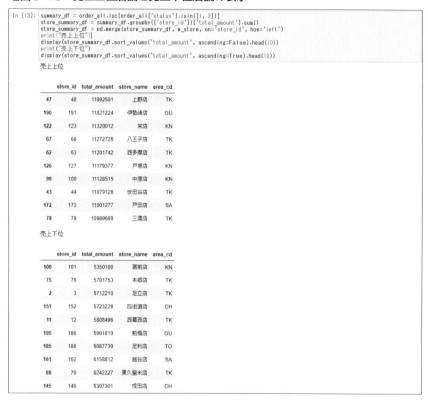

まず、オーダー情報から、ステータス1、2のデータを抽出します。次に店舗毎にグループ化し、金額を.sum()で集計します。これに店舗情報をマージして、降順、昇順で並び替えて画面に表示しています。

さて、東京や神奈川地域の店舗が多く上位に並んでいて、下位の店舗はトップ店舗から2倍近く差が生まれているのがわかります。さっそく売上が低い店舗を改善しましょう！　……と、言うのは間違いです。

　察しの良い方であれば気が付いていると思いますが、今回は「売上の総額」で比較しています。東京や神奈川はユーザー数が多く、売上の総額では都心店舗の方が優位に立ってしまいます。これでは現状を正確に把握することはできません。

　利益で比較する方法もありますが、今回のケースのように全国チェーン展開を行っている場合、商品単価は全国一律となるケースが多いでしょう。その場合、人件費や物価等は都心と地方では異なっているので利益が高い理由が人件費の安さに起因している場合等もあり得ます。

　本来であれば、そのような物価、家賃、人件費等の経済指数を全て加味して分析していくのが良いのですが、そのためには膨大な労力とデータが必要となります。

　データ活用文化の醸成がない会社に、いきなりそれらを求めても、データが揃わなかったり、部門から断られたりと、あなた一人でプロジェクトを進めることは難しいでしょう。

　そのために、まず今回は手元にあるデータで、「データをちゃんと使えばこんなことができる」という、データ利活用の文化を社内に植え付けていきましょう。結果を見ると、人は動いてくれます。「はじめに」にも記載しましたが、「施策につなげ、小さな成果を継続的に生み出す」ことが大事です。

　では、売上総額ではなく、何で比較をすれば良いでしょうか。

　まずはオーダー情報の基礎となる、顧客の行動を軸にデータを見ていきましょう。

　手始めに店舗毎のキャンセル率を算出し、キャンセル率の高い順、低い順で並び替えて表示してみましょう。

```python
cancel_df = pd.DataFrame()
cancel_cnt = order_all.loc[order_all['status']==9].groupby(['store_id'])[
'store_id'].count()
order_cnt = order_all.loc[order_all['status'].isin([1, 2, 9])].groupby(['
store_id'])['store_id'].count()
cancel_rate = (cancel_cnt / order_cnt) * 100
cancel_df["cancel_rate"] = cancel_rate
cancel_df = pd.merge(cancel_df, m_store, on='store_id', how='left')
print("キャンセル率が低い")
display(cancel_df.sort_values('cancel_rate', ascending=True).head(10))
print("キャンセル率が高い")
display(cancel_df.sort_values('cancel_rate', ascending=False).head(10))
```

■図3-14：キャンセル率が高い店舗と低い店舗の表示

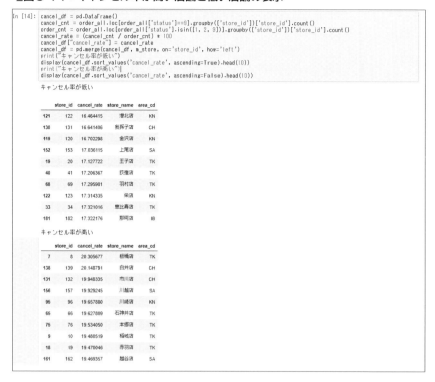

　キャンセルは様々な理由によって発生しますが、何にせよ機会損失を起こしていることになります。

　中には単純に顧客側が間違えた注文をキャンセルしたということもあるかと思いますが、別の理由がないか分析してみましょう。

　それでは、キャンセル率が高い店舗と低い店舗をピックアップして比較していきます。

ノック27：
キャンセルの理由を分析してみよう

　前のノックでキャンセルの理由を分析することにしました。

　なぜ、顧客はキャンセルをしてしまうのか、自分が顧客だったと想定して考えてみましょう。

　単純な注文ミスを除いた場合、よくある理由としては「注文した商品が届くまでに、予想以上に時間が掛かる」ではないでしょうか。

　では、実際に顧客が注文をしてから、配達までにどれくらい時間が経過しているかを見てみましょう。オーダー情報の「注文時刻order_accept_date」と「配達完了時刻delivered_date」の差がそれにあたります。その際、デリバリーの注文で配達が完了しているデータのみ抽出することを忘れないようにしてください。

```
def calc_delta(t):
    t1, t2 = t
    delta = t2 - t1
    return delta.total_seconds()/60


order_all.loc[:,'order_accept_datetime'] = pd.to_datetime(order_all['orde
r_accept_date'])
order_all.loc[:,'delivered_datetime'] = pd.to_datetime(order_all['deliver
ed_date'])
order_all.loc[:,'delta'] = order_all[['order_accept_datetime', 'delivered
_datetime']].apply(calc_delta, axis=1)


delivery_df = order_all.loc[(order_all['status']==2) & (order_all['store_
id'].isin([8, 122]))]
delivery_df.groupby(['store_id'])['delta'].mean()
```

■図3-15：キャンセル率の高い店舗と低い店舗の配達完了までの時間

```
入力 [15]: def calc_delta(t):
               t1, t2 = t
               delta = t2 - t1
               return delta.total_seconds()/60

           order_all.loc[:,'order_accept_datetime'] = pd.to_datetime(order_all['order_accept_date'])
           order_all.loc[:,'delivered_datetime'] = pd.to_datetime(order_all['delivered_date'])
           order_all.loc[:,'delta'] = order_all[['order_accept_datetime', 'delivered_datetime']].apply(calc_delta, axis=1)

           delivery_df = order_all.loc[(order_all['status']==2) & (order_all['store_id'].isin([8, 122]))]
           delivery_df.groupby(['store_id'])['delta'].mean()
出力[15]: store_id
         8      47.675633
         122    20.194532
         Name: delta, dtype: float64
```

　まずは、オーダー情報からデリバリーの注文と、前ノックでピックアップしたキャンセル率が高い店舗と低い店舗のデータを抽出します。

　次に配達完了時刻から注文時刻を減算するために、時刻の差分を求める関数calc_deltaを定義します。この関数は2つの日付型変数の差分を求め、分単位で値を戻しています。

　この関数を用いて、配達完了までの時間が算出できました。

　結果を見ると、やはりキャンセル率が高い店舗は、配達完了までに掛かる時間が長いことがわかりました。これを1つの仮説として検証するために、他の店舗も同様にキャンセル率と配達時間に相関があるか確認してみましょう。

ノック28：仮説を検証してみよう

　前ノックでは、機会損失の改善を目的として、配達完了までの時間とキャンセル率の**相関**を見つけ、それを仮説として検証することにしました。

　データ分析等をするときには、仮説がとても大事となります。ただ、闇雲にデータを並べたり、加工したりしていると、そのうち自分は何を分析しているのか分からなくなってしまいます。

　仮説の立て方は、前ノックのようにデータの傾向把握から見つけられることもありますし、場合によっては現場スタッフへのヒアリングで思いもよらない仮説が見つけられたりもします。そういう意味で、ヒアリング相手から仮説を引き出すコミュニケーション能力もデータ分析には重要なスキルと言えます。

　さて、前置きが長くなってしまいましたが、さっそく、仮説を検証していきましょう。

　まず、前回はキャンセル率の悪い店舗と良い店舗の、2店舗での比較でした。この傾向が全ての店舗で当てはまれば、この仮説は正しいと考えても良いでしょう。

```
temp_cancel = cancel_df.copy()
temp_delivery = order_all.loc[order_all['status']==2].groupby([('store_id')])['delta'].mean()
check_df = pd.merge(temp_cancel, temp_delivery, on='store_id', how='left')
check_df.head()
```

■図3-16：全店舗の配達完了までの時間の集計

入力 [16]:
```
temp_cancel = cancel_df.copy()
temp_delivery = order_all.loc[order_all['status']==2].groupby([('store_id')])['delta'].mean()
check_df = pd.merge(temp_cancel, temp_delivery, on='store_id', how='left')
check_df.head()
```
出力[16]:

	store_id	cancel_rate	store_name	area_cd	delta
0	1	19.026175	昭島店	TK	34.396182
1	2	18.660150	あきる野店	TK	34.835941
2	3	18.432286	足立店	TK	34.461939
3	4	18.320106	北千住店	TK	34.491599
4	5	18.257150	綾瀬店	TK	34.152060

　まずは、前ノックで特定店舗に対して実施した、配達完了までの時間の集計を全ての店舗データに対して実施します。

```
# 全体
temp_chk = check_df[['cancel_rate', 'delta']]
display(temp_chk.corr())
```

■図3-17：キャンセル率と配達完了までの時間の相関係数

入力 [17]:
```
# 全体
temp_chk = check_df[['cancel_rate', 'delta']]
display(temp_chk.corr())
```

	cancel_rate	delta
cancel_rate	1.000000	0.658736
delta	0.658736	1.000000

　この処理で、キャンセル率と配達完了までの時間の相関を計算しています。
　まずは、全店舗のデータで相関を出してみます。結果としては、0.65…となっています。この数値は「**相関係数**」と言い、正と負の方向と-1〜1までの強さによって、2つのデータ群（今回はキャンセル率と配達完了までの時間）の関係性を表し

ています。

　相関係数は概ね、

　　0 ～ 0.3未満はほぼ無関係
　0.3 ～ 0.5未満は非常に弱い相関
　0.5 ～ 0.7未満は相関がある
　0.7 ～ 0.9未満は強い相関
　0.9以上は非常に強い相関

と言われています。

　本書で相関については深く説明はしませんので、気になる方は統計学の書籍などで学習して頂ければと思います。
　上記に照らし合わせると、今回の数値は「相関がある」となっています。

　ただ、全店舗一律で計算せずに、もう少し細かく分割して相関を見てみましょう。
　今回の仮説としては、「配達までの時間が長い」と「キャンセルが多くなる」というものですので、キャンセル率が高い店舗、キャンセル率が低い店舗に分けて相関を見てみましょう。

```python
# キャンセル率が高い（第3四分位以上）店舗のみ
th_high = check_df['cancel_rate'].quantile(0.75)
temp_chk = check_df.loc[(check_df['cancel_rate'] >= th_high)]
temp_chk = temp_chk[['cancel_rate', 'delta']]
display(temp_chk.corr())

# キャンセル率が低い（第1四分位以下）店舗のみ
th_low = check_df['cancel_rate'].quantile(0.25)
temp_chk = check_df.loc[(check_df['cancel_rate'] <= th_low)]
temp_chk = temp_chk[['cancel_rate', 'delta']]
display(temp_chk.corr())
```

■図3-18：キャンセル率が高い店舗群と低い店舗群での相関係数

```
入力 [18]: # キャンセル率が「高い」（第3四分位以上）店舗のみ
          th_high = check_df['cancel_rate'].quantile(0.75)
          temp_chk = check_df.loc[(check_df['cancel_rate'] >= th_high)]
          temp_chk = temp_chk[['cancel_rate', 'delta']]
          display(temp_chk.corr())

          # キャンセル率が「低い」（第1四分位以下）店舗のみ
          th_low = check_df['cancel_rate'].quantile(0.25)
          temp_chk = check_df.loc[(check_df['cancel_rate'] <= th_low)]
          temp_chk = temp_chk[['cancel_rate', 'delta']]
          display(temp_chk.corr())
```

	cancel_rate	delta
cancel_rate	1.0000	0.7868
delta	0.7868	1.0000

	cancel_rate	delta
cancel_rate	1.000000	0.766384
delta	0.766384	1.000000

　キャンセル率の高い店舗、低い店舗用の閾値を設定します。これは、四分位数で計算しています。**四分位数**とはデータを小さい順に並び替えたときに、データの数で4等分した時の区切り値のことです。小さいほうから「25パーセンタイル（第一四分位数）」、「50パーセンタイル（中央値、第二四分位数）」、「75パーセンタイル（第三四分位数）」と呼ばれます。

　今回、キャンセル率の高い店舗は第三四分位数で抽出し、キャンセル率が低い店舗は第一四分位数で抽出しています。

　次に、作成した閾値で抽出したデータで相関係数を算出しています。

　結果としては、キャンセル率の高い店舗の相関係数は、0.78…と算出されたので、強い相関があることがわかりました。また、キャンセル率の低い店舗の相関係数も、0.76…と算出され、こちらも強い相関があることがわかります。

　上記の結果から、概ねキャンセル率と配達完了までの時間には相関が見られることがわかりました。この仮説をストーリーに組み込んでいきましょう。

　ただし、キャンセル率以外にも様々な要因がデータには隠れています。まずは傾向を掴み、仮説をたてて、検証する。このサイクルを地道に繰り返していくことこそ、データ分析の真髄ともいえます。ぜひ、色々と仮説を立てて、検証してみてください。

　本章は可視化をテーマにしていますので、いったんは「キャンセル率」と「配達完了時間」の改善というストーリーで進めていきます。

ノック29：
ストーリーをもとにパーツやデータを
組み合わせてダッシュボードを作ろう

　さて、これまでパーツを作ったり、ストーリーを考えたり、データを作成したりと、下準備をしてきました。

　本ノックでは、それら準備したものを使って**ダッシュボード**を作ってみましょう。

　まずはストーリーのおさらいです。

　店舗の配達完了時間とキャンセル率を店舗毎に可視化し、配達完了までの時間をいかに改善できるか店舗毎に検討するきっかけを与えます。

　また、キャンセル率だけを表示しても、現状が分からないと意味がないので、現状がわかる売上状況なども表示していきます。

　これから、少し長いプログラミングになりますので、Colaboratoryのセル単位で説明していきます。

```
import seaborn as sns

# 環境変数
target_store = ""
min_date = datetime.date(2020, 4, 1)
max_date = datetime.date(2020, 4, 30)
```

■図3-19：準備処理

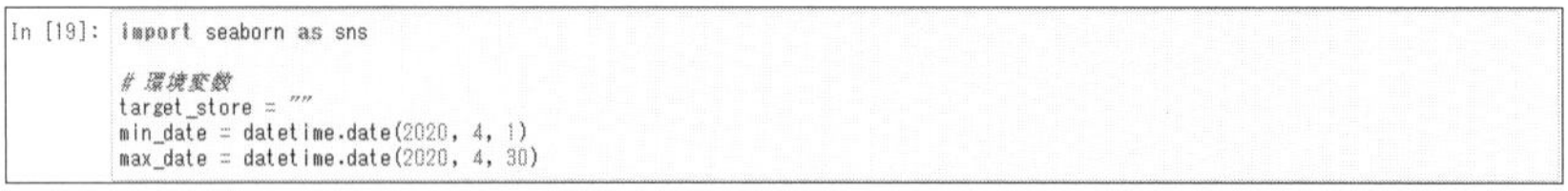

```
In [19]: import seaborn as sns

         # 環境変数
         target_store = ""
         min_date = datetime.date(2020, 4, 1)
         max_date = datetime.date(2020, 4, 30)
```

　これまではグラフの描画にmatplotlibを用いていましたが、ダッシュボードにする際、第2章でも使ったseabornという描画ライブラリを用いますので、1行目でインポートしています。その後、共通的に使う変数を定義し、初期値を設定しておきます。

```
def make_board():

    clear_output()

    display(toggle_db)


    # データ作成処理

    pick_order_data = order_all.loc[(order_all['store_name']==target_stor
e) & (order_all['order_date'] >= min_date) & (order_all['order_date'] <=
max_date) & (order_all['status'].isin([1, 2]))]

    pick_cancel_data = order_all.loc[(order_all['store_name']==target_sto
re) & (order_all['order_date'] >= min_date) & (order_all['order_date'] <=
max_date) & (order_all['status']==9)]

    pick_order_all = order_all.loc[(order_all['order_date'] >= min_date)
& (order_all['order_date'] <= max_date) & (order_all['status'].isin([1,
2]))]

    pick_cancel_all = order_all.loc[(order_all['order_date'] >= min_date)
& (order_all['order_date'] <= max_date) & (order_all['status']==9)]

    store_o_cnt = len(pick_order_data)

    store_c_cnt = len(pick_order_data['customer_id'].unique())

    store_cancel_rate = (len(pick_cancel_data)/(len(pick_order_data)+len(
pick_cancel_data))) * 100

    delivery_time = pick_order_data.loc[pick_order_data['status'] == 2]['
delta'].mean()

    delivery_time_all = pick_order_all.loc[pick_order_all['status'] == 2]
['delta'].mean()


    # 画面の描画処理

    temp = pick_order_data[['order_date', 'total_amount']].copy()

    temp.loc[:,'order_date'] = pd.to_datetime(temp['order_date'])

    temp.set_index('order_date', inplace=True)


    print("========================================================
========================================")

    str_out = f"■■{target_store}■■ 【対象期間】：{min_date}～{max_date} "

    str_out = str_out + f" 【オーダー件数】：{store_o_cnt} 件 【利用顧客数】 : {sto
re_c_cnt}"

    print(str_out)

    print("--------------------------------------------------------
----------------------------------")

    print(f"■■■■■■ 日毎の売上 ■■■■■■■■")
```

```
    display(temp.resample('D').sum())
    print("-------------------------------------------------------------
----------------------------------------")

    str_out = f"【期間売上総額】:{'{:,}'.format(temp['total_amount'].sum())}
"
    str_out = str_out + f"【キャンセル総額】:{'{:,}'.format(pick_cancel_data['
total_amount'].sum())} "
    str_out = str_out + f"【キャンセル率】:{round(store_cancel_rate, 2)} % "
    print(str_out)
    str_out = f"【平均配達完了時間】:{round(delivery_time, 2)}分"
    str_out = str_out + f"【全店舗平均配達時間】:{round(delivery_time_all, 2)}
分"
    print(str_out)
    print("-------------------------------------------------------------
----------------------------------------")


    # グラフ作成処理
    fig, (ax1, ax2) = plt.subplots(1, 2, figsize=(15,5))
    sns.distplot(temp.resample('D').sum(), ax=ax1, kde=False)
    ax1.set_title("売上（日単位）ヒストグラム")


    sns.countplot(x='order_date', data=pick_cancel_data, ax=ax2)
    ax2.set_title("キャンセル数（日単位）")


    fig, (ax3) = plt.subplots(1, 1, figsize=(20 ,5))
    sns.boxplot(x="order_date", y="total_amount", data=pick_order_data)
    ax3.set_title("オーダー状況箱ひげ図")


    plt.show()
```

■図3-20：画面の描画処理

　ここは少し長いのですが、実際に条件を設定した後に、データを作成し画面を更新する関数「make_board」を定義しています。この関数は後に記載する別の関数から呼ばれて実行されます。

　最初は画面の初期化とトグルボタンの再表示を行います。その後、データの作成処理を記載していきます。全体のデータから、「指定された店舗」「指定された期間」「ステータス」を条件に抽出しています。また、各種の件数や配達時間の平均等も計算しておきます。

　次に画面にデータを表示するために、オーダー日付と金額を抽出し、日単位でサマリーをしています。この辺りの処理は、これまでのノックで行ってきた応用ですので、分からない場合は前ノックを見直してみてください。

　続いて、画面上に文字や変数を表示し、グラフも作成しています。

　グラフは、先ほど宣言した、seabornというライブラリで表示しています。seabornの使い方はmatplotlibより簡単ですので、他のグラフで描画してみる等、色々試してみてください。

```
# カレンダー変更時の処理
def change_date_min(val):
    global min_date
```

```
    min_data = val['new']
    make_board()


def change_date_max(val):
    global max_date
    max_date = val['new']
    make_board()
```

◥■図3-21：カレンダー変更時の処理

```
In [21]:  # カレンダー変更時の処理
          def change_date_min(val):
              global min_date
              min_data = val['new']
              make_board()

          def change_date_max(val):
              global max_date
              max_date = val['new']
              make_board()
```

　次は画面更新の手前の処理で、日付選択ボックスを変化させた時に動作する関数「change_date_min、change_date_max」を2つ定義しています。
　こちらの処理は、**ノック25**で作ったパーツの応用となります。

```
# ドロップダウン変更時の処理
def change_dropdown(val):
    global target_store
    target_store = val['new']


    # 期間指定機能
    date_picker_min = DatePicker(value=min_date)
    date_picker_min.observe(change_date_min, names='value')
    print("期間")
    date_picker_max = DatePicker(value=max_date)
    date_picker_max.observe(change_date_max, names='value')
    display(date_picker_min, date_picker_max)
```

図3-22：ドロップダウン変更時の処理

```
In [22]: # ドロップダウン変更時の処理
         def change_dropdown(val):
             global target_store
             target_store = val['new']

             # 期間指定機能
             date_picker_min = DatePicker(value=min_date)
             date_picker_min.observe(change_date_min, names='value')
             print("期間")
             date_picker_max = DatePicker(value=max_date)
             date_picker_max.observe(change_date_max, names='value')
             display(date_picker_min, date_picker_max)
```

次はドロップダウンの処理です。これも**ノック21**で作ったパーツの応用となりますが、1つ違うところは、ドロップダウンの店舗一覧を、この後定義する地域トグルボタンで絞り込んだ店舗になるようにしていることです。

```
# 地域トグルボタン処理
def order_by_area(val):
    clear_output()
    display(toggle_db)
    # 選択された地域の店舗リストを作成する
    store_list = order_all.loc[order_all['wide_area']==val['new']]['store
_name'].unique()
    # 作成された店舗リストでドロップダウンを作成する
    dropdown = Dropdown(options=store_list)
    dropdown.observe(change_dropdown, names='value')
    display(dropdown)
```

図3-23：トグルボタン変更時の処理

```
In [23]: # 地域トグルボタン処理
         def order_by_area(val):
             clear_output()
             display(toggle_db)
             # 選択された地域の店舗リストを作成する
             store_list = order_all.loc[order_all['wide_area']==val['new']]['store_name'].unique()
             # 作成された店舗リストでドロップダウンを作成する
             dropdown = Dropdown(options=store_list)
             dropdown.observe(change_dropdown, names='value')
             display(dropdown)
```

こちらは地域トグルボタンが変化したときに動作する関数になります。こちらも、**ノック24**で作ったパーツとほぼ同じです。

```
# トグルボタンを表示
toggle_db = ToggleButtons(options=area_list)
```

```
toggle_db.observe(order_by_area, names='value')
display(toggle_db)
```

■図3-24：トグルボタンの表示と実際の動作画面

```
In [24]: # トグルボタンを表示
         toggle_db = ToggleButtons(options=area_list)
         toggle_db.observe(order_by_area, names='value')
         display(toggle_db)
```

| 東京 | 神奈川 | 千葉 | 埼玉 | 北関東 |

■■板橋店■■ 【対象期間】：2020-04-01～2020-04-30 【オーダー件数】：830 件 【利用顧客数】：245

■■■■■■ 日毎の売上 ■■■■■■■■

order_date	total_amount
2020-04-01	82074
2020-04-02	67426
2020-04-03	93066
2020-04-04	76644
2020-04-05	82631
2020-04-06	74452
2020-04-07	72659
2020-04-08	87008
2020-04-09	83004
2020-04-10	80955
2020-04-11	87809
2020-04-12	70827
2020-04-13	84107
2020-04-14	80721
2020-04-15	71965
2020-04-16	71082
2020-04-17	85068
2020-04-18	79521
2020-04-19	57390
2020-04-20	83390
2020-04-21	91651
2020-04-22	85107
2020-04-23	84013
2020-04-24	83041
2020-04-25	82379
2020-04-26	90571
2020-04-27	76703
2020-04-28	77704
2020-04-29	82104
2020-04-30	84351

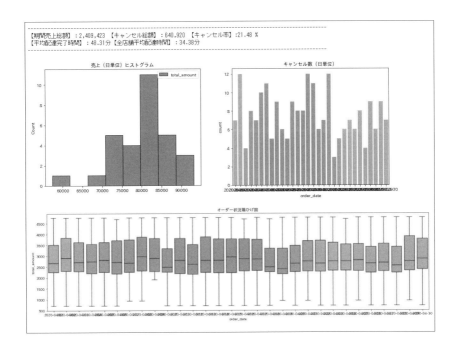

最後にトグルボタンを表示して処理は完了です。
実際に動作させるとトグルボタンが画面上に出てきます。

　地域トグルを変化させると、その地域に属する店舗に絞り込まれたドロップダウンが現れます。ドロップダウンで店舗を選択すると、次は期間を指定するための日付選択ボックスが現れますので、任意の期間に変更してみてください。
　簡易的なダッシュボードが表示されます。これでプログラムを変更することなく、見たい店舗のデータを即時に参照することができました。

　さっそく、現場知識のある人に見てもらい、意見をもらいましょう。

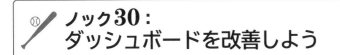

ノック30：
ダッシュボードを改善しよう

　前ノックで作成したダッシュボードを見てもらったところ、経営管理部のエリアマネージャー達から次の要望が上がりました。

▼要望
地区ごとに集計してほしい
キャンセル率、配達完了までの時間を地域ごとにランキング形式で表示してほしい

　分析や可視化を一人だけで作っていると、近視眼的になったりして、結果的にあまり意味のない物ができてしまうケースがあります。このように、実際に使う人の視座で物事を考えることは大事ですが、なかなか難しいことでもあります。その場合は実際にヒアリングをしてしまうのが一番早いです。必ず、現場や業務に詳しい人にヒアリングし、フィードバックを行うように心掛けていきましょう。

　さっそく、機能を実装していきましょう。

```python
cal_orders_base = order_all.loc[(order_all['status'].isin([1, 2]))]


# 地域のランキング (配達時間)
print("配達時間 ==================")
print("地域ランキング ----------------")
display(pd.DataFrame(cal_orders_base.groupby(['narrow_area'])['delta'].mean().sort_values()))
print("地域毎のTOP5 ----------------")
for area in m_area['area_cd']:
    temp = cal_orders_base.loc[cal_orders_base['area_cd']==area]
    temp = temp.groupby(['store_id'])['delta'].mean().sort_values()
    temp = pd.merge(temp, m_store, on='store_id')[['store_name', 'delta']]
    display(temp.head())
```

■図3-25：地域別、配達完了までの時間ランキング

```
入力 [25]: cal_orders_base = order_all.loc[(order_all['status'].isin([1, 2]))]

          # 地域のランキング (配達時間)
          print("配達時間  ================")
          print("地域ランキング ---------------")
          display(pd.DataFrame(cal_orders_base.groupby(['narrow_area'])['delta'].mean().sort_values()))
          print("地域毎のTOP5 ---------------")
          for area in m_area['area_cd']:
              temp = cal_orders_base.loc[cal_orders_base['area_cd']==area]
              temp = temp.groupby(['store_id'])['delta'].mean().sort_values()
              temp = pd.merge(temp, m_store, on='store_id')[['store_name', 'delta']]
              display(temp.head())

          配達時間  ================
          地域ランキング ---------------
```

	delta
narrow_area	
茨城	32.248904
神奈川	33.706886
東京	34.490798
群馬	34.499775
栃木	34.544332
埼玉	34.754362
千葉	34.948273

```
地域毎のTOP5 ---------------
```

	store_name	delta
0	羽村店	20.237703
1	荻窪店	20.302287
2	恵比寿店	20.305666

まずは、配達時間のランキングを作っていきます。

いったん、デリバリーだけのデータフレームを作成し、地域(narrow_area)単位で配達完了までの時間(delta)の平均を算出し、昇順でソートしたものを、画面上に表示します。

次に、地域ごとにループ文を回して、地域毎の店舗のランキングを表示しています。

実行すると、地域のランキングと、それぞれの地域の店舗ランキング上位5位が表示されます。

続いて、同じ要領でキャンセル率のランキングを作成していきましょう。

```
# 地域のランキング（キャンセル率）
base_df = pd.merge(check_df, m_store, on='area_cd')
base_df = pd.merge(base_df, m_area, on='area_cd')
print("キャンセル率  ================")
print("地域ランキング ---------------")
```

```
display(pd.DataFrame(base_df.groupby(['narrow_area'])['cancel_rate'].mean
().sort_values()))
print("地域毎のTOP5 ---------------")
for area in m_area['area_cd']:
    temp = check_df.loc[check_df['area_cd']==area]
    temp = temp.groupby(['store_id'])['cancel_rate'].mean().sort_values()
    temp = pd.merge(temp, m_store, on='store_id')[['store_name', 'cancel_
rate']]
    display(temp.head())
```

▐ 図3-26：地域別、キャンセル率ランキング

　地域のキャンセル率は、**ノック28**ですでにcheck_dfとして算出済みですので、店舗情報とエリア情報を付与したデータフレームを作成します。
　次に、地域毎の平均を取得しソートしたうえで、画面上に表示します。
　続いて、店舗単位のループを行い、それぞれの地域の店舗毎のキャンセル率ランキングを表示していきます。

　本来であれば、**ノック29**のmake_board関数の中を修正して、今回追加したランキング機能をダッシュボード自体に追加するところですが、Colaboratoryと、本書の段階的な説明のやり方では難しいので、ランキング集計機能だけ実装

しました。

　ご自身で、**ノック29**のmake_board関数に組み込んでみてください。

　同じ要領で、配達時間やキャンセル率のワーストランキングも表示すると面白いと思います。また、各パーツの組み合わせ等も行うことで、より多様な可視化ができるので、本章のソースを応用することで、比較的しっかりとした可視化ツールを作ることができるかと思います、こちらもぜひトライしてみてください。

　簡易的ではありますが、ダッシュボードのイメージが掴めたかと思います。

　これをベースに、さらに現場のスタッフや上司等に意見を聞いて、仮説の検証やデータの確認、さらにはダッシュボードの改善を進めていくことができます。

　前段にも書いた通り、分析や可視化を頑張っても、それが活用されなければ意味がありません。組織全体のデータリテラシーを高めるためには、現場のスタッフと一緒にデータを理解し、分析していくのが一番の近道かと思います。

　そのためにダッシュボード等が効果的になってきますので、ぜひ今後もストーリーや仮説をもとに、ダッシュボードを作ってみてください。

　次章では、さらに組織がデータを活用できるように、レポーティングの仕組みを整えていきます。

第4章
レポーティングする仕組みを構築する10本ノック

　前章では、簡易的なダッシュボードを作成し、現場を知るメンバーへのヒアリングなどを行いました。その結果、店舗にも見せてみようという話になりました。

　ただ、店舗スタッフにPythonのプログラムを実行して確認しろというのは、あまりに酷な話です。そこで、今や誰しも一度は触れた経験のあるエクセル（Excel）で出力し、店舗管理者に送付することになりました。

　まずはPythonでエクセルを操作する基礎的なことを学習し、後半で実際にデータを**レポーティング**するためにエクセルを作成していきましょう。

　また、今回、Colaboratoryでエクセルを操作するのに「OpenPyXL」というライブラリを利用します。

　OpenPyXLがインストールされていない環境の場合は、pip等でインストールを行ってください。pipの場合「pip install openpyxl」となりますが、pip以外の場合は各環境に応じてインストールを行ってください。

> **note**
>
> 本章ではエクセルへの出力結果を確認する作業が含まれますが、もしMicrosoft Officeが入っていない環境の場合は、以下のソフトで代替できます（無償利用可）。
>
> ・LibreOffice
> ・OpenOffice
>
> ただし、本書はMicrosoft Officeのエクセルを対象に記載しておりますので、上記のフリーウェアで結果確認を行う場合、本書に記載した内容と表示結果が多少異なる可能性があります。その点につきましては読み替えて進めてください。

note

本章では結果の確認で出力したエクセルファイルを参照しながら進めて行きますが、その際同じファイルへの書き込みを行うことがあり、ファイルを開いたまま処理を実行すると、「[Errno 13] Permission denied:」というエラーが出ます。この場合はファイルを閉じてから処理を再開してください。

あなたの状況

　あなたはダッシュボードをもとに戦略企画部と話をしてみた所、色々な意見・フィードバックを得て、とても良い感触を得ました。そこで、**各店舗の**
マネージャーにも見てもらおうという話になりましたが、各店舗のマネージャーはPythonを実行する環境はありません。エクセルなら使えるとのことで、エクセルでレポーティングを行うことになりました。

前提条件

本章で取り扱う基礎データはこれまでと同じものを用います。

■表4-1：データ一覧

No.	ファイル名	概要
1	m_area.csv	地域マスタ。都道府県情報等。
2	m_store.csv	店舗マスタ。店舗名等。
3-1	tbl_order_202004.csv	注文データ。4月分。
3-2	tbl_order_202005.csv	注文データ。5月分。
3-3	tbl_order_202006.csv	注文データ。6月分。

ノック31：
特定店舗の売上をExcelにして
出力してみよう

　まずはデータを読み込んでいきます。前章の**ノック26**とほぼ同じ処理ですが、フォルダ内のデータを読み込んで、データの基礎的な加工まで実施します。

```
import pandas as pd
import glob
import os


m_store = pd.read_csv('m_store.csv')
m_area = pd.read_csv('m_area.csv')
```

```python
current_dir = os.getcwd()
tbl_order_file = os.path.join(current_dir, 'tbl_order_*.csv')
tbl_order_files = glob.glob(tbl_order_file)


order_all = pd.DataFrame()
for file in tbl_order_files:
    order_tmp = pd.read_csv(file)
    print(f'{file}:{len(order_tmp)}')
    order_all = pd.concat([order_all, order_tmp], ignore_index=True)

# 保守用店舗データの削除
order_all = order_all.loc[order_all['store_id'] != 999]


order_all = pd.merge(order_all, m_store, on='store_id', how='left')
order_all = pd.merge(order_all, m_area, on='area_cd', how='left')

# マスターにないコードに対応した文字列を設定
order_all.loc[order_all['takeout_flag'] == 0, 'takeout_name'] = 'デリバリー'
order_all.loc[order_all['takeout_flag'] == 1, 'takeout_name'] = 'お持ち帰り'


order_all.loc[order_all['status'] == 0, 'status_name'] = '受付'
order_all.loc[order_all['status'] == 1, 'status_name'] = 'お支払済'
order_all.loc[order_all['status'] == 2, 'status_name'] = 'お渡し済'
order_all.loc[order_all['status'] == 9, 'status_name'] = 'キャンセル'


order_all.loc[:,'order_date'] = pd.to_datetime(order_all['order_accept_date']).dt.date


order_all.head()
```

■図4-1：データの読み込みと基礎加工

```
入力 [1]: import pandas as pd
         import glob
         import os

         m_store = pd.read_csv('m_store.csv')
         m_area = pd.read_csv('m_area.csv')

         current_dir = os.getcwd()
         tbl_order_file = os.path.join(current_dir, 'tbl_order_*.csv')
         tbl_order_files = glob.glob(tbl_order_file)

         order_all = pd.DataFrame()
         for file in tbl_order_files:
             order_tmp = pd.read_csv(file)
             print(f'{file}:{len(order_tmp)}')
             order_all = pd.concat([order_all, order_tmp], ignore_index=True)

         # 保守用店舗データの削除
         order_all = order_all.loc[order_all['store_id'] != 999]

         order_all = pd.merge(order_all, m_store, on='store_id', how='left')
         order_all = pd.merge(order_all, m_area, on='area_cd', how='left')

         # マスターにないコードに対応した文字列を設定
         order_all.loc[order_all['takeout_flag'] == 0, 'takeout_name'] = 'デリバリー'
         order_all.loc[order_all['takeout_flag'] == 1, 'takeout_name'] = 'お持ち帰り'

         order_all.loc[order_all['status'] == 0, 'status_name'] = '受付'
         order_all.loc[order_all['status'] == 1, 'status_name'] = 'お支払済'
         order_all.loc[order_all['status'] == 2, 'status_name'] = 'お渡し済'
         order_all.loc[order_all['status'] == 9, 'status_name'] = 'キャンセル'

         order_all.loc[:,'order_date'] = pd.to_datetime(order_all['order_accept_date']).dt.date

         order_all.head()

         /root/jupyter_notebook/codes/4章/tbl_order_202004.csv:233260
         /root/jupyter_notebook/codes/4章/tbl_order_202005.csv:241139
         /root/jupyter_notebook/codes/4章/tbl_order_202006.csv:233301
```

Out[1]:

	order_id	store_id	customer_id	coupon_cd	sales_detail_id	order_accept_date	delivered_date	takeout_flag	total_amount	status	store_name	area_cd	w
0	79339111	49	C26387220	50	67393872	2020-04-01 11:00:00	2020-04-01 11:18:00	1	4144	1	浅草店	TK	
1	18941733	85	C48773811	26	91834983	2020-04-01 11:00:00	2020-04-01 11:22:00	0	2877	2	目黒店	TK	
2	56217880	76	C66287421	36	64409634	2020-04-01	2020-04-01	0	2603	2	本郷店	TK	

　もはや説明するまでもありませんが、データの読み込みと基礎的な加工を実施しています。こちらは、第1章から続けている処理ですので、不明な所があったらノックを見返してみてください。

　次に、エクセルの操作の基礎を行います。まずは新規のエクセルファイルを作成し、A1セルに文字列を書き込んでみましょう。

```
import openpyxl

wb = openpyxl.Workbook()
ws = wb['Sheet']
ws.cell(1,1).value = '書き込みテストです。'
wb.save('test.xlsx')
wb.close()
```

■図4-2：エクセルの書き込みテスト

```
In [2]: import openpyxl

        wb = openpyxl.Workbook()
        ws = wb['Sheet']
        ws.cell(1,1).value = '書き込みテストです。'
        wb.save('test.xlsx')
        wb.close()
```

ソースと同じ位置に「test.xlsx」ファイルが作成されます。
次に、同じファイルを開いて、A1セルを参照してみましょう。

```
wb = openpyxl.load_workbook('test.xlsx', read_only=True)
ws = wb['Sheet']
print(ws.cell(1, 1).value)
wb.close()
```

■図4-3：読み込みテスト

```
In [3]: wb = openpyxl.load_workbook('test.xlsx', read_only=True)
        ws = wb['Sheet']
        print(ws.cell(1, 1).value)
        wb.close()

        書き込みテストです。
```

無事に、テストで書き込んだ文字列を取得することができました。
　まずはエクセルのファイル作成から、A1セルへの文字の書き込み、読み込み
が行えました。

　次に、特定店舗のデータをエクセルに出力してみましょう。
　まずはデータの準備です。

```
# テストデータの準備
store_id = 1
store_df = order_all.loc[order_all['store_id']==store_id].copy()
store_name = store_df['store_name'].unique()[0]
store_sales_total = store_df.loc[store_df['status'].isin([1, 2])]['total_
amount'].sum()
store_sales_takeout = store_df.loc[store_df['status']==1]['total_amount']
.sum()
store_sales_delivery = store_df.loc[store_df['status']==2]['total_amount'
].sum()
```

```
print(f'売上額確認 {store_sales_total} = {store_sales_takeout + store_sale
s_delivery}')
output_df = store_df[['order_accept_date','customer_id','total_amount','t
akeout_name','status_name']]
output_df.head()
```

■図4-4：テストデータの準備

```
入力 [4]: # テストデータの準備
store_id = 1
store_df = order_all.loc[order_all['store_id']==store_id].copy()
store_name = store_df['store_name'].unique()[0]
store_sales_total = store_df.loc[store_df['status'].isin([1, 2])]['total_amount'].sum()
store_sales_takeout = store_df.loc[store_df['status']==1]['total_amount'].sum()
store_sales_delivery = store_df.loc[store_df['status']==2]['total_amount'].sum()
print(f'売上額確認 {store_sales_total} = {store_sales_takeout + store_sales_delivery}')
output_df = store_df[['order_accept_date','customer_id','total_amount','takeout_name','status_name']]
output_df.head()

売上額確認 9004535 = 9004535
```

出力[4]:

	order_accept_date	customer_id	total_amount	takeout_name	status_name
115	2020-04-01 11:09:09	C25851661	2471	デリバリー	お渡し済
138	2020-04-01 11:11:11	C78632079	2112	デリバリー	キャンセル
332	2020-04-01 11:28:28	C44700154	2122	デリバリー	キャンセル
591	2020-04-01 11:49:49	C80269937	2615	お持ち帰り	お支払済
773	2020-04-01 12:05:05	C70409495	4692	デリバリー	キャンセル

　とりあえず、店舗ID「1」を固定で選択し、データの抽出を行って行きます。その際、決済金額の合計を算出しておきます。なお、決済金額の合計は、総合計、デリバリー合計、テイクアウト合計を計算しておりますので、それぞれが一致するか検算して画面上に表示しています。
　その後、エクセルに吐き出すためにカラムを絞ったデータフレームを用意しています。

```
from openpyxl.utils.dataframe import dataframe_to_rows


store_title = f'{store_id}_{store_name}'


wb = openpyxl.Workbook()
ws = wb.active
ws.title = store_title


ws.cell(1, 1).value = f'{store_title} 売上データ'


# OpenPyXLのユーティリティdataframe_to_rowsを利用
```

```
rows = dataframe_to_rows(output_df, index=False, header=True)

# 表の貼り付け位置
row_start = 3
col_start = 2

for row_no, row in enumerate(rows, row_start):
    for col_no, value in enumerate(row, col_start):
        ws.cell(row_no, col_no).value = value

filename = f'{store_title}.xlsx'
wb.save(filename)
wb.close()
```

■図4-5：データをエクセルに出力

```
In [5]:  from openpyxl.utils.dataframe import dataframe_to_rows

         store_title = f'{store_id}_{store_name}'

         wb = openpyxl.Workbook()
         ws = wb.active
         ws.title = store_title

         ws.cell(1, 1).value = f'{store_title} 売上データ'

         # OpenPyXLのユーティリティdataframe_to_rowsを利用
         rows = dataframe_to_rows(output_df, index=False, header=True)

         # 表の貼り付け位置
         row_start = 3
         col_start = 2

         for row_no, row in enumerate(rows, row_start):
             for col_no, value in enumerate(row, col_start):
                 ws.cell(row_no, col_no).value = value

         filename = f'{store_title}.xlsx'
         wb.save(filename)
         wb.close()
```

　1行目でOpenPyXLのユーティリティをインポートしています。これは、Pandasのデータフレームを OpenPyXL用の行単位のオブジェクトに分割してくれるものです。

　openpyxl.Workbook()で新規のワークブックオブジェクトを生成し、シート名等を変更します。A1(1，1)セルに店舗名とデータ種別がわかるように表記を行っています。

　データフレームを dataframe_to_rows で処理を行い、1行毎にループを実施していきます。

　行オブジェクトからはカラムオブジェクトが取れますので、カラム毎にもルー

プを実施し、行、カラム番号のセルにデータフレームの値を書き込んでいきます。

最後に、ファイル名を設定したうえで、.save()関数でファイルを保存します。

実際にソースと同じ位置に「1_昭島店.xlsx」が作成されています。
ファイルの中を確認してみると、先ほど作成したデータがエクセル上に表示されているのが確認できます。

■図4-6：エクセルファイルの内容

	A	B	C	D	E	F
1	1_昭島店 売上データ					
2						
3		order_acce	customer_i	total_amou	takeout_na	status_name
4		2020-04-0	C25851661	2471	デリバリー	お渡し済
5		2020-04-0	C78632079	2112	デリバリー	キャンセル
6		2020-04-0	C44700154	2122	デリバリー	キャンセル
7		2020-04-0	C80269937	2615	お持ち帰り	お支払済
8		2020-04-0	C70409495	4692	デリバリー	キャンセル
9		2020-04-0	C77407164	2603	デリバリー	キャンセル
10		2020-04-0	C77508455	3931	デリバリー	お渡し済
11		2020-04-0	C83130731	3901	お持ち帰り	キャンセル
12		2020-04-0	C22802269	2252	お持ち帰り	キャンセル
13		2020-04-0	C71855263	3586	デリバリー	お渡し済
14		2020-04-0	C85259317	2808	お持ち帰り	お支払済
15		2020-04-0	C76724964	1882	お持ち帰り	お支払済
16		2020-04-0	C50758423	5100	デリバリー	お渡し済
17		2020-04-0	C18523693	3742	デリバリー	キャンセル
18		2020-04-0	C97884595	2064	お持ち帰り	お支払済
19		2020-04-0	C62881190	2877	デリバリー	お渡し済
20		2020-04-0	C11833463	3900	デリバリー	お渡し済
21		2020-04-0	C82322416	4144	デリバリー	お渡し済
22		2020-04-0	C84174463	2987	デリバリー	お渡し済
23		2020-04-0	C22277463	3617	デリバリー	お渡し済
24		2020-04-0	C33326828	2650	デリバリー	お渡し済
25		2020-04-0	C86109634	2154	デリバリー	キャンセル
26		2020-04-0	C68250603	3530	お持ち帰り	お支払済

冒頭にも記載しましたが、ファイルを開いたままプログラムを実行するとエラーになりますので、閉じてから次の処理を実行してください。
本来であれば、ファイル存在チェックやファイルがロックされているか等、エラーチェックを実施するところですが、今回はまだエクセルファイルの操作習熟なので、その辺りは割愛しています。

次はエクセルを装飾していきましょう。

ノック32：
Excelの表を整えて出力してみよう

　前ノックで無事にエクセルにデータ出力できました。ただ、このままでは日付項目が短縮表示されてしまっていたりで、見づらいです。装飾を行い、表を整えていきましょう。

```python
# スタイル関係のインポート
from openpyxl.styles import PatternFill, Border, Side, Font

openpyxl.load_workbook(filename)
ws = wb[store_title]

side = Side(style='thin', color='008080')
border = Border(top=side, bottom=side, left=side, right=side)

# データの表の部分に罫線を設定
for row in ws:
    for cell in row:
        if ws[cell.coordinate].value:
            ws[cell.coordinate].border = border
```

■図4-7：罫線の設定と描画

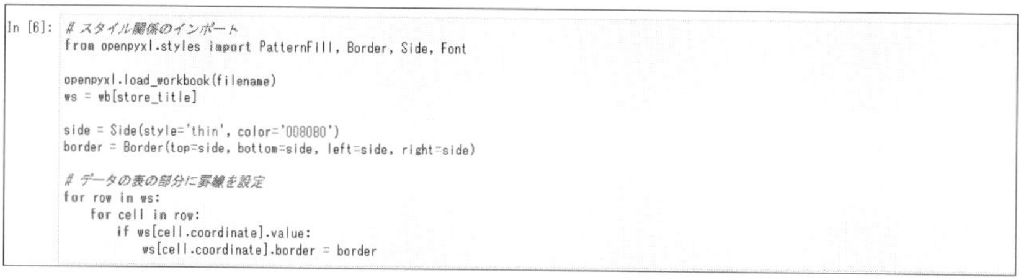

```
In [6]:  # スタイル関係のインポート
         from openpyxl.styles import PatternFill, Border, Side, Font

         openpyxl.load_workbook(filename)
         ws = wb[store_title]

         side = Side(style='thin', color='008080')
         border = Border(top=side, bottom=side, left=side, right=side)

         # データの表の部分に罫線を設定
         for row in ws:
             for cell in row:
                 if ws[cell.coordinate].value:
                     ws[cell.coordinate].border = border
```

　OpenPyXLのスタイル関係のインポートを1行目で実施しています。
　次に、先ほど作成したファイルを再度開いて、ワークシートも選択しておきます。
　罫線のスタイル設定を行ったうえで、ワークシート内をfor文で回しながら、1セル毎に罫線を引いていきます。ただ、この処理を実行しただけではエクセルは保存されませんので、引き続き次の整形処理に移ります。

```
ws.cell(1,1).font = Font(bold=True, color='008080')

cell = ws.cell(3, 2)
cell.fill = PatternFill(patternType='solid', fgColor='008080')
cell.value = '注文受注日時'
cell.font = Font(bold=True, color='FFFFFF')

cell = ws.cell(3, 3)
cell.fill = PatternFill(patternType='solid', fgColor='008080')
cell.value = '顧客ID'
cell.font = Font(bold=True, color='FFFFFF')

cell = ws.cell(3, 4)
cell.fill = PatternFill(patternType='solid', fgColor='008080')
cell.value = '購入総額'
cell.font = Font(bold=True, color='FFFFFF')

cell = ws.cell(3, 5)
cell.fill = PatternFill(patternType='solid', fgColor='008080')
cell.value = '注文タイプ'
cell.font = Font(bold=True, color='FFFFFF')

cell = ws.cell(3, 6)
cell.fill = PatternFill(patternType='solid', fgColor='008080')
cell.value = '注文状態'
cell.font = Font(bold=True, color='FFFFFF')

ws.column_dimensions['A'].width = 20
ws.column_dimensions['B'].width = 20
ws.column_dimensions['C'].width = 12
ws.column_dimensions['D'].width = 12
ws.column_dimensions['E'].width = 12
ws.column_dimensions['F'].width = 12

# ファイルに保存
```

```
wb.save(filename)
```
```
wb.close()
```

▐ 図4-8：各種装飾を実施したのちワークブックを保存

```
In [7]:  ws.cell(1,1).font = Font(bold=True, color='008080')

         cell = ws.cell(3, 2)
         cell.fill = PatternFill(patternType='solid', fgColor='008080')
         cell.value = '注文受注日時'
         cell.font = Font(bold=True, color='FFFFFF')

         cell = ws.cell(3, 3)
         cell.fill = PatternFill(patternType='solid', fgColor='008080')
         cell.value = '顧客ID'
         cell.font = Font(bold=True, color='FFFFFF')

         cell = ws.cell(3, 4)
         cell.fill = PatternFill(patternType='solid', fgColor='008080')
         cell.value = '購入総額'
         cell.font = Font(bold=True, color='FFFFFF')

         cell = ws.cell(3, 5)
         cell.fill = PatternFill(patternType='solid', fgColor='008080')
         cell.value = '注文タイプ'
         cell.font = Font(bold=True, color='FFFFFF')

         cell = ws.cell(3, 6)
         cell.fill = PatternFill(patternType='solid', fgColor='008080')
         cell.value = '注文状態'
         cell.font = Font(bold=True, color='FFFFFF')

         ws.column_dimensions['A'].width = 20
         ws.column_dimensions['B'].width = 20
         ws.column_dimensions['C'].width = 12
         ws.column_dimensions['D'].width = 12
         ws.column_dimensions['E'].width = 12
         ws.column_dimensions['F'].width = 12

         # ファイルに保存
         wb.save(filename)
         wb.close()
```

　1セル毎に装飾を行うので、長くなってしまいましたが、やっていることはとても単純です。

　対象のセルを選択し、塗りつぶしやフォントの変更を行っています。

　また、下の方では、カラムの幅を調整し、日付等がちゃんと見えるように調整を行っています。

　実際にエクセルを開いてみてください。少し綺麗になったのではないでしょうか。

■図4-9：装飾後のエクセルファイル

	A	B	C	D	E	F
1	1 昭島店 売上データ					
2						
3		注文受注日時	顧客ID	購入総額	注文タイプ	注文状態
4		2020-04-01 11:09:09	C25851661	2471	デリバリー	お渡し済
5		2020-04-01 11:11:11	C78632079	2112	デリバリー	キャンセル
6		2020-04-01 11:28:28	C44700154	2122	デリバリー	キャンセル
7		2020-04-01 11:49:49	C80269937	2615	お持ち帰り	お支払済
8		2020-04-01 12:05:05	C70409495	4692	デリバリー	キャンセル
9		2020-04-01 12:11:11	C77407164	2603	デリバリー	キャンセル
0		2020-04-01 12:41:41	C77508455	3931	デリバリー	お渡し済
1		2020-04-01 12:55:55	C83130731	3901	お持ち帰り	キャンセル
2		2020-04-01 13:01:01	C22802269	2252	お持ち帰り	キャンセル
3		2020-04-01 13:45:45	C71855263	3586	デリバリー	お渡し済
4		2020-04-01 13:50:50	C85259317	2808	お持ち帰り	お支払済
5		2020-04-01 14:22:22	C76724964	1882	お持ち帰り	お支払済
6		2020-04-01 15:06:06	C50758423	5100	デリバリー	お渡し済
7		2020-04-01 15:12:12	C18523693	3742	デリバリー	キャンセル

ノック33：売上以外のデータも出力してみよう

　売上データを整形してエクセルに出力できました。次は、前章で課題と認識した配達完了までの時間を計算してエクセルに出力しましょう。

```
def calc_delta(t):
    t1, t2 = t
    delta = t2 - t1
    return delta.total_seconds()/60
```

```
store_df.loc[:,'order_accept_datetime'] = pd.to_datetime(store_df['order_accept_date'])
store_df.loc[:,'delivered_datetime'] = pd.to_datetime(store_df['delivered_date'])
store_df.loc[:,'delta'] = store_df[['order_accept_datetime', 'delivered_datetime']].apply(calc_delta, axis=1)
```

```
delivery_time = store_df.groupby(['store_id'])['delta'].describe()
delivery_time
```

■図4-10：配達完了までの時間の計算

```
入力 [8]: def calc_delta(t):
              t1, t2 = t
              delta = t2 - t1
              return delta.total_seconds()/60

          store_df.loc[:,'order_accept_datetime'] = pd.to_datetime(store_df['order_accept_date'])
          store_df.loc[:,'delivered_datetime'] = pd.to_datetime(store_df['delivered_date'])
          store_df.loc[:,'delta'] = store_df[['order_accept_datetime','delivered_datetime']].apply(calc_delta, axis=1)

          delivery_time = store_df.groupby(['store_id'])['delta'].describe()
          delivery_time

出力 [8]:
                  count      mean        std   min   25%   50%   75%   max
          store_id
                1 3553.0 34.477062 14.514403 10.0  22.0  34.0  47.0  59.0
```

　この処理は前ノックで実施したこととほぼ同じです。最後に、.describe()関数で結果を表示しています。これによると、最短で10分、最長で59分、平均は34分と一目でデータの状態を確認できます。

```
openpyxl.load_workbook(filename)
ws = wb[store_title]


cell = ws.cell(1, 7)
cell.value = f'配達完了までの時間'
cell.font = Font(bold=True, color='008080')


rows = dataframe_to_rows(delivery_time, index=False, header=True)


# 表の貼り付け位置
row_start = 3
col_start = 8


for row_no, row in enumerate(rows, row_start):
    for col_no, value in enumerate(row, col_start):
        cell = ws.cell(row_no, col_no)
        cell.value = value
        cell.border = border
        if row_no == row_start:
            cell.fill = PatternFill(patternType='solid', fgColor='008080')
            cell.font = Font(bold=True, color='FFFFFF')
```

```
filename = f'{store_title}.xlsx'
wb.save(filename)
wb.close()
```

■図4-11：計算した配達完了までの時間をエクセルに出力

■図4-12：エクセルファイルの結果

次は、条件を付けて装飾をしてみましょう。

ノック34：
問題のある箇所を赤字で出力してみよう

　データを出力する処理に少し手を加えて、ある条件の時に装飾を変化させて出力してみましょう。これは強調したい箇所等にとても有効です。

　今回はテストなので、とりあえず「キャンセル」という文字を赤くしてみます。

```
openpyxl.load_workbook(filename)
ws = wb[store_title]
```

```
rows = dataframe_to_rows(output_df, index=False, header=True)


# 表の貼り付け位置
row_start = 3
col_start = 2


for row_no, row in enumerate(rows, row_start):
    if row_no == row_start:
        continue
    for col_no, value in enumerate(row, col_start):
        ws.cell(row_no, col_no).value = value
        if value == 'キャンセル':
            ws.cell(row_no, col_no).font = Font(bold=True, color='FF0000')


filename = f'{store_title}.xlsx'
wb.save(filename)
wb.close()
```

■図4-13：キャンセルデータを赤文字にして出力

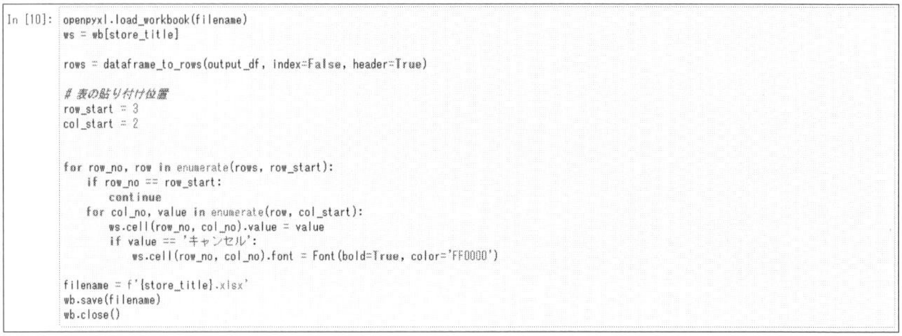

```
In [10]: openpyxl.load_workbook(filename)
         ws = wb[store_title]

         rows = dataframe_to_rows(output_df, index=False, header=True)

         # 表の貼り付け位置
         row_start = 3
         col_start = 2

         for row_no, row in enumerate(rows, row_start):
             if row_no == row_start:
                 continue
             for col_no, value in enumerate(row, col_start):
                 ws.cell(row_no, col_no).value = value
                 if value == 'キャンセル':
                     ws.cell(row_no, col_no).font = Font(bold=True, color='FF0000')

         filename = f'{store_title}.xlsx'
         wb.save(filename)
         wb.close()
```

■図4-14：エクセルの結果

総額	注文タイプ	注文状態
2471	デリバリー	お渡し済
2112	デリバリー	キャンセル
2122	デリバリー	キャンセル
2615	お持ち帰り	お支払済
4692	デリバリー	キャンセル
2603	デリバリー	キャンセル
3931	デリバリー	お渡し済
3901	お持ち帰り	キャンセル
2252	お持ち帰り	キャンセル
3586	デリバリー	お渡し済
2808	お持ち帰り	お支払済
1882	お持ち帰り	お支払済
5100	デリバリー	お渡し済
3742	デリバリー	キャンセル

　途中にキャンセル判定を行って、合致するデータのフォントを指定するという点以外は、前ノックとほぼ変わりません。

　次は、エクセルのセル関数を用いてエクセル上で計算するように出力してみましょう。

ノック35： エクセルのセル関数で日毎の集計をしてみよう

　エクセルには「セル関数」というものがあり、とても便利に使うことができます。Python側で計算をした方が早いケースも多いですが、些細な計算等をいちいちPythonで計算して結果を出力しなくても、データからセル関数で計算してしまうという手もあります。

　Pythonとエクセルどちらも使って効率的に開発を行っていきましょう。

```
openpyxl.load_workbook(filename)
ws = wb[store_title]

cell = ws.cell(7, 7)
cell.value = '集計'
```

```python
cell.font = Font(bold=True, color='008080')

cell = ws.cell(8,8)
cell.value = 'データ総額'
cell.font = Font(bold=True, color='008080')

cell = ws.cell(8,10)
cell.value = f'=SUM(D4:D{ws.max_row})'

cell = ws.cell(9,8)
cell.value = '　内 決済完了額'
cell.font = Font(bold=True)

cell = ws.cell(9,10)
cell.value = f'=SUMIF(F4:F{ws.max_row},"<>キャンセル",D4:D{ws.max_row})'

cell = ws.cell(10,8)
cell.value = '　内 キャンセル額'
cell.font = Font(bold=True)

cell = ws.cell(10,10)
cell.value = f'=SUMIF(F4:F{ws.max_row},"=キャンセル",D4:D{ws.max_row})'

filename = f'{store_title}.xlsx'
wb.save(filename)
wb.close()
```

■図4-15：エクセルのセル関数

```
In [11]: openpyxl.load_workbook(filename)
         ws = wb[store_title]

         cell = ws.cell(7, 7)
         cell.value = '集計'
         cell.font = Font(bold=True, color='008080')

         cell = ws.cell(8,8)
         cell.value = 'データ総額'
         cell.font = Font(bold=True, color='008080')

         cell = ws.cell(8,10)
         cell.value = f'=SUM(D4:D[ws.max_row])'

         cell = ws.cell(9,8)
         cell.value = ' 内 決済完了額'
         cell.font = Font(bold=True)

         cell = ws.cell(9,10)
         cell.value = f'=SUMIF(F4:F[ws.max_row],"○キャンセル",D4:D[ws.max_row])'

         cell = ws.cell(10,8)
         cell.value = ' 内 キャンセル額'
         cell.font = Font(bold=True)

         cell = ws.cell(10,10)
         cell.value = f'=SUMIF(F4:F[ws.max_row],"=キャンセル",D4:D[ws.max_row])'

         filename = f'[store_title].xlsx'
         wb.save(filename)
         wb.close()
```

■図4-16：エクセルの結果

配達完了までの時間					
注文状態		count	mean	std	min
お渡し済		3640	34.50412	14.52416	1
キャンセル					
キャンセル					
お支払済	集計				
キャンセル		データ総額		11372452	
キャンセル		内 決済完了額		9283762	
お渡し済		内 キャンセル額		2088690	
キャンセル					
キャンセル					
お渡し済					
お支払済					

⚾ ノック36： 折れ線グラフにして出力してみよう

　前ノックのセル関数同様に、エクセルのグラフ処理を利用し、売上のグラフを出力してみましょう。今回はオーダー情報を折れ線グラフで表示していきますが、テストなのでデータの一部を利用しています。

```
from openpyxl.chart import Reference, BarChart, PieChart, LineChart, Scat
terChart, Series
```

```
openpyxl.load_workbook(filename)
ws = wb[store_title]


cell = ws.cell(7, 7)
cell.value = f'売上グラフ'
cell.font = Font(bold=True, color='008080')


# グラフ用の参照データを指定、D列（購入総額）の4行目から20件を指定
refy = Reference(ws, min_col=4, min_row=4, max_col=4, max_row=23)


# グラフシリーズを生成
series = Series(refy, title='売上額')


# Chart
chart = LineChart()
chart.title = '折れ線グラフ'
chart.x_axis.title = '件数'
chart.y_axis.title = '売上額'
chart.height = 10
chart.width = 20
chart.series.append(series)


# 生成したChartオブジェクトをシートの指定位置に追加
ws.add_chart(chart, 'H12')


filename = f'{store_title}.xlsx'
wb.save(filename)
wb.close()
```

■図4-17：グラフ描画処理

```
入力 [12]: from openpyxl.chart import Reference, BarChart, PieChart, LineChart, ScatterChart, Series

          openpyxl.load_workbook(filename)
          ws = wb[store_title]

          cell = ws.cell(7, 7)
          cell.value = f'売上グラフ'
          cell.font = Font(bold=True, color='008080')

          # グラフ用の参照データを指定。D列（購入総額）の4行目から20件を指定
          refy = Reference(ws, min_col=4, min_row=4, max_col=4, max_row=23)

          # グラフシリーズを生成
          series = Series(refy, title='売上額')

          # Chart
          chart = LineChart()
          chart.title = '折れ線グラフ'
          chart.x_axis.title = '件数'
          chart.y_axis.title = '売上額'
          chart.height = 10
          chart.width = 20
          chart.series.append(series)

          # 生成したChartオブジェクトをシートの指定位置に追加
          ws.add_chart(chart, 'H12')

          filename = f'{store_title}.xlsx'
          wb.save(filename)
          wb.close()
```

　1行目でグラフ関係のインポートを実施しています。今回使うのはLineChartとなりますが、それ以外のグラフもインポートしておきます。

　グラフを作るために、まずはReference関数で参照エリアを設定します。今回のケースでは、4カラム目の購入総額について、4行目から20件分データを参照設定にしています。

　その後、シリーズとチャートを作成しています。その際、LineChart()を生成し、H12セルの位置にグラフを配置します。

■図4-18：エクセルの結果

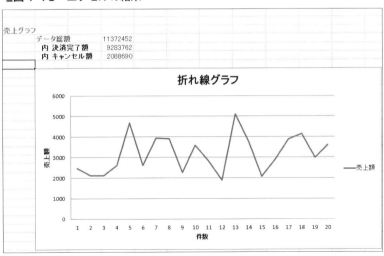

ノック37：
レポートに向けてデータを準備しよう

おおよそのエクセルの機能は使えるようになったかと思います。本章は**レポーティング**を目的としていますので、細かいテクニック等は割愛します。

まずはレポーティングに向けてデータの準備をしていきます。

```python
# キャンセル率ランキングデータを準備
cancel_df = pd.DataFrame()
cancel_cnt = order_all.loc[order_all['status']==9].groupby(['store_id'])[
'store_id'].count()
order_cnt = order_all.loc[order_all['status'].isin([1, 2, 9])].groupby(['
store_id'])['store_id'].count()
cancel_rate = (cancel_cnt / order_cnt) * 100
cancel_df['cancel_rate'] = cancel_rate
cancel_df = pd.merge(cancel_df, m_store, on='store_id', how='left')
cancel_rank = cancel_df.sort_values('cancel_rate', ascending=True).reset_
index()


def check_store_cancel_rank(trg_id):
    tmp = cancel_rank.loc[cancel_rank['store_id']==trg_id].index + 1
    return tmp[0]
```

■図4-19：キャンセル率ランキングと店舗ランクの調査関数

```
入力 [13]: # キャンセル率ランキングデータを準備
          cancel_df = pd.DataFrame()
          cancel_cnt = order_all.loc[order_all['status']==9].groupby(['store_id'])['store_id'].count()
          order_cnt = order_all.loc[order_all['status'].isin([1, 2, 9])].groupby(['store_id'])['store_id'].count()
          cancel_rate = (cancel_cnt / order_cnt) * 100
          cancel_df['cancel_rate'] = cancel_rate
          cancel_df = pd.merge(cancel_df, m_store, on='store_id', how='left')
          cancel_rank = cancel_df.sort_values('cancel_rate', ascending=True).reset_index()

          def check_store_cancel_rank(trg_id):
              tmp = cancel_rank.loc[cancel_rank['store_id']==trg_id].index + 1
              return tmp[0]
```

ここでは、キャンセル率のランキングデータを準備しています。この辺りの処理は第3章などの応用となりますので、細かい説明は割愛致します。

最後に「check_store_cancel_rank(trg_id)」という関数を定義しています。これは後に再利用するために**関数化**しています。内容としては、指定した店舗が

キャンセル率ランキング何位なのかを調べています。

```
def get_area_df(trg_id):
    # 該当店舗が属する、地域別データの集計と売上ランク
    area_df = pd.DataFrame()
    area_df = order_all.loc[order_all['area_cd']==store_df['area_cd'].uni
que()[0]]
    area_df = area_df.loc[area_df['status'].isin([1, 2])]
    return area_df


def get_area_rank_df(trg_id):
    area_df = get_area_df(trg_id)
    area_rank = area_df.groupby(['store_id'])['total_amount'].sum().sort_
values(ascending=False)
    area_rank = pd.merge(area_rank, m_store, on='store_id', how='left')

    return area_rank


def check_store_sales_rank(trg_id):
    area_rank = get_area_rank_df(trg_id)

    tmp = area_rank.loc[area_rank['store_id']==trg_id].index + 1
    return tmp[0]
```

■図4-20：地域毎の売上集計関数と、ランキング集計

```
In [14]:  def get_area_df(trg_id):
              # 該当店舗が属する、地域別データの集計と売上ランク
              area_df = pd.DataFrame()
              area_df = order_all.loc[order_all['area_cd']==store_df['area_cd'].unique()[0]]
              area_df = area_df.loc[area_df['status'].isin([1, 2])]
              return area_df

          def get_area_rank_df(trg_id):
              area_df = get_area_df(trg_id)
              area_rank = area_df.groupby(['store_id'])['total_amount'].sum().sort_values(ascending=False)
              area_rank = pd.merge(area_rank, m_store, on='store_id', how='left')

              return area_rank

          def check_store_sales_rank(trg_id):
              area_rank = get_area_rank_df(trg_id)

              tmp = area_rank.loc[area_rank['store_id']==trg_id].index + 1
              return tmp[0]
```

こちらも同様に後の処理で再利用するために関数を定義しています。
get_area_df(trg_id)は該当店舗が属する地域の注文情報を抽出する処理で

す。これにより、同じ地域に属する店舗内でのランキング集計が可能となります。

　get_area_rank_df(trg_id)は先ほどの関数で地域単位の注文情報を抽出したものに対して、店舗単位で金額合計を算出し、金額の多い順に並び替えてランキングを作成したものです。

　最後にcheck_store_sales_rank(trg_id)は、キャンセル率の時と同じく、該当の店舗が売上ランキングのどの位置にいるのかを調べる関数となっています。

```python
def make_store_daily(trg_id):
    # 該当店舗の日毎売上データ
    tmp_store_df = order_all.loc[(order_all['store_id']==trg_id) & (order_all['status'].isin([1, 2]))]
    tmp = tmp_store_df[['order_accept_date', 'total_amount']].copy()
    tmp.loc[:,'order_accept_date'] = pd.to_datetime(tmp['order_accept_date'])
    tmp.set_index('order_accept_date', inplace=True)
    tmp = tmp.resample('D').sum().reset_index()

    return tmp
```

■図4-21：該当店舗の日単位の売上を集計

```
入力 [15]: def make_store_daily(trg_id):
               # 該当店舗の日毎売上データ
               tmp_store_df = order_all.loc[(order_all['store_id']==trg_id) & (order_all['status'].isin([1, 2]))]
               tmp = tmp_store_df[['order_accept_date', 'total_amount']].copy()
               tmp.loc[:,'order_accept_date'] = pd.to_datetime(tmp['order_accept_date'])
               tmp.set_index('order_accept_date', inplace=True)
               tmp = tmp.resample('D').sum().reset_index()

               return tmp
```

　この処理は前章でも実施した、日単位での売上金額の合計を算出する処理です。こちらも再利用可能なように関数にしています。

```python
def get_area_delivery(trg_id):
    # 該当店舗が属する、地域別データの配達完了までの時間ランク
    area_delivery = pd.DataFrame()
    area_df = get_area_df(trg_id)
    area_delivery = area_df.loc[area_df['status']==2].copy()

    area_delivery.loc[:,'order_accept_datetime'] = pd.to_datetime(area_delivery['order_accept_date'])
```

```
    area_delivery.loc[:,'delivered_datetime'] = pd.to_datetime(area_deliv
ery['delivered_date'])
    area_delivery.loc[:,'delta'] = area_delivery[['order_accept_datetime'
, 'delivered_datetime']].apply(calc_delta, axis=1)


    return area_delivery


def get_area_delivery_rank_df(trg_id):
    area_delivery = get_area_delivery(trg_id)
    area_delivery_rank = area_delivery.groupby(['store_id'])['delta'].mea
n().sort_values()
    area_delivery_rank = pd.merge(area_delivery_rank, m_store, on='store_
id', how='left')


    return area_delivery_rank


def check_store_delivery_rank(trg_id):
    area_delivery_rank = get_area_delivery_rank_df(trg_id)


    tmp = area_delivery_rank.loc[area_delivery_rank['store_id']==trg_id].
index + 1
    return tmp[0]
```

■図4-22：該当店舗の配達までの時間集計処理

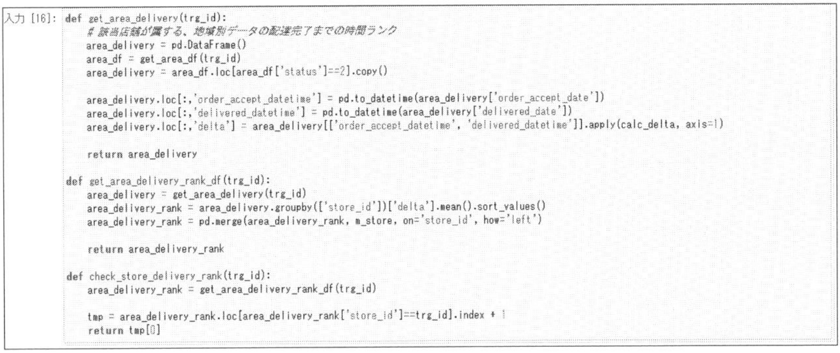

ここでは、地域毎の配達完了までの時間を集計、ランキングしています。
基本的にはキャンセル率等と同様の処理です。

　本ノックは準備として、利用する関数の定義をメインに進めてきました。関数は呼び出されるまで実行されないため、不具合等があっても、現段階ではわかりません。

　実際に関数を呼び出したときにエラーが表示されますので、これまで以上にエラーの原因を特定するのに注意が必要です。ただし、画面に出ているエラー内容を読むと、どこでどのようなエラーが出ているか書いてありますので、エラー画面ですぐに慌てずに、内容を読んでみてください。デバッグも大事なスキルの1つです。

⚾ ノック38：
データシートに必要なデータを出力しよう

　前ノックで作成した関数に続き、データをエクセルに出力するための関数を作っていきましょう。こちらも後に再利用するので、関数化していきます。

　その前段処理として、これまでに暫定的に作ってきたエクセルファイルをいったん削除します。

```
# 最初にテスト用のファイルを削除
if os.path.exists('test.xlsx') : os.remove('test.xlsx')
if os.path.exists(filename): os.remove(filename)
```

■図4-23：ファイルの削除処理

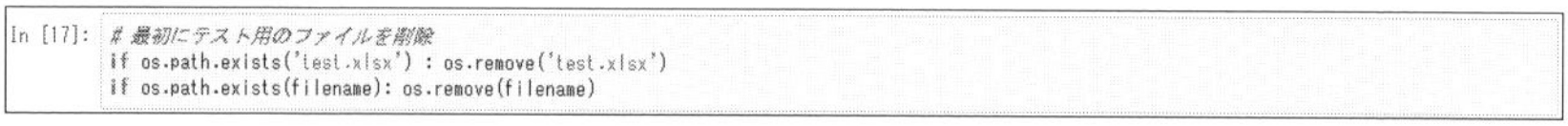

```
In [17]:   # 最初にテスト用のファイルを削除
           if os.path.exists('test.xlsx') : os.remove('test.xlsx')
           if os.path.exists(filename): os.remove(filename)
```

　前半のif文はファイルの存在チェックを行っています。存在する場合、removeでファイルを消しています。

　次は、複数のデータをシートに張り付けるための、汎用的な関数を用意します。

```
def data_sheet_output(trg_wb, sheetname, target_df, indexFlg):
    ws = trg_wb.create_sheet(title=sheetname)

    rows = dataframe_to_rows(target_df, index=indexFlg, header=True)
```

```
# 表の貼り付け位置
row_start = 1
col_start = 1


for row_no, row in enumerate(rows, row_start):
    for col_no, value in enumerate(row, col_start):
        ws.cell(row_no, col_no).value = value


# データシートは非表示にしておく
ws.sheet_state = 'hidden'
```

■図4-24：データをエクセルに出力する汎用関数

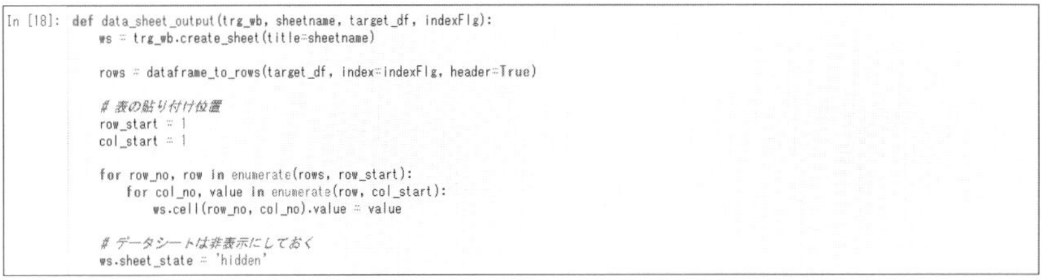

```
In [18]:  def data_sheet_output(trg_wb, sheetname, target_df, indexFlg):
              ws = trg_wb.create_sheet(title=sheetname)

              rows = dataframe_to_rows(target_df, index=indexFlg, header=True)

              # 表の貼り付け位置
              row_start = 1
              col_start = 1

              for row_no, row in enumerate(rows, row_start):
                  for col_no, value in enumerate(row, col_start):
                      ws.cell(row_no, col_no).value = value

              # データシートは非表示にしておく
              ws.sheet_state = 'hidden'
```

　この関数は、前半のノックでも使った内容を関数化し、引数でデータを受ける
形にすることで、複数のデータの出力処理をこの関数でできるようにしたもので
す。
　今回、データシートとして出力するので、タイトルや装飾は行わず、さらにシー
ト自体を非表示にして隠してしまいます。

　次は上記の関数を呼び出す関数を定義します。

```
def make_data_sheet(trg_id, trg_st_df, targetfolder):
    target_daily = make_store_daily(trg_id)
    store_name = trg_st_df['store_name'].unique()[0]


    # 新たにファイルを作成する
    store_title = f'{trg_id}_{store_name}'
```

```
wb = openpyxl.Workbook()


# キャンセルランキング

data_sheet_output(wb, 'Data_CancelRank', cancel_rank, False)

# エリア売上ランキング

data_sheet_output(wb, 'Data_AreaRank', get_area_rank_df(trg_id), Fals
e)

# エリア配達時間ランキング

data_sheet_output(wb, 'Data_DeliveryRank', get_area_delivery_rank_df(
trg_id), False)

# 該当店舗の日単位売上データ

data_sheet_output(wb, 'Data_Target_Daily', target_daily, False)


filename = os.path.join(targetfolder, f'{store_title}.xlsx')

wb.save(filename)

wb.close()


return filename
```

■図4-25：data_sheet_output関数をコールする関数

```
In [19]: def make_data_sheet(trg_id, trg_st_df, targetfolder):
             target_daily = make_store_daily(trg_id)
             store_name = trg_st_df['store_name'].unique()[0]

             # 新たにファイルを作成する
             store_title = f'[trg_id]_[store_name]'

             wb = openpyxl.Workbook()

             # キャンセルランキング
             data_sheet_output(wb, 'Data_CancelRank', cancel_rank, False)
             # エリア売上ランキング
             data_sheet_output(wb, 'Data_AreaRank', get_area_rank_df(trg_id), False)
             # エリア配達時間ランキング
             data_sheet_output(wb, 'Data_DeliveryRank', get_area_delivery_rank_df(trg_id), False)
             # 該当店舗の日単位売上データ
             data_sheet_output(wb, 'Data_Target_Daily', target_daily, False)

             filename = os.path.join(targetfolder, f'[store_title].xlsx')
             wb.save(filename)
             wb.close()

             return filename
```

　この関数は新規ワークブックオブジェクトを生成し、先ほど作成したdata_
sheet_output関数を呼び出して、4種類のデータをエクセルに出力する処理を
行います。

　このように、関数は入れ子になっていくことが多いです。関数やクラスは細か
い方が好ましいのは事実ですが、あまり極端に細かくしてしまうと、可読性やメ
ンテナンス性が逆に損なわれることもありますので、現場のメンバーのスキルレ

ベル等も考慮して、構造化プログラム設計を考える必要があります。

　最後に、make_data_sheet関数を呼び出して、データシートを内包したエクセルファイルを出力しましょう。

```
filename_store = make_data_sheet(store_id, store_df, '')
```

■図4-26：make_data_sheet関数の呼び出し

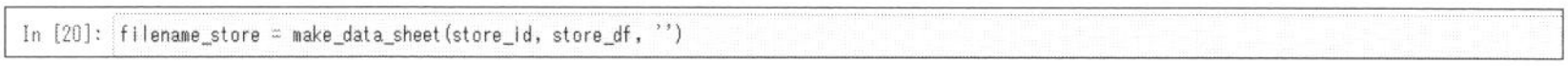

```
In [20]: filename_store = make_data_sheet(store_id, store_df, '')
```

　この処理を行うと、make_data_sheet関数が呼ばれ、その中で、data_sheet_output関数が呼ばれて、最終的にエクセルファイルが出力されます。
　なお、処理にも記載してあります通り、4種類のデータシートは非表示になっているので、エクセルファイルを開いても見えません（シート右クリックで再表示すれば見ることができます）。

　次は、データシート等を活用し、レポーティングのためのサマリーシートを作成していきましょう。

ノック39：
サマリーシートを作成しよう

　前章のダッシュボードでもいえることですが、詳細なデータというのは興味を持たせてからで十分なので、まずは概要で伝えたいデータを一目で伝わるように心掛けてレポートも作成していきます。
　資料等を作っている当事者は、情報を深く知っているため、つい情報を多く掲載したくなってしまいますが、受け取った人は初見ですので、その人達の情報レベルに合わせるように意識していくと、とても伝わりやすい資料やデータ可視化が可能になります。

　さっそく、サマリーシートを作成する関数を作っていきましょう。
　この関数も例にもれず長いですが、エクセルの装飾等がメインなので、複雑なことはしていません。これまでの応用ですので、あまり身構えずに見てください。

```python
def make_summary_sheet(trg_id, storename, trgfile):
    target_cancel_rank = check_store_cancel_rank(trg_id)

    target_sales_rank = check_store_sales_rank(trg_id)

    target_delivery_rank = check_store_delivery_rank(trg_id)


    wb = openpyxl.load_workbook(trgfile)

    ws = wb.active

    ws.title = 'サマリーレポート'


    cell = ws.cell(1,1)

    cell.value = f'{storename} サマリーレポート (4月〜6月) '

    cell.font = Font(bold=True, color='008080', size=20)


    ## 売上ランキングの表示

    tmpWs = wb['Data_Target_Daily']

    cell = ws.cell(3, 2)

    cell.value = '店舗売上額'

    cell.font = Font(bold=True, color='008080', size=16)


    # セルの結合

    ws.merge_cells('E3:F3')


    cell = ws.cell(3, 5)

    cell.value = f'=SUM({tmpWs.title}!B2:B{tmpWs.max_row})'

    cell.font = Font(bold=True, color='0080FF', size=16)

    cell.number_format = '#,##0'


    cell = ws.cell(4, 2)

    cell.value = '店舗売上ランク'

    cell.font = Font(bold=True, color='008080', size=16)


    cell = ws.cell(4, 5)

    cell.value = f'{len(m_store)}店舗中 {target_sales_rank} 位'

    cell.font = Font(bold=True, color='0080FF', size=16)


    # グラフ用の参照データを指定
```

```
        refy = Reference(tmpWs, min_col=2, min_row=2, max_col=2, max_row=tmpW
s.max_row)

        # グラフシリーズを生成
        series = Series(refy, title='売上額')

        # Chart
        chart = LineChart()
        chart.title = '期間売上額（日毎）'
        chart.x_axis.title = '件数'
        chart.y_axis.title = '売上額'
        chart.height = 10
        chart.width = 15
        chart.series.append(series)

        # 生成したChartオブジェクトをシートの指定位置に追加
        ws.add_chart(chart, 'B6')

        # 地域情報
        tmpWs = wb['Data_AreaRank']

        cell = ws.cell(4, 10)
        cell.value = '地域店舗売上情報'
        cell.font = Font(bold=True, color='008080', size=16)

        cell = ws.cell(5, 11)
        cell.value = '最高額'

        cell = ws.cell(5, 12)
        cell.value = f'=MAX({tmpWs.title}!B2:B{tmpWs.max_row})'
        cell.number_format = '#,##0'

        cell = ws.cell(6, 11)
        cell.value = '最低額'

        cell = ws.cell(6, 12)
        cell.value = f'=MIN({tmpWs.title}!B2:B{tmpWs.max_row})'
```

```python
cell.number_format = '#,##0'


cell = ws.cell(7, 11)
cell.value = '地域平均'


cell = ws.cell(7, 12)
cell.value = f'=AVERAGE({tmpWs.title}!B2:B{tmpWs.max_row})'
cell.number_format = '#,##0'


## キャンセル率の表示
cell = ws.cell(11, 10)
cell.value = 'キャンセルランク'
cell.font = Font(bold=True, color='008080', size=16)


cell = ws.cell(12, 11)
cell.value = f'{len(m_store)}店舗中  {target_cancel_rank} 位'
cell.font = Font(bold=True, color='0080FF', size=16)


tmpWs = wb['Data_CancelRank']


cell = ws.cell(13, 11)
cell.value = '地域平均'


cell = ws.cell(13, 12)
cell.value = f'=AVERAGE({tmpWs.title}!C2:C{tmpWs.max_row})'
cell.number_format = '0.00'


## 配達時間ランキングの表示
cell = ws.cell(15, 10)
cell.value = '配達時間ランク'
cell.font = Font(bold=True, color='008080', size=16)


cell = ws.cell(16, 11)
cell.value = f'{len(m_store)}店舗中  {target_delivery_rank} 位'
cell.font = Font(bold=True, color='0080FF', size=16)


tmpWs = wb['Data_DeliveryRank']
```

```
cell = ws.cell(17, 11)
cell.value = '地域平均'


cell = ws.cell(17, 12)
cell.value = f'=AVERAGE({tmpWs.title}!B2:B{tmpWs.max_row})'
cell.number_format = '0.00'


wb.save(trgfile)
wb.close()
```

■図4-27：サマリーシートの作成関数

```
入力 [21]: def make_summary_sheet(trg_id, storename, trgfile):
              target_cancel_rank = check_store_cancel_rank(trg_id)
              target_sales_rank = check_store_sales_rank(trg_id)
              target_delivery_rank = check_store_delivery_rank(trg_id)

              wb = openpyxl.load_workbook(trgfile)
              ws = wb.active
              ws.title = 'サマリーレポート'

              cell = ws.cell(1,1)
              cell.value = f'{storename} サマリーレポート（4月～6月）'
              cell.font = Font(bold=True, color='008080', size=20)

              ## 売上ランキングの表示
              tmpWs = wb['Data_Target_Daily']
              cell = ws.cell(3, 2)
              cell.value = '店舗売上額'
              cell.font = Font(bold=True, color='008080', size=16)

              # セルの結合
              ws.merge_cells('E3:F3')

              cell = ws.cell(3, 5)
              cell.value = f'=SUM({tmpWs.title}!B2:B{tmpWs.max_row})'
              cell.font = Font(bold=True, color='0080FF', size=16)
              cell.number_format = '¥,##0'

              cell = ws.cell(4, 2)
              cell.value = '店舗売上ランク'
              cell.font = Font(bold=True, color='008080', size=16)

              cell = ws.cell(4, 5)
              cell.value = f'{len(m_store)}店舗中　{target_sales_rank} 位'
              cell.font = Font(bold=True, color='0080FF', size=16)

              # グラフ用の参照データを指定
              refy = Reference(tmpWs, min_col=2, min_row=2, max_col=2, max_row=tmpWs.max_row)

              # グラフシリーズを生成
              series = Series(refy, title='売上額')

              # Chart
              chart = LineChart()
              chart.title = '期間売り上げ額（日毎）'
              chart.x_axis.title = '件数'
              chart.y_axis.title = '売上額'
              chart.height = 10
              chart.width = 15
              chart.series.append(series)

              # 生成したChartオブジェクトをシートの指定位置に追加
              ws.add_chart(chart, 'B6')

              # 地域情報
              tmpWs = wb['Data_AreaRank']

              cell = ws.cell(4, 10)
              cell.value = '地域店舗売上情報'
              cell.font = Font(bold=True, color='008080', size=16)

              cell = ws.cell(5, 11)
              cell.value = '最高額'
```

```
cell = ws.cell(5, 12)
cell.value = f'=MAX({tmpWs.title}!B2:B{tmpWs.max_row})'
cell.number_format = '#,##0'

cell = ws.cell(6, 11)
cell.value = '最低額'

cell = ws.cell(6, 12)
cell.value = f'=MIN({tmpWs.title}!B2:B{tmpWs.max_row})'
cell.number_format = '#,##0'

cell = ws.cell(7, 11)
cell.value = '地域平均'

cell = ws.cell(7, 12)
cell.value = f'=AVERAGE({tmpWs.title}!B2:B{tmpWs.max_row})'
cell.number_format = '#,##0'

## キャンセル率の表示
cell = ws.cell(11, 10)
cell.value = 'キャンセルランク'
cell.font = Font(bold=True, color='008080', size=16)

cell = ws.cell(12, 11)
cell.value = f'{len(m_store)}店舗中　{target_cancel_rank} 位'
cell.font = Font(bold=True, color='0080FF', size=18)

tmpWs = wb['Data_CancelRank']

cell = ws.cell(13, 11)
cell.value = '地域平均'

cell = ws.cell(13, 12)
cell.value = f'=AVERAGE({tmpWs.title}!C2:C{tmpWs.max_row})'
cell.number_format = '0.00'

## 配達時間ランキングの表示
cell = ws.cell(15, 10)
cell.value = '配達時間ランク'
cell.font = Font(bold=True, color='008080', size=16)

cell = ws.cell(16, 11)
cell.value = f'{len(m_store)}店舗中　{target_delivery_rank} 位'
cell.font = Font(bold=True, color='0080FF', size=18)

tmpWs = wb['Data_DeliveryRank']

cell = ws.cell(17, 11)
cell.value = '地域平均'

cell = ws.cell(17, 12)
cell.value = f'=AVERAGE({tmpWs.title}!B2:B{tmpWs.max_row})'
cell.number_format = '0.00'

wb.save(trgfile)
wb.close()
```

　この処理はこれまでのノックの応用となりますので、行数は多いですが、1つ
ひとつはすでに行ってきた処理となっています。

```
make_summary_sheet(store_id, store_name, filename_store)
```

■図4-28：サマリーシート作成関数の実行

```
入力 [22]: make_summary_sheet(store_id, store_name, filename_store)
```

　この処理でサマリーシート作成関数が実行され、データシートしかなかったエ
クセルファイルにサマリーシートが付与されました。

　まだまだサマリーシートとしては作り込む余地がありますが、これ以上作り込

むとソース行数が大変なことになってしまうのと、本書は仕組化を主題としておりますので、簡易的なもので留めさせて頂きます。

皆様はぜひ思う存分サマリーシートを拡充してみてください。

また、普段の業務でもエクセルを活用するシーンは多いと思います。この辺りの技術は比較的すぐに実践できるかと思いますので、日頃の面倒なエクセル業務をプログラム化してみるのも面白いかと思います。

ノック40：
店舗別にレポートをExcel出力してみよう

さて、本章最後のノックとなりました。

これまで、テスト用の1店舗で処理を記述、確認してまいりましたが、本来は全ての店舗に対してレポーティングを行うのが目的ですので、全ての店舗のレポーティングを店舗毎に出力していきましょう。

その際、ファイルが店舗数分作成されてしまいますので、「output」というフォルダを生成し、その中に店舗毎のファイルを出力するようにしています。

この処理は、全店舗分処理を行いますので、全て処理が終わるまでに時間が掛かります。

場合によっては、ある程度の店舗が出力された時点で処理を中断するなどして効率的に進めて頂ければと思います。

```
os.makedirs('output',exist_ok=True)


for store in m_store['store_id'].tolist():
    if store != 999:
        store_df = order_all.loc[order_all['store_id']==store]
        store_name = m_store.loc[m_store['store_id']==store]['store_name'
]
        print(store_name)
```

```
    tmp_file_name = make_data_sheet(store, store_df, 'output')
    make_summary_sheet(store, store_name.values[0], tmp_file_name)

print('出力完了しました。')
```

■図4-29：店舗ループによる全店舗のレポート出力

```
入力 [23]: os.makedirs('output',exist_ok=True)

           for store in m_store['store_id'].tolist():
               if store != 999:
                   store_df = order_all.loc[order_all['store_id']==store]
                   store_name = m_store.loc[m_store['store_id']==store]['store_name']
                   print(store_name)

                   tmp_file_name = make_data_sheet(store, store_df, 'output')
                   make_summary_sheet(store, store_name.values[0], tmp_file_name)
           print('出力完了しました。')
           187    小山店
           Name: store_name, dtype: object
           188    佐野店
           Name: store_name, dtype: object
           189    栃木店
           Name: store_name, dtype: object
           190    伊勢崎店
           Name: store_name, dtype: object
           191    太田店
           Name: store_name, dtype: object

           192    桐生店
           Name: store_name, dtype: object
           193    高崎店
           Name: store_name, dtype: object
           194    館林店
           Name: store_name, dtype: object
           195    前橋店
           Name: store_name, dtype: object
           出力完了しました。
```

　今回は主にPythonでエクセルを操作し、レポーティングを作成する処理を行ってきました。実際の現場でエクセルは多岐にわたり使われています。皆様の業務でもエクセルがないということはほぼないのではないでしょうか。

　本章で使ったテクニックで、ぜひ身の回りのエクセル業務を自動化やツール化して、業務改善をしてみてください。

　次章では、このレポーティングやダッシュボード等をより仕組みとして仕上げていきます。

分析システムを構築する 10本ノック

　これまでに、自分自身で行う基礎分析に始まり、多角的な分析が可能となるダッシュボードの作成を行うことで、現場とのコミュニケーションを通じて、問題の原因となる部分の狙いを定めました。続いて前章では、その問題を改善するために施策の実施に向けたレポーティングを行いました。重要な点なので繰り返し述べますが、分析の目的は、あくまでも施策を実施し改善を行うことです。実施した施策が適切だったのか、毎月やることでどう変化していくのかを継続的に検証し続けることが非常に重要です。

　そこで、本章では、継続的に回していくための仕組みを構築していきます。データは常に更新されていくものです。その際に、間違ったデータを提供しないようにフォルダ構成も含めて整理をしつつ、毎月のデータ更新が円滑に進むように小規模な仕組みを構築していきましょう。また、データ更新のタイミングで、先月との比較を行い、改善が見られたのかの検証も同時に行いましょう。

ノック41：基本的なフォルダを生成しよう
ノック42：入力データのチェック機構を作ろう
ノック43：レポーティング(本部向け)を関数化してみよう
ノック44：レポーティング(店舗向け)を関数化してみよう
ノック45：関数を実行し動作を確認してみよう
ノック46：更新に対応できる出力フォルダを作成しよう
ノック47：都道府県別で出力できるように出力フォルダを拡張して
　　　　　データを出力しよう
ノック48：前月のデータを動的に読み込もう
ノック49：実行して過去データとの比較してみよう
ノック50：画面から実行できるようにしよう

あなたの状況

　あなたは、6月までのデータをもとにレポーティング施策を実施しました。その後、7月のデータが更新され、再度、レポーティングを実施しようと思っていますが、今後のことも考えて、データの更新に間違いが起きないようにしたいと考えています。またそれと同時に、6月までのデータで行った施策は有効だったのかを見てみたいと思っているでしょう。そこで、データが更新され、前月との比較ができる仕組みを実現できる小規模なシステムを作ってみましょう。

前提条件

　これまで扱ってきたデータに加えて、7月分の注文データが追加されました。これまでと同様に月単位で更新されるため、tbl_order_202007.csvとして受領しています。

■表5-1：データ一覧

No.	ファイル名	概要
1	m_area.csv	地域マスタ。都道府県情報等。
2	m_store.csv	店舗マスタ。店舗名等。
3-1	tbl_order_202004.csv	注文データ。4月分。
3-2	tbl_order_202005.csv	注文データ。5月分。
3-3	tbl_order_202006.csv	注文データ。6月分。
3-4	tbl_order_202007.csv	注文データ。7月分。

ノック41：
基本的なフォルダを生成しよう

　では、データ更新を想定した小規模システムを作っていきましょう。さっそく、プログラムを書きたいところなのですが、焦る気持ちを抑えて、まずはフォルダ構造を考えてみましょう。

　ここまでやってきたので想像がつくかと思いますが、まずは、大きく分けると、

プログラムを記述したソース（.ipynbファイル）と、csv等のデータファイルの2つが存在します。また、データを扱うプロジェクト全般的に共通して言えることは、インプットデータと何かしらの処理を行った後のファイルを出力するアウトプットデータが存在することです。本書のケースでは、インプットデータにtbl_order_202004.csv等の注文データが入る想定です。では、m_area.csv、m_store.csvはどこに配置するのが良いでしょうか。それは、マスタデータフォルダを作成し、配置するのが良いです。インプットデータとマスタデータを分ける明確な基準はありませんが、一番大きいのは更新の頻度です。本ケースのように毎月更新したいデータ類はインプットデータですが、地域マスタのように、拠点統合等の何かしらの変化が起きた際にのみ変更を加えるデータはフォルダを分けるのが鉄則です。そうしておくことで、更新の際に、対象となるデータのみに注力できます。

　構造を整理すると、基本の**フォルダ構成**は**図5-1**となります。プログラムソースは、ソースフォルダを作成して配置することが多いのですが、今回はファイルが1つなので作成していません。また、dataフォルダの中に「0_」のように番号を付与しています。番号を付けておけば、名前で並び替えたとき常に、インプットフォルダが一番上に来るため、見やすくなり、間違いが起きにくいです。

■**図5-1：フォルダ構造**

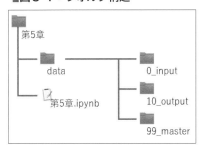

それでは、いよいよフォルダを作成していきましょう。手作業でフォルダを作成しても良いのですが、プログラムでフォルダ作成を行ってみましょう。プログラムによる**フォルダ操作**は実践的に良く使うことになります。まずは、data、0_input、10_output、99_masterのフォルダまでのパスを定義しましょう。また、念のため、0_inputが正しく定義できているか表示して確認してみましょう。

```
import os
data_dir = "data"
input_dir = os.path.join(data_dir, "0_input")
output_dir = os.path.join(data_dir, "10_output")
master_dir = os.path.join(data_dir, "99_master")
print(input_dir)
```

　今回は、標準モジュールであるosを使います。まずは、data_dirでdataフォルダを定義した後に、os.path.joinを使用して、0_input、10_output、99_masterをそれぞれ定義しています。最後にinput_dirを表示し、0_inputのパスが正しいことを確認しています。

▮図5-2：フォルダパスの定義

```
In [1]:  import os
         data_dir = "data"
         input_dir = os.path.join(data_dir, "0_input")
         output_dir = os.path.join(data_dir, "10_output")
         master_dir = os.path.join(data_dir, "99_master")
         print(input_dir)

         data¥0_input
```

　これでフォルダのパスが定義できました。
　続いて、フォルダを作成していきましょう。

　フォルダの作成は、os.mkdir()もしくはos.makedirs()のどちらでもできます。違いは、os.makedirs()の場合、再帰的に中間のフォルダを自動で生成してくれます。今回の場合でいうと、os.mkdir(input_dir)の場合、dataフォルダがないとエラーとなってしまいますが、os.makedirs(input_dir)の場合は、中間フォルダであるdataフォルダを生成してくれます。今回は、os.makedirs()を使用してみましょう。また、引数でexist_ok=Trueを指定することで、もしフォルダが既にある場合は作成されません。ここを指定しないと、フォルダが既に存在している場合にエラーが起きるので注意しましょう。

```
os.makedirs(input_dir,exist_ok=True)
os.makedirs(output_dir,exist_ok=True)
os.makedirs(master_dir,exist_ok=True)
```

■図5-3：フォルダの生成

```
os.makedirs(input_dir,exist_ok=True)
os.makedirs(output_dir,exist_ok=True)
os.makedirs(master_dir,exist_ok=True)
```

　これでフォルダが生成されました。フォルダが思い通りにできているか確認しましょう。

■図5-4：フォルダ生成の結果

　次に、データの読み込みを行っていきます。

> ## ⚾ ／ ノック42：
> ## 入力データのチェック機構を作ろう

　まずは、手動でデータを入れていきましょう。0_inputに、tbl_order系の注文データを格納してください。そして99_masterフォルダに、m_store等のマスタ系のファイルを格納してください。
　今回、メインとなるデータは、0_inputフォルダに格納されています。ここは更新が行われ、常に読み込みデータが変わっていく部分なので後にしましょう。まずは、マスタデータの読み込みです。ファイル名が変わっても迷わずに変えられるように、ファイル名を定義して読み込みを行います。

```
import pandas as pd
m_area_file = "m_area.csv"
m_store_file = "m_store.csv"
m_area = pd.read_csv(os.path.join(master_dir, m_area_file))
m_store = pd.read_csv(os.path.join(master_dir, m_store_file))
m_area.head(3)
```

■図5-5：マスタデータの読み込み

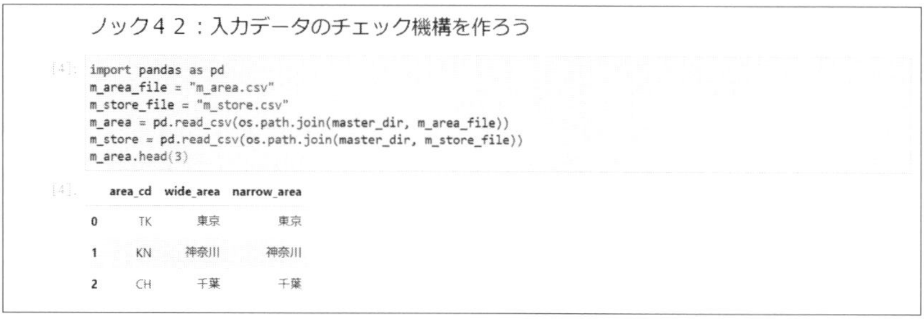

ノック４２：入力データのチェック機構を作ろう

```
import pandas as pd
m_area_file = "m_area.csv"
m_store_file = "m_store.csv"
m_area = pd.read_csv(os.path.join(master_dir, m_area_file))
m_store = pd.read_csv(os.path.join(master_dir, m_store_file))
m_area.head(3)
```

	area_cd	wide_area	narrow_area
0	TK	東京	東京
1	KN	神奈川	神奈川
2	CH	千葉	千葉

　上部でファイル名を定義し、pandasのread_csvで読み込みを行っています。最後に、m_areaを表示していますが、このように間違いがないかの確認はこまめに入れるようにしましょう。

　次は、メインとなる注文データの読み込みです。ここは毎月データが変わっていくところなので注意が必要です。今回は、毎月更新が行われるので、対象とする年月が変わっていきます。直接ファイル名を指定せずに、変数を対象年月としてファイルを定義しましょう。今回は2020年7月のデータが対象データとなります。

```
tg_ym = "202007"
target_file = "tbl_order_" + tg_ym + ".csv"
target_data = pd.read_csv(os.path.join(input_dir, target_file))
```

　tg_ymで202007、つまり2020年7月を指定することで、読み込みを行います。なるべく混乱を避けるために、ファイル名ではなく、年月を指定するようにする等の工夫を行いましょう。もし、毎月特定営業日にデータ更新を行うなどが決まっている場合は、datetime等で現在の年月を取得するのも良いでしょう。

　もしデータがない場合やファイル名が違った場合は、FileNotFoundError等が起き、プログラムがストップするので、間違いを確認することができます。

　一番、問題となるのは、エラーも起きずに自分が気付かないうちに意図しない処理が行われてしまい、間違ったレポートを配ってしまうことです。データの間違いは信頼性を大きく失うことになるので注意しましょう。

　そのため、毎月変化していくデータは、必ずチェック機構を取り入れましょう。

チェック機構の一番の基本は、データの中身を出力することです。ただし、この場合、プログラム自体はストップしないので、人間が見て判断することになります。忙しいと見落とす場合もあるので、できるだけ、エラーを意図的に発生させて、プログラムをストップできる機構を入れるのが望ましいです。

　今回は、order_accept_date列の最小値と最大値がともに、指定した年月202007と一致しない場合にエラーを出力させましょう。

```
import datetime
max_date = pd.to_datetime(target_data["order_accept_date"]).max()
min_date = pd.to_datetime(target_data["order_accept_date"]).min()
max_str_date = max_date.strftime("%Y%m")
min_str_date = min_date.strftime("%Y%m")
if tg_ym == min_str_date and tg_ym == max_str_date:
    print("日付が一致しました")
else:
    raise Exception("日付が一致しません")
```

　二行目、三行目のmax()、min()で、データ中にある日付の最小値、最大値を取得しています。その後、strftimeを使って、文字列型の年月を取得しています。もし、分からない場合は、print等を使って表示させてみると良いでしょう。
　これで、データの中身と更新したい日付が違う場合にエラーで止まってくれます。csvやエクセルなどのようなデータは簡単にファイル名を変えることができてしまうので、このような機構を入れておくことで間違いに気付けるでしょう。

　順番通りに進めてきた方は、**図5-6**のように、「日付が一致しました」の文章が出力されます。

■図5-6：データチェック機構（正常動作時）

```
入力 [6]: import datetime
         max_date = pd.to_datetime(target_data["order_accept_date"]).max()
         min_date = pd.to_datetime(target_data["order_accept_date"]).min()
         max_str_date = max_date.strftime("%Y%m")
         min_str_date = min_date.strftime("%Y%m")
         if tg_ym == min_str_date and tg_ym == max_str_date:
             print("日付が一致しました")
         else:
             raise Exception("日付が一致しません")

         日付が一致しました
```

では、エラーがしっかりと動作するかはどのように確認すれば良いでしょうか。この場合は、ファイル名を作為的に変更して、動作してみるのが良いでしょう。

例えば、tbl_order_202006.csvを手動でtbl_order_202007.csvに変更して実行してみてください。その際に、もともとあった正しいデータ、tbl_order_202007.csvを一時的にtbl_order_202007_tmp.csv等に変更するのを忘れないでください。実行すると、**図5-7**のようにエラーが発生しているのが確認できます。これは、tg_ymとして、202007を指定したにも関わらず、2020年6月のデータが入っているからです。

■**図5-7：データチェック機構（エラー動作時）**

今回は、ファイル名とデータの中身の日付の違いをチェックする機構としましたが、この部分は取り組んでいるデータによって違いが出てきます。どういった規則でチェックを行うべきか考えて、チェック機構を構築しましょう。

次にデータの初期化を行います。
これまでの章でもstatusやtakeout_flag等マスタ未存在のデータ等を処理してきました。今回は初期化関数を作成し、再利用できるようにしましょう。その際、配達までの時間を計算する処理も初期化処理に含めることにします。

```
def calc_delta(t):
    t1, t2 = t
    delta = t2 - t1
    return delta.total_seconds()/60


def init_tran_df(trg_df):
```

```
    # 保守用店舗データの削除
    trg_df = trg_df.loc[trg_df['store_id'] != 999]


    trg_df = pd.merge(trg_df, m_store, on='store_id', how='left')
    trg_df = pd.merge(trg_df, m_area, on='area_cd', how='left')


    # マスターにないコードに対応した文字列を設定
    trg_df.loc[trg_df['takeout_flag'] == 0, 'takeout_name'] = 'デリバリー'
    trg_df.loc[trg_df['takeout_flag'] == 1, 'takeout_name'] = 'お持ち帰り'


    trg_df.loc[trg_df['status'] == 0, 'status_name'] = '受付'
    trg_df.loc[trg_df['status'] == 1, 'status_name'] = 'お支払済'
    trg_df.loc[trg_df['status'] == 2, 'status_name'] = 'お渡し済'
    trg_df.loc[trg_df['status'] == 9, 'status_name'] = 'キャンセル'


    trg_df.loc[:,'order_date'] = pd.to_datetime(trg_df['order_accept_date']).dt.date


    # 配達までの時間を計算
    trg_df.loc[:,'order_accept_datetime'] = pd.to_datetime(trg_df['order_accept_date'])
    trg_df.loc[:,'delivered_datetime'] = pd.to_datetime(trg_df['delivered_date'])
    trg_df.loc[:,'delta'] = trg_df[['order_accept_datetime', 'delivered_datetime']].apply(calc_delta, axis=1)

    return trg_df

# 当月分を初期化
target_data = init_tran_df(target_data)
```

■図5-8：データフレームの各種初期化処理

```
In [6]: def calc_delta(t):
            t1, t2 = t
            delta = t2 - t1
            return delta.total_seconds()/60

        def init_tran_df(trg_df):
            # 保守用店舗データの削除
            trg_df = trg_df.loc[trg_df['store_id'] != 999]

            trg_df = pd.merge(trg_df, m_store, on='store_id', how='left')
            trg_df = pd.merge(trg_df, m_area, on='area_cd', how='left')

            # マスターにないコードに対応した文字列を設定
            trg_df.loc[trg_df['takeout_flag'] == 0, 'takeout_name'] = 'デリバリー'
            trg_df.loc[trg_df['takeout_flag'] == 1, 'takeout_name'] = 'お持ち帰り'

            trg_df.loc[trg_df['status'] == 0, 'status_name'] = '受付'
            trg_df.loc[trg_df['status'] == 1, 'status_name'] = 'お支払済'
            trg_df.loc[trg_df['status'] == 2, 'status_name'] = 'お渡し済'
            trg_df.loc[trg_df['status'] == 9, 'status_name'] = 'キャンセル'

            trg_df.loc[:,'order_date'] = pd.to_datetime(trg_df['order_accept_date']).dt.date

            # 配達までの時間を計算
            trg_df.loc[:,'order_accept_datetime'] = pd.to_datetime(trg_df['order_accept_date'])
            trg_df.loc[:,'delivered_datetime'] = pd.to_datetime(trg_df['delivered_date'])
            trg_df.loc[:,'delta'] = trg_df[['order_accept_datetime', 'delivered_datetime']].apply(calc_delta, axis=1)

            return trg_df

        # 当月分を初期化
        target_data = init_tran_df(target_data)
```

　calc_delta関数は前の章でも出てきたように、時刻の計算関数です。init_tran_df関数でこれまでの初期化をまとめて実行しています。今後、注文データを読み込んだ際は、この関数を呼ぶだけで、初期化漏れ等がなく、安全になります。

　これでデータの読み込みが終了したので、先にレポーティングを実行していきましょう。

ノック43：レポーティング（本部向け）を関数化してみよう

　レポーティングは、現場である各店舗向けに作るレポートと、本部向けに作るレポートの2つを作成していきます。まずは、本部向けのレポートを作成するために、第4章の**ノック37〜ノック40**を流用して、関数にしてみましょう。すでに第4章でも関数は使っていましたが、第4章では説明の都合上最初から関数化できなかったので、改めて整理して関数化してみましょう。

　また、出力機能等は関数として保持しておくことで、可読性が上がり、レポートの内容を変更する際にプログラムの変更箇所が一目でわかるようになります。

今回はソースコードが増えてしまうので、簡易的なレポートとしますが、第4章の内容を応用し、各自グラフ等を導入しても良いかと思います。

それでは、いくつか関数を分けて記載していきます。
まずは、エクセルのライブラリインポートと店舗売上ランキングの集計関数から。

```
import openpyxl
from openpyxl.utils.dataframe import dataframe_to_rows
from openpyxl.styles import PatternFill, Border, Side, Font


def get_rank_df(target_data):
    # 店舗のデータ作成、ランキングDFの返却
    tmp = target_data.loc[target_data['status'].isin([1, 2])]
    rank = tmp.groupby(['store_id'])['total_amount'].sum().sort_values(ascending=False)
    rank = pd.merge(rank, m_store, on='store_id', how='left')

    return rank
```

■図5-9：エクセルのライブラリインポートと店舗売上ランキングの集計関数

```
In [7]: import openpyxl
        from openpyxl.utils.dataframe import dataframe_to_rows
        from openpyxl.styles import PatternFill, Border, Side, Font

        def get_rank_df(target_data):
            # 店舗のデータ作成、ランキングDFの返却
            tmp = target_data.loc[target_data['status'].isin([1, 2])]
            rank = tmp.groupby(['store_id'])['total_amount'].sum().sort_values(ascending=False)
            rank = pd.merge(rank, m_store, on='store_id', how='left')

            return rank
```

get_rank_dfはデータフレームを引数に受け、店舗単位の売上集計を実施し、そのランキングデータを戻すという関数です。
どんどん作っていきましょう。

```
def get_cancel_rank_df(target_data):
    # キャンセル率の計算、ランキングDFの返却
    cancel_df = pd.DataFrame()
    cancel_cnt = target_data.loc[target_data['status']==9].groupby(['store_id'])['store_id'].count()
    order_cnt = target_data.loc[target_data['status'].isin([1, 2, 9])].groupby(['store_id'])['store_id'].count()
```

```
        cancel_rate = (cancel_cnt / order_cnt) * 100
        cancel_df['cancel_rate'] = cancel_rate
        cancel_df = pd.merge(cancel_df, m_store, on='store_id', how='left')
        cancel_df = cancel_df.sort_values('cancel_rate', ascending=True)

        return cancel_df
```

■図5-10：キャンセル率のランキング集計関数

```
In [8]: def get_cancel_rank_df(target_data):
            # キャンセル率の計算、ランキングDFの返却
            cancel_df = pd.DataFrame()
            cancel_cnt = target_data.loc[target_data['status']==9].groupby(['store_id'])['store_id'].count()
            order_cnt = target_data.loc[target_data['status'].isin([1, 2, 9])].groupby(['store_id'])['store_id'].count()
            cancel_rate = (cancel_cnt / order_cnt) * 100
            cancel_df['cancel_rate'] = cancel_rate
            cancel_df = pd.merge(cancel_df, m_store, on='store_id', how='left')
            cancel_df = cancel_df.sort_values('cancel_rate', ascending=True)

            return cancel_df
```

　こちらも同様に、キャンセル率を集計し、ランキングにした結果を返却する処理です。処理の中身については、これまでのノックで何回か同じような処理を行っているので、詳細は割愛します。不明な点があれば、前章などのノックを見返してみてください。

```
def data_export(df, ws, row_start, col_start):
    # スタイル定義
    side = Side(style='thin', color='008080')
    border = Border(top=side, bottom=side, left=side, right=side)

    rows = dataframe_to_rows(df, index=False, header=True)

    for row_no, row in enumerate(rows, row_start):
        for col_no, value in enumerate(row, col_start):
            cell = ws.cell(row_no, col_no)
            cell.value = value
            cell.border = border
            if row_no == row_start:
                cell.fill = PatternFill(patternType='solid', fgColor='008
080')
                cell.font = Font(bold=True, color='FFFFFF')
```

■図5-11：データの出力処理

```
In [9]: def data_export(df, ws, row_start, col_start):
            # スタイル定義
            side = Side(style='thin', color='008080')
            border = Border(top=side, bottom=side, left=side, right=side)

            rows = dataframe_to_rows(df, index=False, header=True)

            for row_no, row in enumerate(rows, row_start):
                for col_no, value in enumerate(row, col_start):
                    cell = ws.cell(row_no, col_no)
                    cell.value = value
                    cell.border = border
                    if row_no == row_start:
                        cell.fill = PatternFill(patternType='solid', fgColor='008080')
                        cell.font = Font(bold=True, color='FFFFFF')
```

　この処理は、データフレームのデータを指定された行、列に張り付ける関数です。前章でも似たようなことを行いましたが、今回はデータシートに分けるのではなく、直接指定したエリアに出力する形になっています。

```
# 本部向けレポーティングデータ処理
def make_report_hq(target_data, output_folder):
    rank = get_rank_df(target_data)
    cancel_rank = get_cancel_rank_df(target_data)

    # Excel出力処理
    wb = openpyxl.Workbook()
    ws = wb.active
    ws.title = 'サマリーレポート(本部向け)'

    cell = ws.cell(1,1)
    cell.value = f'本部向け {max_str_date}月度 サマリーレポート'
    cell.font = Font(bold=True, color='008080', size=20)

    cell = ws.cell(3,2)
    cell.value = f'{max_str_date}月度 売上総額'
    cell.font = Font(bold=True, color='008080', size=20)

    cell = ws.cell(3,6)
    cell.value = f"{'{:,}'.format(rank['total_amount'].sum())}"
    cell.font = Font(bold=True, color='008080', size=20)

    # 売上ランキングを直接出力
    cell = ws.cell(5,2)
```

```
cell.value = f'売上ランキング'
cell.font = Font(bold=True, color='008080', size=16)


# 表の貼り付け
data_export(rank, ws, 6, 2)


# キャンセル率ランキングを直接出力
cell = ws.cell(5,8)
cell.value = f'キャンセル率ランキング'
cell.font = Font(bold=True, color='008080', size=16)


# 表の貼り付け位置
data_export(cancel_rank, ws, 6, 8)


wb.save(os.path.join(output_folder, f'report_hq_{max_str_date}.xlsx')
)
wb.close()
```

■図5-12：本部向けレポーティング出力関数

```
In [10]: # 本部向けレポーティングデータ処理
         def make_report_hq(target_data, output_folder):
             rank = get_rank_df(target_data)
             cancel_rank = get_cancel_rank_df(target_data)

             # Excel出力処理
             wb = openpyxl.Workbook()
             ws = wb.active
             ws.title = 'サマリーレポート（本部向け）'

             cell = ws.cell(1,1)
             cell.value = f'本部向け [max_str_date]月度 サマリーレポート'
             cell.font = Font(bold=True, color='008080', size=20)

             cell = ws.cell(3,2)
             cell.value = f'[max_str_date]月度 売上総額'
             cell.font = Font(bold=True, color='008080', size=20)

             cell = ws.cell(3,6)
             cell.value = f"{'{:,}'.format(rank['total_amount'].sum())}"
             cell.font = Font(bold=True, color='008080', size=20)

             # 売上ランキングを直接出力
             cell = ws.cell(5,2)
             cell.value = f'売上ランキング'
             cell.font = Font(bold=True, color='008080', size=16)

             # 表の貼り付け
             data_export(rank, ws, 6, 2)

             # キャンセル率ランキングを直接出力
             cell = ws.cell(5,8)
             cell.value = f'キャンセル率ランキング'
             cell.font = Font(bold=True, color='008080', size=16)

             # 表の貼り付け位置
             data_export(cancel_rank, ws, 6, 8)

             wb.save(os.path.join(output_folder, f'report_hq_{max_str_date}.xlsx'))
             wb.close()
```

　本部向けのデータを揃えたレポーティングです。この辺りもほぼ応用や組み合わせとなっていますので、特に問題はないかと思います。以前より、関数をしっかり作っているので、シンプルな作りになっているのがわかるかと思います。

　関数化(構造化)は、可読性やメンテナンス性も向上するので、なるべく意識して関数を作るように心掛けてください。ただし、処理を細かくし過ぎないように気を付けてください。

ノック44：
レポーティング(店舗向け)を
関数化してみよう

次に、店舗向けレポートを関数化してみましょう。
本部向けと同じように、いくつかの関数に分けて整理していきます。

```
def get_store_rank(target_id, target_df):
    rank = get_rank_df(target_df)
    store_rank = rank.loc[rank['store_id']==target_id].index + 1

    return store_rank[0]

def get_store_sale(target_id, target_df):
    rank = get_rank_df(target_df)
    store_sale = rank.loc[rank['store_id']==target_id]['total_amount']

    return store_sale
```

■図5-13：店舗の売上ランキングと店舗の売上集計関数

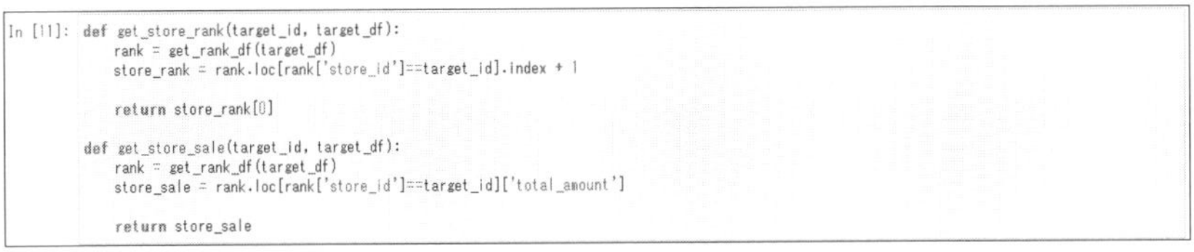

```
In [11]: def get_store_rank(target_id, target_df):
             rank = get_rank_df(target_df)
             store_rank = rank.loc[rank['store_id']==target_id].index + 1

             return store_rank[0]

         def get_store_sale(target_id, target_df):
             rank = get_rank_df(target_df)
             store_sale = rank.loc[rank['store_id']==target_id]['total_amount']

             return store_sale
```

　こちらの処理は、店舗単位で集計しています。

165

　先の本部用の時に作った関数を呼ぶことで、全体を取得し、その後に店舗IDで
データを抽出しています。
　このように、関数を分けておくと、再利用が可能となり、同じような処理がと
ころどころにある状態より、効率も良くなり、不具合発生率も低くなります。

```python
def get_store_cancel_rank(target_id, target_df):

    cancel_df = get_cancel_rank_df(target_df)

    cancel_df = cancel_df.reset_index()

    store_cancel_rank = cancel_df.loc[cancel_df['store_id']==target_id].index + 1


    return store_cancel_rank[0]


def get_store_cancel_count(target_id, target_df):

    store_cancel_count = target_df.loc[(target_df['status']==9) & (target_df['store_id']==target_id)].groupby(['store_id'])['store_id'].count()

    return store_cancel_count
```

■図5-14：店舗単位のキャンセル率ランク、キャンセル数の集計関数

```
In [12]:  def get_store_cancel_rank(target_id, target_df):
              cancel_df = get_cancel_rank_df(target_df)
              cancel_df = cancel_df.reset_index()
              store_cancel_rank = cancel_df.loc[cancel_df['store_id']==target_id].index + 1

              return store_cancel_rank[0]

          def get_store_cancel_count(target_id, target_df):
              store_cancel_count = target_df.loc[(target_df['status']==9) & (target_df['store_id']==target_id)].groupby(['store_id'])['store_id'].count(
              return store_cancel_count
```

　どんどんいきましょう。

```python
def get_delivery_rank_df(target_id, target_df):

    delivery = target_df.loc[target_df['status'] == 2]

    delivery_rank = delivery.groupby(['store_id'])['delta'].mean().sort_values()

    delivery_rank = pd.merge(delivery_rank, m_store, on='store_id', how='left')


    return delivery_rank


def get_delivery_rank_store(target_id, target_df):
```

```
    delivery_rank = get_delivery_rank_df(target_id, target_df)
    store_delivery_rank = delivery_rank.loc[delivery_rank['store_id']==t
arget_id].index + 1

    return store_delivery_rank[0]
```

■図5-15：店舗毎の配達までの時間ランキングと集計関数

```
In [13]: def get_delivery_rank_df(target_id, target_df):
             delivery = target_df.loc[target_df['status'] == 2]
             delivery_rank = delivery.groupby(['store_id'])['delta'].mean().sort_values()
             delivery_rank = pd.merge(delivery_rank, m_store, on='store_id', how='left')

             return delivery_rank

         def get_delivery_rank_store(target_id, target_df):
             delivery_rank = get_delivery_rank_df(target_id, target_df)
             store_delivery_rank = delivery_rank.loc[delivery_rank['store_id']==target_id].index + 1

             return store_delivery_rank[0]
```

さて、次は、個別店舗向けのレポーティング出力処理です。

本部向けレポートの処理と構成はほぼ同じです。出力するデータが増えた分、処理が長くなっていますが、同じことの繰り返しなので、ここまでノックをこなしてきた方なら簡単に読み解いていけるでしょう。

```
# 店舗向けレポーティングデータ処理
def make_report_store(target_data, target_id, output_folder):
    rank = get_store_rank(target_id, target_data)

    sale = get_store_sale(target_id, target_data)

    cancel_rank = get_store_cancel_rank(target_id, target_data)

    cancel_count = get_store_cancel_count(target_id, target_data)

    delivery_df = get_delivery_rank_df(target_id, target_data)

    delivery_rank = get_delivery_rank_store(target_id, target_data)

    store_name = m_store.loc[m_store['store_id'] == target_id]['store_nam
e'].values[0]

    # Excel出力処理
    wb = openpyxl.Workbook()
    ws = wb.active
    ws.title = '店舗向けレポーティング'
```

```
cell = ws.cell(1,1)
cell.value = f'{store_name} {max_str_date}月度 サマリーレポート'
cell.font = Font(bold=True, color='008080', size=20)


cell = ws.cell(3,2)
cell.value = f'{max_str_date}月度 売上総額'
cell.font = Font(bold=True, color='008080', size=20)


cell = ws.cell(3,6)
cell.value = f"{'{:,}'.format(sale.values[0])}"
cell.font = Font(bold=True, color='008080', size=20)


# 売上ランキングを直接出力
cell = ws.cell(5,2)
cell.value = f'売上ランキング'
cell.font = Font(bold=True, color='008080', size=16)


cell = ws.cell(5,5)
cell.value = f'{rank}位'
cell.font = Font(bold=True, color='008080', size=16)


cell = ws.cell(6,2)
cell.value = f'売上データ'
cell.font = Font(bold=True, color='008080', size=16)


# 表の貼り付け
tmp_df = target_data.loc[(target_data['store_id']==target_id) & (target_data['status'].isin([1, 2]))]
tmp_df = tmp_df[['order_accept_date','customer_id','total_amount','takeout_name','status_name']]
data_export(tmp_df, ws, 7, 2)


# キャンセル率ランキングを直接出力
cell = ws.cell(5,8)
cell.value = f'キャンセル率ランキング'
cell.font = Font(bold=True, color='008080', size=16)
```

```python
    cell = ws.cell(5,12)
    cell.value = f'{cancel_rank}位 {cancel_count.values[0]}回'
    cell.font = Font(bold=True, color='008080', size=16)


    cell = ws.cell(6,8)
    cell.value = f'キャンセルデータ'
    cell.font = Font(bold=True, color='008080', size=16)


    # 表の貼り付け
    tmp_df = target_data.loc[(target_data['store_id']==target_id) & (target_data['status']==9)]
    tmp_df = tmp_df[['order_accept_date','customer_id','total_amount','takeout_name','status_name']]
    data_export(tmp_df, ws, 7, 8)


    # 配達完了までの時間を直接出力
    ave_time = delivery_df.loc[delivery_df['store_id']==target_id]['delta'].values[0]
    cell = ws.cell(5,14)
    cell.value = f'配達完了までの時間ランキング'
    cell.font = Font(bold=True, color='008080', size=16)


    cell = ws.cell(5,18)
    cell.value = f'{delivery_rank}位 平均{ave_time}分'
    cell.font = Font(bold=True, color='008080', size=16)


    cell = ws.cell(6,14)
    cell.value = f'各店舗の配達時間ランク'
    cell.font = Font(bold=True, color='008080', size=16)


    # 表の貼り付け
    data_export(delivery_df, ws, 7, 14)


    wb.save(os.path.join(output_folder, f'{target_id}_{store_name}_report_{max_str_date}.xlsx'))
    wb.close()
```

■図5-16：店舗個別のレポーティング出力関数

```
In [14]:  # 店舗向けレポーティングデータ処理
          def make_report_store(target_data, target_id, output_folder):
              rank = get_store_rank(target_id, target_data)
              sale = get_store_sale(target_id, target_data)
              cancel_rank = get_store_cancel_rank(target_id, target_data)
              cancel_count = get_store_cancel_count(target_id, target_data)
              delivery_df = get_delivery_rank_df(target_id, target_data)
              delivery_rank = get_delivery_rank_store(target_id, target_data)

              store_name = m_store.loc[m_store['store_id'] == target_id]['store_name'].values[0]

              # Excel出力処理
              wb = openpyxl.Workbook()
              ws = wb.active
              ws.title = '店舗向けレポーティング'

              cell = ws.cell(1,1)
              cell.value = f'{store_name} {max_str_date}月度 サマリーレポート'
              cell.font = Font(bold=True, color='008080', size=20)

              cell = ws.cell(3,2)
              cell.value = f'{max_str_date}月度 売上総額'
              cell.font = Font(bold=True, color='008080', size=20)

              cell = ws.cell(3,6)
              cell.value = f"¥{'{:,}'.format(sale.values[0])}"
              cell.font = Font(bold=True, color='008080', size=20)

              # 売上ランキングを直接出力
              cell = ws.cell(5,2)
              cell.value = f'売上ランキング'
              cell.font = Font(bold=True, color='008080', size=16)

              cell = ws.cell(5,5)
              cell.value = f'{rank}位'
              cell.font = Font(bold=True, color='008080', size=16)

              cell = ws.cell(6,2)
              cell.value = f'売上データ'
              cell.font = Font(bold=True, color='008080', size=16)

              # 表の貼り付け
              tmp_df = target_data.loc[(target_data['store_id']==target_id) & (target_data['status'].isin([1, 2]))]
              tmp_df = tmp_df[['order_accept_date','customer_id','total_amount','takeout_name','status_name']]
              data_export(tmp_df, ws, 7, 2)

              # キャンセル率ランキングを直接出力
              cell = ws.cell(5,8)
              cell.value = f'キャンセル率ランキング'
              cell.font = Font(bold=True, color='008080', size=16)

              cell = ws.cell(5,12)
              cell.value = f'{cancel_rank}位 {cancel_count.values[0]}回'
              cell.font = Font(bold=True, color='008080', size=16)

              cell = ws.cell(6,8)
              cell.value = f'キャンセルデータ'
              cell.font = Font(bold=True, color='008080', size=16)

              # 表の貼り付け
              tmp_df = target_data.loc[(target_data['store_id']==target_id) & (target_data['status']==9)]
              tmp_df = tmp_df[['order_accept_date','customer_id','total_amount','takeout_name','status_name']]
              data_export(tmp_df, ws, 7, 8)

              # 配達完了までの配達完了までの時間を直接出力
              ave_time = delivery_df.loc[delivery_df['store_id']==target_id]['delta'].values[0]
              cell = ws.cell(5,14)
              cell.value = f'配達完了までの時間ランキング'
              cell.font = Font(bold=True, color='008080', size=16)

              cell = ws.cell(5,18)
              cell.value = f'{delivery_rank}位 平均{ave_time}分'
              cell.font = Font(bold=True, color='008080', size=16)

              cell = ws.cell(6,14)
              cell.value = f'各店舗の配達時間ランク'
              cell.font = Font(bold=True, color='008080', size=16)

              # 表の貼り付け
              data_export(delivery_df, ws, 7, 14)

              wb.save(os.path.join(output_folder, f'{target_id}_{store_name}_report_{max_str_date}.xlsx'))
              wb.close()
```

ノック45：
関数を実行し動作を確認してみよう

では、いよいよ、関数を実行してみましょう。

```
# 本部向けレポート
make_report_hq(target_data, output_dir)
```

■図5-17：本部向け関数の実行

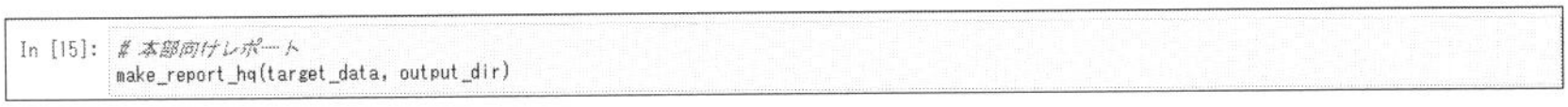

```
In [15]: # 本部向けレポート
          make_report_hq(target_data, output_dir)
```

■図5-18：エクセル出力結果

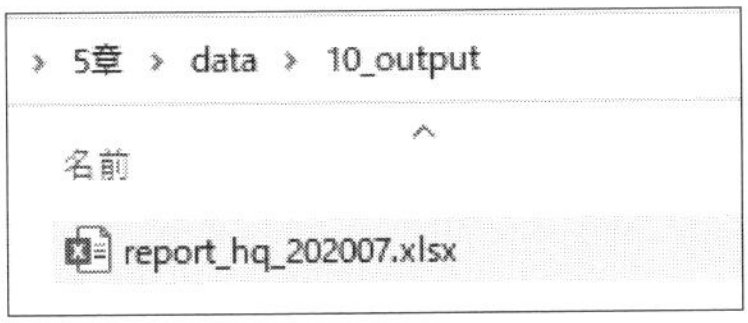

> 5章 > data > 10_output

名前

📊 report_hq_202007.xlsx

■図5-19：エクセル出力結果

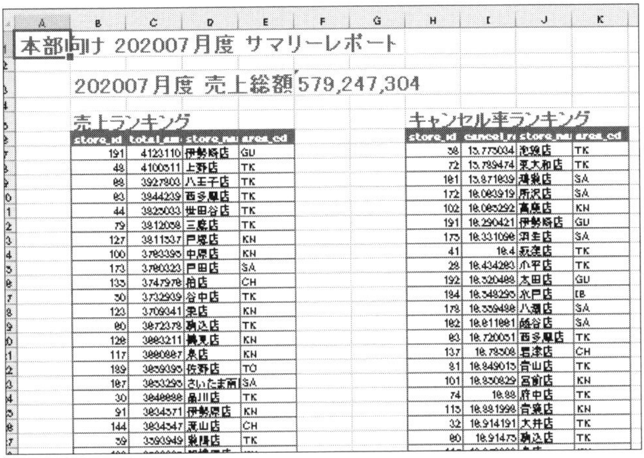

10_outputフォルダの中に「report_hq_202007.xslx」というファイルができます。

続いて各店舗のレポートを出力してみましょう。

```
# 各店舗向けレポート（全店舗実施）
for store_id in m_store.loc[m_store['store_id']!=999]['store_id']:
    make_report_store(target_data, store_id, output_dir)
```

■図5-20：各店舗向けレポート出力関数

```
In [16]: # 各店舗向けレポート（全店舗実施）
         for store_id in m_store.loc[m_store['store_id']!=999]['store_id']:
             make_report_store(target_data, store_id, output_dir)
```

　実行すると、同じように、10_outputフォルダの中に大量の店舗用レポートが出力されていきます。さて、この時に、もう1回データを更新して実行したいと思ったら、どうなるでしょうか。そうです、手作業でファイルを消したりする必要が出てきます。

　消さない、もしくは消し漏れがあると、何が今回出力したデータなのか、更新日付しか頼りがなくなってしまいます。

　これでは、せっかくプログラムで効率良くしようとしているのに、あまり変わりませんよね。

　次のノック以降で、その辺りの仕組化も検討していきます。

ノック46：
更新に対応できる出力フォルダを
作成しよう

　次に、出力フォルダの見直しを行います。出力フォルダは10_outputフォルダですが、毎月更新されていくデータをこのフォルダに直接入れるのでは問題が発生しやすいです。最初の内は良いのですが、ファイル数が増えていくと、更新したレポートファイルを探すのに時間がかかったりしてしまいます。

　一番シンプルなのは、tg_ymの値をフォルダ名にすることです。そうすることで、月毎にまとまって、わかりやすく配置できます。さらに、もう一点工夫をしましょう。その工夫は、フォルダに更新日を動的に記載することです。これは、更新するデータに間違いがあった際に、いつ更新したデータなのかを理解しやす

くするためです。

　現在時刻を取得し、tg_ymと現在時刻をフォルダ名として定義した後に、**ノック41**と同様に、フォルダを出力させましょう。また、後に再利用できるように、関数化しておきます。

```
def make_active_folder(targetYM):
    now = datetime.datetime.now().strftime("%Y%m%d%H%M%S")
    target_output_dir_name = targetYM + "_" + now
    target_output_dir = os.path.join(output_dir, target_output_dir_name)
    os.makedirs(target_output_dir)
    print(target_output_dir_name)
    return target_output_dir
target_output_dir = make_active_folder(tg_ym)
```

　現在時刻は、datetime.now()で取得できますが、その際に、時間だからと言って「:」は付けないようにしましょう。フォルダ名に使うことができません。今回は、年月日時分秒をそのまま羅列しています。ここは、後から読めればこれで十分です。年月日と時分秒の間に「_」を入れるのもよく使います。printで出力したフォルダ名が、10_outputフォルダ内にできているのを確認しましょう。

■図5-21：出力フォルダの作成

```
In [17]: def make_active_folder(targetYM):
             now = datetime.datetime.now().strftime("%Y%m%d%H%M%S")
             target_output_dir_name = targetYM + "_" + now
             target_output_dir = os.path.join(output_dir, target_output_dir_name)
             os.makedirs(target_output_dir)
             print(target_output_dir_name)
             return target_output_dir
         target_output_dir = make_active_folder(tg_ym)

202007_20201026125500
```

■図5-22：出力フォルダの作成結果

173

> ⚾🏏 **ノック47：**
> **都道府県別で出力できるように出力フォルダを拡張してデータを出力しよう**

　前ノックで出力フォルダにタイムスタンプ型の動的フォルダを作りましたので、そちらと併せて、各店舗の出力フォルダを変更します。

　さっそく処理を修正していきます。

```
# 本部向けレポート（出力先変更）
make_report_hq(target_data, target_output_dir)
```

▪図5-23：新しいフォルダでの本部向けレポート実行

```
In [18]:  # 本部向けレポート（出力先変更）
          make_report_hq(target_data, target_output_dir)
```

　10_outputフォルダの中に動的に生成されたフォルダに本部向けレポートが吐き出されたのが確認できます。
　続いて、個別店舗向けレポートも出力してみましょう。
　ここで、ノックのタイトルにもあるように、「都道府県」毎にフォルダを動的に生成し、その中に格納していくように処理を修正します。

```
# 各店舗向けレポート（全店舗実施）
for store_id in m_store.loc[m_store['store_id']!=999]['store_id']:
    # narrow_areaのフォルダを作成
    area_cd = m_store.loc[m_store['store_id']==store_id]['area_cd']
    area_name = m_area.loc[m_area['area_cd']==area_cd.values[0]]['narrow_
area'].values[0]
    target_store_output_dir = os.path.join(target_output_dir, area_name)
    os.makedirs(target_store_output_dir,exist_ok=True)
    make_report_store(target_data, store_id, target_store_output_dir)
```

■図5-24：都道府県ごとにフォルダ分けしながら店舗レポートを出力する処理

```
In [19]: # 各店舗向けレポート（全店舗実施）
        for store_id in m_store.loc[m_store['store_id']!=999]['store_id']:
            # narrow_areaのフォルダを作成
            area_cd = m_store.loc[m_store['store_id']==store_id]['area_cd']
            area_name = m_area.loc[m_area['area_cd']==area_cd.values[0]]['narrow_area'].values[0]
            target_store_output_dir = os.path.join(target_output_dir, area_name)
            os.makedirs(target_store_output_dir,exist_ok=True)
            make_report_store(target_data, store_id, target_store_output_dir)
```

　前の処理と違う点は、店舗IDからエリア情報にアクセスし、「都道府県(narrow_area)」情報を抽出し、都道府県フォルダを生成してから、その中に店舗レポーティングを出力するという作りになっています。
　実際に、10_outputフォルダ>動的に生成されたフォルダ>都道府県フォルダ>店舗レポートという形で出力されます。

ノック48： 前月のデータを動的に読み込もう

```python
# 本部向けレポーティングデータ処理（過去月データ対応Ver）
def make_report_hq_r2(target_data_list, output_folder):
    # Excel出力処理
    wb = openpyxl.Workbook()

    file_date = ''

    for tmp in target_data_list:
        df = pd.DataFrame(tmp)

        df_date = pd.to_datetime(df["order_accept_date"]).max()
        trg_date = df_date.strftime("%Y%m")

        if file_date == '':
            # 初回のみファイル名用に年月を保持
            file_date = trg_date

        rank = get_rank_df(df)
        cancel_rank = get_cancel_rank_df(df)

        # ワークシート作成
```

```python
        ws = wb.create_sheet(title=f'{trg_date}月度')

        cell = ws.cell(1,1)
        cell.value = f'本部向け {trg_date}月度 サマリーレポート'
        cell.font = Font(bold=True, color='008080', size=20)

        cell = ws.cell(3,2)
        cell.value = f'{trg_date}月度 売上総額'
        cell.font = Font(bold=True, color='008080', size=20)

        cell = ws.cell(3,6)
        cell.value = f"{'{:,}'.format(rank['total_amount'].sum())}"
        cell.font = Font(bold=True, color='008080', size=20)

        # 売上ランキングを直接出力
        cell = ws.cell(5,2)
        cell.value = f'売上ランキング'
        cell.font = Font(bold=True, color='008080', size=16)

        # 表の貼り付け
        data_export(rank, ws, 6, 2)

        # キャンセル率ランキングを直接出力
        cell = ws.cell(5,8)
        cell.value = f'キャンセル率ランキング'
        cell.font = Font(bold=True, color='008080', size=16)

        # 表の貼り付け位置
        data_export(cancel_rank, ws, 6, 8)


    # デフォルトシートは削除
    wb.remove(wb.worksheets[0])

    # DFループが終わったらブックを保存
    wb.save(os.path.join(output_folder, f'report_hq_{file_date}.xlsx'))
    wb.close()
```

■図5-25：過去月を同時に出力できるように改修した本部向けレポート出力関数

```python
# 本部向けレポーティングデータ処理（過去月データ対応Ver）
def make_report_hq_r2(target_data_list, output_folder):
    # Excel出力処理
    wb = openpyxl.Workbook()

    file_date = ''

    for tmp in target_data_list:
        df = pd.DataFrame(tmp)

        df_date = pd.to_datetime(df["order_accept_date"]).max()
        trg_date = df_date.strftime("%Y%m")

        if file_date == '':
            # 初回のみファイル名用に年月を保持
            file_date = trg_date

        rank = get_rank_df(df)
        cancel_rank = get_cancel_rank_df(df)

        # ワークシート作成
        ws = wb.create_sheet(title=f'{trg_date}月度')

        cell = ws.cell(1,1)
        cell.value = f'本部向け {trg_date}月度 サマリーレポート'
        cell.font = Font(bold=True, color='008080', size=20)

        cell = ws.cell(3,2)
        cell.value = f'{trg_date}月度 売上総額'
        cell.font = Font(bold=True, color='008080', size=20)

        cell = ws.cell(3,6)
        cell.value = f"{'{:,}'.format(rank['total_amount'].sum())}"
        cell.font = Font(bold=True, color='008080', size=20)

        # 売上ランキングを直接出力
        cell = ws.cell(5,2)
        cell.value = f'売上ランキング'
        cell.font = Font(bold=True, color='008080', size=16)

        # 表の貼り付け
        data_export(rank, ws, 6, 2)

        # キャンセル率ランキングを直接出力
        cell = ws.cell(5,8)
        cell.value = f'キャンセル率ランキング'
        cell.font = Font(bold=True, color='008080', size=16)

        # 表の貼り付け位置
        data_export(cancel_rank, ws, 6, 8)


    # デフォルトシートは削除
    wb.remove(wb.worksheets[0])

    # DFループが終わったらブックを保存
    wb.save(os.path.join(output_folder, f'report_hq_{file_date}.xlsx'))
    wb.close()
```

　前に作成した、make_report_hq関数をコピーし、改修していきます。その際、_r2を関数名に付与することで、別の関数として再定義しています。

　基本構成は変わっていないのですが、第一引数がデータフレームを直接受け取るのではなく、複数のデータフレームを配列として受け取るように変更されています。

　それに伴い、処理内で渡されたデータフレーム数に応じて、処理がループする形になっています。おおよその変更点は以上です。それ以外のエクセルの操作等の基本的な部分は変更されていません。同様に、店舗毎の処理も改修していきます。

```python
# 店舗向けレポーティングデータ処理（過去月データ対応Ver）
def make_report_store_r2(target_data_list, target_id, output_folder):
    # Excel出力処理
    wb = openpyxl.Workbook()

    file_date = ''

    for tmp in target_data_list:
        df = pd.DataFrame(tmp)

        df_date = pd.to_datetime(df["order_accept_date"]).max()
        trg_date = df_date.strftime("%Y%m")

        if file_date == '':
            # 初回のみファイル名用に年月を保持
            file_date = trg_date

        rank = get_store_rank(target_id, df)
        sale = get_store_sale(target_id, df)
        cancel_rank = get_store_cancel_rank(target_id, df)
        cancel_count = get_store_cancel_count(target_id, df)
        delivery_df = get_delivery_rank_df(target_id, df)
        delivery_rank = get_delivery_rank_store(target_id, df)

        store_name = m_store.loc[m_store['store_id'] == target_id]['store
_name'].values[0]
```

```
# ワークシート作成
ws = wb.create_sheet(title=f'{trg_date}月度')


# Excel出力処理
cell = ws.cell(1,1)
cell.value = f'{store_name} {trg_date}月度 サマリーレポート'
cell.font = Font(bold=True, color='008080', size=20)


cell = ws.cell(3,2)
cell.value = f'{trg_date}月度 売上総額'
cell.font = Font(bold=True, color='008080', size=20)


cell = ws.cell(3,6)
cell.value = f"{'{:,}'.format(sale.values[0])}"
cell.font = Font(bold=True, color='008080', size=20)


# 売上ランキングを直接出力
cell = ws.cell(5,2)
cell.value = f'売上ランキング'
cell.font = Font(bold=True, color='008080', size=16)


cell = ws.cell(5,5)
cell.value = f'{rank}位'
cell.font = Font(bold=True, color='008080', size=16)


cell = ws.cell(6,2)
cell.value = f'売上データ'
cell.font = Font(bold=True, color='008080', size=16)


# 表の貼り付け
tmp_df = df.loc[(df['store_id']==target_id) & (df['status'].isin(
[1, 2]))]
tmp_df = tmp_df[['order_accept_date','customer_id','total_amount'
,'takeout_name','status_name']]
data_export(tmp_df, ws, 7, 2)


# キャンセル率ランキングを直接出力
```

```
        cell = ws.cell(5,8)
        cell.value = f'キャンセル率ランキング'
        cell.font = Font(bold=True, color='008080', size=16)


        cell = ws.cell(5,12)
        cell.value = f'{cancel_rank}位 {cancel_count.values[0]}回'
        cell.font = Font(bold=True, color='008080', size=16)


        cell = ws.cell(6,8)
        cell.value = f'キャンセルデータ'
        cell.font = Font(bold=True, color='008080', size=16)


        # 表の貼り付け
        tmp_df = df.loc[(df['store_id']==target_id) & (df['status']==9)]
        tmp_df = tmp_df[['order_accept_date','customer_id','total_amount'
,'takeout_name','status_name']]
        data_export(tmp_df, ws, 7, 8)


        # 配達完了までの時間を直接出力
        ave_time = delivery_df.loc[delivery_df['store_id']==target_id]['d
elta'].values[0]
        cell = ws.cell(5,14)
        cell.value = f'配達完了までの時間ランキング'
        cell.font = Font(bold=True, color='008080', size=16)


        cell = ws.cell(5,18)
        cell.value = f'{delivery_rank}位 平均{ave_time}分'
        cell.font = Font(bold=True, color='008080', size=16)


        cell = ws.cell(6,14)
        cell.value = f'各店舗の配達時間ランク'
        cell.font = Font(bold=True, color='008080', size=16)


        # 表の貼り付け
        data_export(delivery_df, ws, 7, 14)


    # デフォルトシートは削除
```

```
    wb.remove(wb.worksheets[0])


    # DFループが終わったらブックを保存
    wb.save(os.path.join(output_folder, f'{target_id}_{store_name}_report
_{file_date}.xlsx'))
    wb.close()
```

■図5-26：過去月を同時に出力することができるように改修した個別店舗レポート出力関数

```
# 店舗向けレポーティングデータ処理（過去月データ対応Ver）
def make_report_store_r2(target_data_list, target_id, output_folder):
    # Excel出力処理
    wb = openpyxl.Workbook()

    file_date = ''

    for tmp in target_data_list:
        df = pd.DataFrame(tmp)

        df_date = pd.to_datetime(df["order_accept_date"]).max()
        trg_date = df_date.strftime("%Y%m")

        if file_date == '':
            # 初回のみファイル名用に年月を保持
            file_date = trg_date

        rank = get_store_rank(target_id, df)
        sale = get_store_sale(target_id, df)
        cancel_rank = get_store_cancel_rank(target_id, df)
        cancel_count = get_store_cancel_count(target_id, df)
        delivery_df = get_delivery_rank_df(target_id, df)
        delivery_rank = get_delivery_rank_store(target_id, df)

        store_name = m_store.loc[m_store['store_id'] == target_id]['store_name'].values[0]

        # ワークシート作成
        ws = wb.create_sheet(title=f'{trg_date}月度')

        # Excel出力処理
        cell = ws.cell(1,1)
        cell.value = f'{store_name} {trg_date}月度 サマリーレポート'
        cell.font = Font(bold=True, color='008080', size=20)

        cell = ws.cell(3,2)
        cell.value = f'{trg_date}月度 売上総額'
        cell.font = Font(bold=True, color='008080', size=20)

        cell = ws.cell(3,6)
        cell.value = f"{'{:,}'.format(sale.values[0])}"
        cell.font = Font(bold=True, color='008080', size=20)

        # 売上ランキングを直接出力
        cell = ws.cell(5,2)
        cell.value = f'売上ランキング'
        cell.font = Font(bold=True, color='008080', size=16)

        cell = ws.cell(5,5)
        cell.value = f'{rank}位'
        cell.font = Font(bold=True, color='008080', size=16)
```

```
cell = ws.cell(6,2)
cell.value = f'売上データ'
cell.font = Font(bold=True, color='008080', size=16)

# 表の貼り付け
tmp_df = df.loc[(df['store_id']==target_id) & (df['status'].isin([1, 2]))]
tmp_df = tmp_df[['order_accept_date','customer_id','total_amount','takeout_name','status_name']]
data_export(tmp_df, ws, 7, 2)

# キャンセル率ランキングを直接出力
cell = ws.cell(5,8)
cell.value = f'キャンセル率ランキング'
cell.font = Font(bold=True, color='008080', size=16)

cell = ws.cell(5,12)
cell.value = f'{cancel_rank}位 {cancel_count.values[0]}回'
cell.font = Font(bold=True, color='008080', size=16)

cell = ws.cell(6,8)
cell.value = f'キャンセルデータ'
cell.font = Font(bold=True, color='008080', size=16)

# 表の貼り付け
tmp_df = df.loc[(df['store_id']==target_id) & (df['status']==9)]
tmp_df = tmp_df[['order_accept_date','customer_id','total_amount','takeout_name','status_name']]
data_export(tmp_df, ws, 7, 8)

# 配達完了までの時間を直接出力
ave_time = delivery_df.loc[delivery_df['store_id']==target_id]['delta'].values[0]
cell = ws.cell(5,14)
cell.value = f'配達完了までの時間ランキング'
cell.font = Font(bold=True, color='008080', size=16)

cell = ws.cell(5,18)
cell.value = f'{delivery_rank}位 平均{ave_time}分'
cell.font = Font(bold=True, color='008080', size=16)

cell = ws.cell(6,14)
cell.value = f'各店舗の配達時間ランク'
cell.font = Font(bold=True, color='008080', size=16)

 # 表の貼り付け
 data_export(delivery_df, ws, 7, 14)

# デフォルトシートは削除
wb.remove(wb.worksheets[0])

# DFループが終わったらブックを保存
wb.save(os.path.join(output_folder, f'{target_id}_{store_name}_report_{file_date}.xlsx'))
wb.close()
```

ノック49：
実行して過去データとの比較をしてみよう

```
# 自動的に指定年月の−1ヵ月のデータを読み込み、配列に格納する
tg_ym_old = str(int(tg_ym) - 1)
target_file = "tbl_order_" + tg_ym_old + ".csv"
target_data_old = pd.read_csv(os.path.join(input_dir, target_file))

# 過去分を初期化
target_data_old = init_tran_df(target_data_old)

df_array = [target_data, target_data_old]
```

■図5-27：指定の年月データから自動的に1ヶ月前のデータを配列に格納する処理

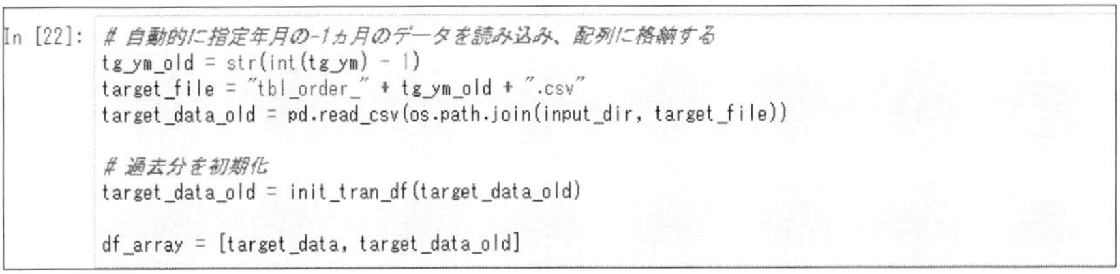

```
In [22]: # 自動的に指定年月の-1ヵ月のデータを読み込み、配列に格納する
         tg_ym_old = str(int(tg_ym) - 1)
         target_file = "tbl_order_" + tg_ym_old + ".csv"
         target_data_old = pd.read_csv(os.path.join(input_dir, target_file))

         # 過去分を初期化
         target_data_old = init_tran_df(target_data_old)

         df_array = [target_data, target_data_old]
```

　tg_ymという対象年月を一度数字に変換し、1を引くことで1ヵ月前に指定することができます。その1ヵ月前の指定でCSVを読み込み、データの初期化を実施した後、データフレームの配列に追加しています。

　さっそく、出力フォルダの動的生成を行い、レポーティングをしてみましょう。

```
# フォルダの動的生成
target_output_dir = make_active_folder(tg_ym)
# 本部向けレポートR2を呼ぶ
make_report_hq_r2(df_array, target_output_dir)
```

■図5-28：本部向け過去分対応版関数を呼ぶ

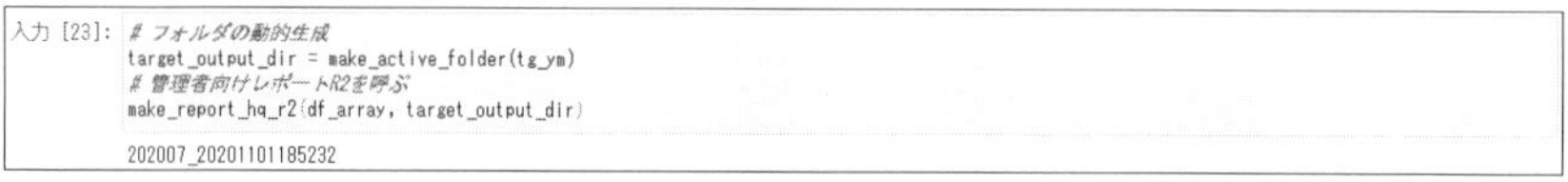

```
入力 [23]:  # フォルダの動的生成
           target_output_dir = make_active_folder(tg_ym)
           # 管理者向けレポートR2を呼ぶ
           make_report_hq_r2(df_array, target_output_dir)

           202007_20201101185232
```

■図5-29：出力されたレポートが複数月シート化されている

95	3489126	麻生店	K
55	3488765	調布店	T
97	3487993	幸店	K
56	3473267	神田店	T

| 202007月度 | 202006月度 |

7月と6月のデータがレポートに出力されました。
これでシートを変えれば、前月のレポートと比較できますね。

店舗側も同じように出力してみましょう。

```
# 各店舗向けレポート（全店舗実施）
for store_id in m_store.loc[m_store['store_id']!=999]['store_id']:
    # narrow_areaのフォルダを作成
    area_cd = m_store.loc[m_store['store_id']==store_id]['area_cd']
    area_name = m_area.loc[m_area['area_cd']==area_cd.values[0]]['narrow_area'].values[0]
    target_store_output_dir = os.path.join(target_output_dir, area_name)
    os.makedirs(target_store_output_dir,exist_ok=True)
    make_report_store_r2(df_array, store_id, target_store_output_dir)
```

■図5-30：各店舗向けレポート出力処理

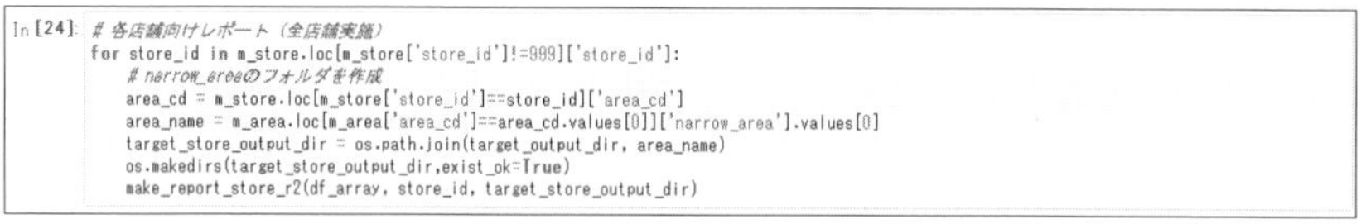

```
In [24]:  # 各店舗向けレポート（全店舗実施）
          for store_id in m_store.loc[m_store['store_id']!=999]['store_id']:
              # narrow_areaのフォルダを作成
              area_cd = m_store.loc[m_store['store_id']==store_id]['area_cd']
              area_name = m_area.loc[m_area['area_cd']==area_cd.values[0]]['narrow_area'].values[0]
              target_store_output_dir = os.path.join(target_output_dir, area_name)
              os.makedirs(target_store_output_dir,exist_ok=True)
              make_report_store_r2(df_array, store_id, target_store_output_dir)
```

管理レポートと同様に7月と6月のシートが出力されています。
さて、それでは、前半第1部の最後のノックです。張り切っていきましょう。

ノック50：
画面から実行できるようにしよう

　ここまで来たら、せっかくなので、処理の実行もctrl＋Enterではなく、画面のUIから実行したくなりますよね。

　しかも、第3章で画面UIを作ったので、これを使わない手はありません。

　また、店舗数が多く、さらに複数月対応等を行ったことで、店舗レポーティングの出力時間がそれなりに掛かるようになってしまいました。

　画面上で何か動きがわかるといいので、その辺りの**ロギング**も簡単に実装してみましょう。

　また、これまで固定でファイルを指定していたのと異なり、ファイルが存在しない年月を任意で選ぶことができるようになっているので、ファイルの存在確認など、最低限の対応も併せて追加してあります。

```python
from IPython.display import display, clear_output
from ipywidgets import DatePicker
import datetime

def order_by_date(val):
    clear_output()
    display(date_picker)

    df_array = []

    print('データ確認、データ準備開始・・・')

    date_str = str(val['new'])
    date_dt = datetime.datetime.strptime(date_str, '%Y-%m-%d')
    target_ym = date_dt.strftime('%Y%m')

    # フォルダの動的生成
    target_output_dir = make_active_folder(target_ym)

    # 選択された基準月のデータ確認
    target_file = "tbl_order_" + target_ym + ".csv"
```

```python
    if os.path.exists(os.path.join(input_dir, target_file)) == False:
        print(f'{target_file}が存在しません')
        return
    else:
        # データの読み込み
        df = pd.read_csv(os.path.join(input_dir, target_file))
        df =init_tran_df(df)
        df_array.append(df)


    # 選択された基準付きの1月前があるか確認
    target_ym_old = str(int(target_ym) - 1)
    target_file = "tbl_order_" + target_ym_old + ".csv"
    if os.path.exists(os.path.join(input_dir, target_file)) == True:
        # データがある場合のみ
        df = pd.read_csv(os.path.join(input_dir, target_file))
        df =init_tran_df(df)
        df_array.append(df)


    print('データ準備完了、レポーティング出力開始・・・')


    # 本部向けレポートR2を呼ぶ
    make_report_hq_r2(df_array, target_output_dir)


    print('管理レポート出力完了、各店舗のレポーティング出力開始・・・')
    # 各店舗向けレポート（全店舗実施）
    for store_id in m_store.loc[m_store['store_id']!=999]['store_id']:
        # narrow_areaのフォルダを作成
        area_cd = m_store.loc[m_store['store_id']==store_id]['area_cd']
        area_name = m_area.loc[m_area['area_cd']==area_cd.values[0]]['narrow_area'].values[0]
        target_store_output_dir = os.path.join(target_output_dir, area_name)
        os.makedirs(target_store_output_dir,exist_ok=True)
        make_report_store_r2(df_array, store_id, target_store_output_dir)


    print('処理完了しました。')
```

```
date_picker = DatePicker(value=datetime.datetime(2020, 4, 1))
date_picker.observe(order_by_date, names='value')
print('データを0_inputフォルダにコピーした後、基準月を選択してください。')
display(date_picker)
```

■ 図5-31：画面から対象年月を指定して処理を実施する

```
入力 [25]:  from IPython.display import display, clear_output
            from ipywidgets import DatePicker
            import datetime

            def order_by_date(val):
                clear_output()
                display(date_picker)

                df_array = []

                print('データ確認、データ準備開始・・・')

                date_str = str(val['new'])
                date_dt = datetime.datetime.strptime(date_str, '%Y-%m-%d')
                target_ym = date_dt.strftime('%Y%m')

                # フォルダの動的生成
                target_output_dir = make_active_folder(target_ym)

                # 選択された基準月のデータ確認
                target_file = "tbl_order_" + target_ym + ".csv"
                if os.path.exists(os.path.join(input_dir, target_file)) == False:
                    print(f'[target_file]が存在しません')
                    return
                else:
                    # データの読み込み
                    df = pd.read_csv(os.path.join(input_dir, target_file))
                    df =init_tran_df(df)
                    df_array.append(df)

                # 選択された基準付きの1月前があるか確認
                target_ym_old = str(int(target_ym) - 1)
                target_file = "tbl_order_" + target_ym_old + ".csv"
                if os.path.exists(os.path.join(input_dir, target_file)) == True:
                    # データがある場合のみ
                    df = pd.read_csv(os.path.join(input_dir, target_file))
                    df =init_tran_df(df)
                    df_array.append(df)

                print('データ準備完了、レポーティング出力開始・・・')

                # 管理者向けレポートR2を呼ぶ
                make_report_hq_r2(df_array, target_output_dir)

                print('管理レポート出力完了、各店舗のレポーティング出力開始・・・')
                # 各店舗向けレポート（全店舗実施）
                for store_id in m_store.loc[m_store['store_id']!=999]['store_id']:
                    # narrow_areaのフォルダを作成
                    area_cd = m_store.loc[m_store['store_id']==store_id]['area_cd']
                    area_name = m_area.loc[m_area['area_cd']==area_cd.values[0]]['narrow_area'].values[0]
                    target_store_output_dir = os.path.join(target_output_dir, area_name)
                    os.makedirs(target_store_output_dir,exist_ok=True)
                    make_report_store_r2(df_array, store_id, target_store_output_dir)

                print('処理完了しました。')

            date_picker = DatePicker(value=datetime.datetime(2020, 4, 1))
            date_picker.observe(order_by_date, names='value')
            print('データを0_inputフォルダにコピーした後、基準月を選択して下さい。')
            display(date_picker)
```

　かなり長い処理になってしまいましたが、安心してください。基本的にはこれまでやってきたことの組み合わせでしかないのです。

　1つひとつ読み解いていけば、そんなに複雑な処理をしているわけではないことに気が付くと思います。

　他にもトグルボタンを使って、地域だけに絞ってみたり、セレクトボックスで任意の店舗を選んでみたりと、これをベースに色々試してみてください。

■図5-32：画面から処理を実行し、ログが表示される結果

　これで、仕組化に取り組んだ10本は終了となります。いかがでしたでしょうか。

　拍子抜けした方が多いのではないでしょうか。もっとしっかりとしたシステムができあがると思っていた方は非常に多いと思いますが、シンプルで最低限の仕組みとしてはこれで十分施策が回るように構築できています。

　繰り返しになりますが、分析の目的は、あくまでも施策を実施し改善を行うことです。そのために大規模な投資は必要ありません。こういった小規模なシステムで、数か月回すことで効果を検証したら、大規模なシステム化を意識していきましょう。今まで単発の分析を多くやってきた方は、データを更新する際の最小限のシステム化のイメージが湧いたのではないでしょうか。フォルダ構成やデータチェック機構などの見落としがちな部分を少し意識して作成しておくだけで、データ更新の際の混乱を防げます。

　これで、第1部の50本は終了となります。お疲れ様でした。第1章、第2章ではデータの加工から始まり、自分自身で基礎分析を行いました。第3章では、ダッ

シュボードを構築し、現場や顧客との対話のための強力なツール開発を学びました。その後、第4章では現場を変えるためのレポーティング、そして、最後の第5章ではレポーティングを継続させるための小規模なシステムを構築しました。少し駆け足でしたが、施策を意識した最小限のシステムのイメージができたのではないでしょうか。重要なのは、あくまでも分析結果を施策提案につなげ、改善を行うことです。それを意識して、必要最小限のシステムとは何かを考えていきましょう。

第2部
機械学習システム

第2部では、機械学習を使って、施策につなげていく仕組みを作っていきます。

機械学習はあくまでも技術の1つであり、無敵のツールではないので、ただ機械学習を使っているからすごいというものではありません。機械学習を上手に活用することで、これまでできなかった施策を打ち、その効果を得られることがすごいのです。データ分析も同様ですが、機械学習を使う目的は、そこから得られた情報をもとに施策を打ち、効果を上げることにあるというのを意識していきましょう。

機械学習がデータ分析と決定的に違うのは、未来を予測するということです。データ分析が対象とするのは過去の事実であり、未来ではありません。例えば、料理提供までの時間が売上に寄与していることが分かったとして、毎月、レポーティングを実施する。これは、非常に有効だと思います。一方で、来月、料理提供までの時間を短縮するためにはどうしたら良いのでしょうか。来月のオーダーが増えるのか、減るのか、それが分かったら、人の配置を考えられるのではないでしょうか。過去の事例から、来月のオーダーが伸びるのか、減るのかを予測できる。それこそが機械学習の強みであると言えるでしょう。

一般的な流れとして、機械学習モデル設計、データ加工、モデル構築/評価、施策、効果検証を行っていきます。データ分析と同様に、そこで十分な効果が得られた場合は、本格的な横展開やシステム化を検討していきます。効果検証では、施策の取り組み方だけを見直すこともあれば、モデルの精度が実用に耐えられないことで、モデル構築まで立ち戻る場合もあります。

第2部では、引き続きピザチェーンをテーマに、機械学習システムを作っていきます。第1部での知見を活かし、まずは、どのような機械学習モデルを構築するかを考え、機械学習のためのデータ加工を行います。第1部を復習しながらデータ加工を行っていきましょう。その後、モデルの構築・評価を実施します。ここでは、多角的にモデルの検討や評価を行うための簡易モデル構築システムを作成します。モデルが構築できたら、更新（新規）データに対応できるように、簡易予測システムを作成していきます。そして最後は集大成として、第1部のデータ分析システムも取り入れて、データ更新に耐えられる小規模システムを作りましょう。

第2部で取り扱うPythonライブラリ

データ加工：pandas
可視化：matplotlib、openpyxl
機械学習：scikit-learn

第6章
機械学習のための
データ加工をする10本ノック

　機械学習を行う際も、データの加工が第一歩目になります。

　データ分析や機械学習は、8割がデータ加工と言われています。機械学習のモデルが迷わないように、しっかりとデータを整え、機械学習モデルに投入する直前までの下準備を行います。

　本章の内容は、第1章で実施したことと近い流れになりますが、第1章の内容に加えて、機械学習用の変数を作成するところまでを実施していきます。また、第5章で取り組んだフォルダ構成もしっかり準備しながら進めていきます。復習も兼ねて、挑戦していきましょう。

> ノック51：データ加工の下準備をしよう
> ノック52：データの読み込みを行い加工の方向性を検討しよう
> ノック53：1か月分のデータの基本的なデータ加工を実施しよう
> ノック54：機械学習に使用する変数を作成しよう
> ノック55：店舗単位に集計して変数を作成しよう
> ノック56：データの加工と店舗別集計を関数で実行しよう
> ノック57：全データの読み込みとデータ加工をやってみよう
> ノック58：目的変数を作成しよう
> ノック59：説明変数と目的変数を紐づけて機械学習用のデータを仕上げよう
> ノック60：機械学習用データの確認を行い出力しよう

あなたの状況

　あなたは、店舗にピザを提供するまでの時間を意識してもらうためのレポーティング施策を実施し、一定の効果が得られたことを実感しています。ただ、店舗ごとに改善率はバラツキが出てきており、ピザを提供するまでの時間の前月の結果をレポーティングするだけでは、情報として不足していると感じています。そこで、機械学習を用いて予測を行うことで、店舗のスタッフの役に立てないかを考えています。

前提条件

　機械学習で使用するために、2019年度の注文データを受領しました。注文データは、月別に出力されています。

■表6-1：データ一覧

No.	ファイル名	概要
1	m_area.csv	地域マスタ。都道府県情報等。
2	m_store.csv	店舗マスタ。店舗名等。
3	tbl_order_201904.csv ～ tbl_order_202003.csv	2019年度の注文データ。

ノック51：
データ加工の下準備をしよう

　データ加工の下準備に入る前に、どのような機械学習モデルを構築するか考えてみましょう。

　これまでに、ピザを提供するまでの時間が短い方が、キャンセル率が低くなる傾向になることが分かっています。では、ピザを提供するまでの時間を短くするという課題を設定しましょう。業務フローを見直し、ピザを提供するまでの無駄を見直したりする店舗もあるでしょう。こういった取り組みは、店舗による自助努力を全社的に共有したり、本部で共通のフローを見直したりすることで改善が見込めるでしょう。

　また、ある店舗では、店長がデータを見て、需給バランスが取れるように人の配置を見直したりしているでしょう。ここで、この店長の行動をもう少し分解してみましょう。できる店長は過去の売上やオーダー数を見て、来月のオーダー数がいつ増えるのかを考えるはずです。その予測をもとに、バイトのシフトを上手に調整して、ピザの提供時間を改善しつつ、コストを下げるということを行っています。このような過去のデータから自分なりに知見を引き出し、予測を立てるという行動は、人間の強い部分である一方で、できる人は限られその精度は人によってバラつきがあります。第1部のレポーティング施策を行うことでデータを活用できる店舗とそうでない店舗が分かれてくるのは、こういったことが理由です。そこで、前月までのデータから、来月のオーダー数が増加するのか減少するのかの予測を行ってみましょう。オーダー数自体を予測するのではなく、増加するのか減少するのかを予測するので、**教師あり学習**の**分類**(二値分類)モデルとなります。本書では、平日と休日の2つのモデルを作成してみます。これで、ピザを提供するまでの時間を短縮するための施策を考えるサポートになることでしょう。

　では、データ加工を行いますが、まずはどのような**フォルダ構成**にしていきましょうか。データを加工する前のインプットデータとデータ加工後のアウトプットデータがあるので、第5章と同じフォルダ構成でいけそうです。まずは、前回と同様にフォルダを作成しましょう。

```
import os
data_dir = 'data'
input_dir = os.path.join(data_dir, '0_input')
output_dir = os.path.join(data_dir, '1_output')
master_dir = os.path.join(data_dir, '99_master')
os.makedirs(input_dir,exist_ok=True)
os.makedirs(output_dir,exist_ok=True)
os.makedirs(master_dir,exist_ok=True)
```

■図6-1：第6章のフォルダ構成

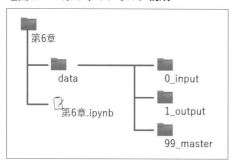

■図6-2：フォルダ作成

```
        ノック51：データ加工の下準備をしよう

In [1]:  import os
         data_dir = 'data'
         input_dir = os.path.join(data_dir, '0_input')
         output_dir = os.path.join(data_dir, '1_output')
         master_dir = os.path.join(data_dir, '99_master')
         os.makedirs(input_dir,exist_ok=True)
         os.makedirs(output_dir,exist_ok=True)
         os.makedirs(master_dir,exist_ok=True)
```

　フォルダが作成できたのを確認したら、今回のサンプルデータを配置しましょう。0_inputデータには、注文データを、99_masterデータには、地域マスタと店舗マスタを格納します。

　続いて0_inputフォルダに格納されている注文データを読み込もうと思いますが、ファイルが複数存在するので、1つひとつ指定していたら大変です。そこで、自動的に0_inputフォルダの中身を取りに行き、配列としてパスを定義しておきましょう。これは、**ノック3**でやったことを思い出しながら、挑戦してみましょう。年月で綺麗に並ぶように、ソートも加えてみます。

```
import glob
tbl_order_file = os.path.join(input_dir, 'tbl_order_*.csv')
tbl_order_paths = glob.glob(tbl_order_file)
tbl_order_paths = sorted(tbl_order_paths)
tbl_order_paths
```

■図6-3：注文データパスの取得

```
import glob
tbl_order_file = os.path.join(input_dir, 'tbl_order_*.csv')
tbl_order_paths = glob.glob(tbl_order_file)
tbl_order_paths = sorted(tbl_order_paths)
tbl_order_paths

['data/0_input/tbl_order_201904.csv',
 'data/0_input/tbl_order_201905.csv',
 'data/0_input/tbl_order_201906.csv',
 'data/0_input/tbl_order_201907.csv',
 'data/0_input/tbl_order_201908.csv',
 'data/0_input/tbl_order_201909.csv',
 'data/0_input/tbl_order_201910.csv',
 'data/0_input/tbl_order_201911.csv',
 'data/0_input/tbl_order_201912.csv',
 'data/0_input/tbl_order_202001.csv',
 'data/0_input/tbl_order_202002.csv',
 'data/0_input/tbl_order_202003.csv']
```

⚾ ノック52：データの読み込みを行い加工の方向性を検討しよう

では、続いてデータの読み込みを行っていきます。まずは、簡単なのでマスタデータの読み込みを行います。ここまでくると慣れたものですね。

```
import pandas as pd

m_area_file = 'm_area.csv'

m_store_file = 'm_store.csv'

m_area = pd.read_csv(os.path.join(master_dir, m_area_file))

m_store = pd.read_csv(os.path.join(master_dir, m_store_file))

m_area.head(3)
```

■図6-4：マスタデータの読み込み

ノック52：データの読み込みを行い加工の方向性を検討しよう

```
In [3]: import pandas as pd
        m_area_file = 'm_area.csv'
        m_store_file = 'm_store.csv'
        m_area = pd.read_csv(os.path.join(master_dir, m_area_file))
        m_store = pd.read_csv(os.path.join(master_dir, m_store_file))
        m_area.head(3)
```

Out[3]:

	area_cd	wide_area	narrow_area
0	TK	東京	東京
1	KN	神奈川	神奈川
2	CH	千葉	千葉

実はこれは、**ノック42**と全く同じソースコードです。このように、フォルダ構造をしっかり考え、変数名を統一することで、簡単に使い回すことができます。

では、続いて注文データなのですが、全データを読み込む前に、1つだけ指定して読み込みを行ってみましょう。注文データは、tbl_order_pathsに配列で格納されています。その中の1つ目を取得して、読み込んでみます。データ件数と先頭3データも表示しましょう。

```
tbl_order_path = tbl_order_paths[0]
print(f'読み込みデータ：{tbl_order_path}')
order_data = pd.read_csv(tbl_order_path)
print(f'データ件数：{len(order_data)}')
order_data.head(3)
```

■図6-5：注文データの読み込み

```
In [4]: tbl_order_path = tbl_order_paths[0]
        print(f'読み込みデータ：{tbl_order_path}')
        order_data = pd.read_csv(tbl_order_path)
        print(f'データ件数：{len(order_data)}')
        order_data.head(3)

        読み込みデータ：data¥0_input¥tbl_order_201904.csv
        データ件数：233393

Out[4]:
```

	order_id	store_id	customer_id	coupon_cd	sales_detail_id	order_accept_date	delivered_date	takeout_flag	total_amount	status
0	22808272	39	C80973292	40	22222408	2019-04-01 11:00:00	2019-04-01 11:26:00	1	2112	1
1	10902625	63	C94948343	20	79467084	2019-04-01 11:00:00	2019-04-01 11:47:00	0	2154	2
2	5990375	63	C91814442	1	61749935	2019-04-01 11:00:00	2019-04-01 11:10:00	0	3050	2

ここまでは、そんなに難しい処理ではないですね。では、なぜ全データを結合せずに、1か月分の注文データのみを読み込んでみたのでしょうか。

データ件数に着目してもらいたいのですが、1か月で20万件程度のデータになっています。これを1年分結合すると、240万件ものデータになってしまいます。240万件のデータをやり取りするには、処理に時間がかかる場合が多いのです。そのため、まずはこの1件をもとに加工の方向性を考え、全期間のデータに適用するのが良いでしょう。特に、今回の場合は、店舗単位の予測を実施するので、最終的には店舗単位で集計することになります。その場合、1か月のデータ量は店舗数にまで集約されますので、1か月単位で処理を実行してから結合する方が効率の良い方法と考えることができます。

　これで、加工処理の方向性は整いました。次ノックでは、まず基本的なデータ加工を実施します。基本的なデータ加工とは、欠損値や異常な値、ラベル付けなど、第1部の第1章で対応した加工となります。

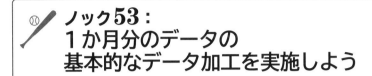

ノック53：
1か月分のデータの
基本的なデータ加工を実施しよう

　さっそく、基本的なデータ加工を実施していきましょう。店舗999が不要なデータとして確認されているので、store_idが999のデータを除外します。その後、地域と店舗マスタを結合し、マスタが存在しないコードにラベルを付与します。
　store_idが999となるデータの除外から、地域、店舗マスタの結合、マスタが存在しないコードへのラベルの付与を一気にやってしまいましょう。第1章を参考に挑戦してみてください。

```
order_data = order_data.loc[order_data['store_id'] != 999]
```

```
order_data = pd.merge(order_data, m_store, on='store_id', how='left')
order_data = pd.merge(order_data, m_area, on='area_cd', how='left')
```

```
order_data.loc[order_data['takeout_flag'] == 0, 'takeout_name'] = 'デリバリー'
order_data.loc[order_data['takeout_flag'] == 1, 'takeout_name'] = 'お持ち帰り'
```

```
order_data.loc[order_data['status'] == 0, 'status_name'] = '受付'
order_data.loc[order_data['status'] == 1, 'status_name'] = 'お支払済'
order_data.loc[order_data['status'] == 2, 'status_name'] = 'お渡し済'
order_data.loc[order_data['status'] == 9, 'status_name'] = 'キャンセル'
order_data.head(3)
```

■図6-6：基本的なデータ加工

```
ノック53：1か月分のデータの基本的なデータ加工を実施しよう
```

```
In [5]:  order_data = order_data.loc[order_data['store_id'] != 999]

         order_data = pd.merge(order_data, m_store, on='store_id', how='left')
         order_data = pd.merge(order_data, m_area, on='area_cd', how='left')

         order_data.loc[order_data['takeout_flag'] == 0, 'takeout_name'] = 'デリバリー'
         order_data.loc[order_data['takeout_flag'] == 1, 'takeout_name'] = 'お持ち帰り'

         order_data.loc[order_data['status'] == 0, 'status_name'] = '受付'
         order_data.loc[order_data['status'] == 1, 'status_name'] = 'お支払済'
         order_data.loc[order_data['status'] == 2, 'status_name'] = 'お渡し済'
         order_data.loc[order_data['status'] == 9, 'status_name'] = 'キャンセル'
         order_data.head(3)
```

Out [5]:

sales_detail_id	order_accept_date	delivered_date	takeout_flag	total_amount	status	store_name	area_cd	wide_area	narrow_area	takeout_name	status_name
22222408	2019-04-01 11:00:00	2019-04-01 11:26:00	1	2112	1	杉並店	TK	東京	東京	お持ち帰り	お支払済
79467084	2019-04-01 11:00:00	2019-04-01 11:47:00	0	2154	2	西多摩店	TK	東京	東京	デリバリー	お渡し済
61749935	2019-04-01 11:00:00	2019-04-01 11:10:00	0	3050	2	西多摩店	TK	東京	東京	デリバリー	お渡し済

　これで、第1章の知見を活かしたデータ加工が終わりました。右にスクロールすると、店舗名等が入っているのがわかります。念のため、欠損値の確認を行っておきましょう。データ結合の際には欠損値が生じる可能性があります。欠損値は機械学習においてエラーになる要素ですので、確認する癖をつけましょう。

```
order_data.isna().sum()
```

■図6-7：欠損値の確認

```
In [6]:  order_data.isna().sum()
Out[6]:  order_id             0
         store_id             0
         customer_id          0
         coupon_cd            0
         sales_detail_id      0
         order_accept_date    0
         delivered_date       0
         takeout_flag         0
         total_amount         0
         status               0
         store_name           0
         area_cd              0
         wide_area            0
         narrow_area          0
         takeout_name         0
         status_name          0
         dtype: int64
```

　欠損値がないことが確認できました。今回は、比較的綺麗なデータですね。実際には、欠損値はよく生じる問題で、頭を悩ませる要素になりますので、注意しておきましょう。

> ## ノック54：
> ## 機械学習に使用する変数を作成しよう

　では、次に、機械学習で使用するための変数を作成します。今のデータは、オーダーごとにデータが存在しますが、この後、店舗ごとに絞り込むことになり、情報量が落ちてしまいます。そのため、オーダーごとに必要な変数は今のうちに作成しておきましょう。

　今回の場合、それに該当する大きな例は、ピザ提供までの時間の情報や、オーダーを受けた時間帯情報です。特に、今回の場合は、ピザ提供までの時間とキャンセル率は関係性があることが分かっているため、重要な変数となるでしょう。前月、頼んでからピザが届くまでの時間が著しく長かった場合に、またすぐに頼もうとは思わないので、翌月のオーダー数が減少するのは容易に想像できます。

　本書では、ピザ提供までの時間、ピザが注文された時間帯、平日/休日フラグを作成しておきましょう。平日/休日フラグはモデルを分ける予定ですので、そういった意味でも、平日/休日データを分けられるようにしておく必要があります。
　まずは、ピザ提供までの時間を付与しましょう。ここは、**ノック27**で既に行っている部分を利用します。思い浮かばない方は、見直してみると良いでしょう。

```
def calc_delta(t):
    t1, t2 = t
    delta = t2 - t1
    return delta.total_seconds()/60


order_data.loc[:,'order_accept_datetime'] = pd.to_datetime(order_data['order_accept_date'])
order_data.loc[:,'delivered_datetime'] = pd.to_datetime(order_data['delivered_date'])
order_data.loc[:,'delta'] = order_data[['order_accept_datetime', 'delivered_datetime']].apply(calc_delta, axis=1)
order_data.head(3)
```

■図6-8：ピザ提供までの時間の作成

ノック54：機械学習に使用する変数を作成しよう

```
In [7]: def calc_delta(t):
            t1, t2 = t
            delta = t2 - t1
            return delta.total_seconds()/60

        order_data.loc[:,'order_accept_datetime'] = pd.to_datetime(order_data['order_accept_date'])
        order_data.loc[:,'delivered_datetime'] = pd.to_datetime(order_data['delivered_date'])
        order_data.loc[:,'delta'] = order_data[['order_accept_datetime', 'delivered_datetime']].apply(calc_delta, axis=1)
        order_data.head(3)
```

Out[7]:

takeout_flag	total_amount	status	store_name	area_cd	wide_area	narrow_area	takeout_name	status_name	order_accept_datetime	delivered_datetime	delta
1	2112	1	杉並店	TK	東京	東京	お持ち帰り	お支払済	2019-04-01 11:00:00	2019-04-01 11:26:00	26.0
0	2154	2	西多摩店	TK	東京	東京	デリバリー	お渡し済	2019-04-01 11:00:00	2019-04-01 11:47:00	47.0
0	3050	2	西多摩店	TK	東京	東京	デリバリー	お渡し済	2019-04-01 11:00:00	2019-04-01 11:10:00	10.0

関数calc_deltaを定義し、order_accept_datetime、delivered_datetimeの差分を計算し、deltaという列名で定義しています。**ノック27**では、この後、キャンセルされたものを省いて集計を行っていましたが、ここではまだ集計を行わないので、キャンセルされたデータも残しておきます。

次に、ピザが注文された時間帯、平日/休日を付与します。平日/休日は、曜日を取得した後に、それぞれ抽出して作成します。

```
order_data.loc[:,'order_accept_hour'] = order_data['order_accept_datetime'].dt.hour
order_data.loc[:,'order_accept_weekday'] = order_data['order_accept_datetime'].dt.weekday
order_data.loc[order_data['order_accept_weekday'] >= 5, 'weekday_info'] = '休日'
order_data.loc[order_data['order_accept_weekday'] < 5, 'weekday_info'] = '平日'
order_data.head(3)
```

■図6-9：日付関連変数の作成

```
In [8]: order_data.loc[:,'order_accept_hour'] = order_data['order_accept_datetime'].dt.hour
        order_data.loc[:,'order_accept_weekday'] = order_data['order_accept_datetime'].dt.weekday
        order_data.loc[order_data['order_accept_weekday'] >= 5, 'weekday_info'] = '休日'
        order_data.loc[order_data['order_accept_weekday'] < 5, 'weekday_info'] = '平日'
        order_data.head(3)
```

Out[8]:

wide_area	narrow_area	takeout_name	status_name	order_accept_datetime	delivered_datetime	delta	order_accept_hour	order_accept_weekday	weekday_info
東京	東京	お持ち帰り	お支払済	2019-04-01 11:00:00	2019-04-01 11:26:00	26.0	11	0	平日
東京	東京	デリバリー	お渡し済	2019-04-01 11:00:00	2019-04-01 11:47:00	47.0	11	0	平日
東京	東京	デリバリー	お渡し済	2019-04-01 11:00:00	2019-04-01 11:10:00	10.0	11	0	平日

weekdayは、0の月曜日に始まり、6が日曜日となります。そのため、平日は5未満、休日は5以上で分岐できます。2019年4月1日は月曜日になりますので、0が付与されています。これで、オーダー単位での変数作成は終了です。続いて、店舗単位に集計を行いながら変数を作成していきましょう。

ノック55：
店舗単位に集計して変数を作成しよう

　店舗単位に集計する際に、どのような変数を作成するか考えましょう。まずは、オーダー件数ですが、お渡し済やお支払済のようにしっかり完了できている件数とキャンセルの件数は別々に集計しましょう。同様に、デリバリーとお持ち帰りの件数は別々に集計しておきましょう。オーダーの全件数も併せて作成します。また、時間帯別のオーダー件数も集計しておきましょう。

　最後に、キャンセル率に寄与するピザを提供するまでの平均時間を算出しましょう。その際に、キャンセルされたデータを除いて集計するのを忘れないでください。
　まずは、時間帯別以外のオーダー件数の集計を行います。

```
store_data = order_data.groupby(['store_name']).count()[['order_id']]

store_f = order_data.loc[(order_data['status_name']=="お渡し済")|(order_da
ta['status_name']=="お支払済")].groupby(['store_name']).count()[['order_id
']]

store_c = order_data.loc[order_data['status_name']=="キャンセル"].groupby([
'store_name']).count()[['order_id']]

store_d = order_data.loc[order_data['takeout_name']=="デリバリー"].groupby(
['store_name']).count()[['order_id']]

store_t = order_data.loc[order_data['takeout_name']=="お持ち帰り"].groupby(
['store_name']).count()[['order_id']]


store_weekday = order_data.loc[order_data['weekday_info']=="平日"].groupby
(['store_name']).count()[['order_id']]

store_weekend = order_data.loc[order_data['weekday_info']=="休日"].groupby
(['store_name']).count()[['order_id']]
```

■図6-10：オーダー数の集計

```
ノック55：店舗単位に集計して変数を作成しよう

In [9]:  store_data = order_data.groupby(['store_name']).count()[['order_id']]
         store_f = order_data.loc[(order_data['status_name']=='お渡し済')|
                        (order_data['status_name']=='お支払い済')].groupby(['store_name']).count()[['order_id']]
         store_c = order_data.loc[order_data['status_name']=='キャンセル'].groupby(['store_name']).count()[['order_id']]
         store_d = order_data.loc[order_data['takeout_name']=='デリバリー'].groupby(['store_name']).count()[['order_id']]
         store_t = order_data.loc[order_data['takeout_name']=='お持ち帰り'].groupby(['store_name']).count()[['order_id']]

         store_weekday = order_data.loc[order_data['weekday_info']=='平日'].groupby(['store_name']).count()[['order_id']]
         store_weekend = order_data.loc[order_data['weekday_info']=='休日'].groupby(['store_name']).count()[['order_id']]
```

　これまでやってきたことを考えると難しくないかと思います。一行目で店舗ごとに全オーダー件数の集計を行います。その後、各条件のデータを抽出してそれぞれ集計しています。

　続いて、時間帯別のオーダー件数を集計しましょう。

```
times = order_data['order_accept_hour'].unique()
store_time = []
for time in times:
    time_tmp = order_data.loc[order_data['order_accept_hour']==time].groupby(['store_name']).count()[['order_id']]
    time_tmp.columns = [f'order_time_{time}']
    store_time.append(time_tmp)
store_time = pd.concat(store_time, axis=1)
store_time.head(3)
```

■図6-11：時間帯別オーダー数の集計

```
In [10]:  times = order_data['order_accept_hour'].unique()
          store_time = []
          for time in times:
              time_tmp = order_data.loc[order_data['order_accept_hour']==time].groupby(['store_name']).count()[['order_id']]
              time_tmp.columns = [f'order_time_{time}']
              store_time.append(time_tmp)
          store_time = pd.concat(store_time, axis=1)
          store_time.head(3)

Out[10]:
```

store_name	order_time_11	order_time_12	order_time_13	order_time_14	order_time_15	order_time_16	order_time_17	order_time_18	order_time_19	order_tir
あきる野店	91	122	112	101	95	107	106	100	108	
さいたま南店	130	135	147	143	142	137	130	113	140	
さいたま緑店	95	91	106	95	102	82	90	93	95	

　では、最後に、キャンセル率に寄与するピザを提供するまでの平均時間を集計しましょう。また、ここまで集計してきた複数データを結合していきます。その際に、列名を変更するのを忘れないでください。

```
store_delta = order_data.loc[(order_data['status_name']!="キャンセル")].gro
upby(['store_name'])[['delta']].mean()
store_data.columns = ['order']
store_f.columns = ['order_fin']
store_c.columns = ['order_cancel']
store_d.columns = ['order_delivery']
store_t.columns = ['order_takeout']
store_weekday.columns = ['order_weekday']
store_weekend.columns = ['order_weekend']
store_delta.columns = ['delta_avg']
store_data = pd.concat([store_data, store_f, store_c, store_d, store_t, s
tore_weekday, store_weekend, store_time, store_delta], axis=1)
store_data.head(3)
```

■図6-12：提供までの時間の集計と集計結果の結合

```
store_delta = order_data.loc[(order_data['status_name']!="キャンセル")].groupby(['store_name'])[['delta']].mean()
store_data.columns = ['order']
store_f.columns = ['order_fin']
store_c.columns = ['order_cancel']
store_d.columns = ['order_delivery']
store_t.columns = ['order_takeout']
store_weekday.columns = ['order_weekday']
store_weekend.columns = ['order_weekend']
store_delta.columns = ['delta_avg']
store_data = pd.concat([store_data, store_f, store_c, store_d, store_t,
                        store_weekday, store_weekend, store_time, store_delta], axis=1)
store_data.head(3)
```

	order	order_fin	order_cancel	order_delivery	order_takeout	order_weekday	order_weekend	order_time_11	order_time_12	order_time_13
store_name										
あきる野店	1147	945	202	841	306	844	303	91	122	112
さいたま南店	1504	1217	287	1105	399	1104	400	130	135	147
さいたま緑店	1028	847	181	756	272	756	272	95	91	106

1行目でキャンセルを除いた状態でのピザを提供するまでの平均時間を集計しています。その後、列名を変更し、結合を行うことで、店舗ごとの集計は完了です。

これで、1か月分に絞り込んだ状態での変数の作成と店舗ごとの集計が完了しました。

次は、全データに対して処理を行いたいので、関数化を実施し、動作の確認を行ってみましょう。

ノック56:
データの加工と店舗別集計を
関数で実行しよう

　ここで作成する関数は、1か月分のデータを渡した結果、店舗別に集計した結果が返ってくるようにするものです。**ノック53、54、55**の中身をコピーしながら作成しましょう。その際に、表示のためのプログラムは除去してしまいましょう。data_processing関数として定義します。

```python
def data_processing(order_data):
    order_data = order_data.loc[order_data['store_id'] != 999]
    order_data = pd.merge(order_data, m_store, on='store_id', how='left')
    order_data = pd.merge(order_data, m_area, on='area_cd', how='left')
    order_data.loc[order_data['takeout_flag'] == 0, 'takeout_name'] = 'デ
リバリー'
    order_data.loc[order_data['takeout_flag'] == 1, 'takeout_name'] = 'お
持ち帰り'
    order_data.loc[order_data['status'] == 0, 'status_name'] = '受付'
    order_data.loc[order_data['status'] == 1, 'status_name'] = 'お支払済'
    order_data.loc[order_data['status'] == 2, 'status_name'] = 'お渡し済'
    order_data.loc[order_data['status'] == 9, 'status_name'] = 'キャンセル'

    order_data.loc[:,'order_accept_datetime'] = pd.to_datetime(order_data
['order_accept_date'])
    order_data.loc[:,'delivered_datetime'] = pd.to_datetime(order_data['d
elivered_date'])
    order_data.loc[:,'delta'] = order_data[['order_accept_datetime', 'del
ivered_datetime']].apply(calc_delta, axis=1)
    order_data.loc[:,'order_accept_hour'] = order_data['order_accept_date
time'].dt.hour
    order_data.loc[:,'order_accept_weekday'] = order_data['order_accept_d
atetime'].dt.weekday
    order_data.loc[order_data['order_accept_weekday'] >= 5, 'weekday_info
'] = '休日'
    order_data.loc[order_data['order_accept_weekday'] < 5, 'weekday_info'
] = '平日'
```

```python
    store_data = order_data.groupby(['store_name']).count()[['order_id']]
    store_f = order_data.loc[(order_data['status_name']=="お渡し済")|(orde
r_data['status_name']=="お支払済")].groupby(['store_name']).count()[['orde
r_id']]
    store_c = order_data.loc[order_data['status_name']=="キャンセル"].group
by(['store_name']).count()[['order_id']]
    store_d = order_data.loc[order_data['takeout_name']=="デリバリー"].grou
pby(['store_name']).count()[['order_id']]
    store_t = order_data.loc[order_data['takeout_name']=="お持ち帰り"].grou
pby(['store_name']).count()[['order_id']]
    store_weekday = order_data.loc[order_data['weekday_info']=="平日"].gro
upby(['store_name']).count()[['order_id']]
    store_weekend = order_data.loc[order_data['weekday_info']=="休日"].gro
upby(['store_name']).count()[['order_id']]
    times = order_data['order_accept_hour'].unique()
    store_time = []
    for time in times:
        time_tmp = order_data.loc[order_data['order_accept_hour']==time].
groupby(['store_name']).count()[['order_id']]
        time_tmp.columns = [f'order_time_{time}']
        store_time.append(time_tmp)
    store_time = pd.concat(store_time, axis=1)
    store_delta = order_data.loc[order_data['status_name']!="キャンセル"].g
roupby(['store_name'])[['delta']].mean()
    store_data.columns = ['order']
    store_f.columns = ['order_fin']
    store_c.columns = ['order_cancel']
    store_d.columns = ['order_delivery']
    store_t.columns = ['order_takeout']
    store_delta.columns = ['delta_avg']
    store_weekday.columns = ['order_weekday']
    store_weekend.columns = ['order_weekend']
    store_data = pd.concat([store_data, store_f, store_c, store_d, store_
t, store_weekday, store_weekend, store_time, store_delta], axis=1)
    return store_data
```

▪️図6-13：データ加工関数の作成

```
ノック56：データの加工と店舗別集計を関数で実行しよう

def data_processing(order_data):
    order_data = order_data.loc[order_data['store_id'] != 999]
    order_data = pd.merge(order_data, m_store, on='store_id', how='left')
    order_data = pd.merge(order_data, m_area, on='area_cd', how='left')
    order_data.loc[order_data['takeout_flag'] == 0, 'takeout_name'] = 'デリバリー'
    order_data.loc[order_data['takeout_flag'] == 1, 'takeout_name'] = 'お持ち帰り'
    order_data.loc[order_data['status'] == 0, 'status_name'] = '受付'
    order_data.loc[order_data['status'] == 1, 'status_name'] = 'お支払済'
    order_data.loc[order_data['status'] == 2, 'status_name'] = 'お渡し済'
    order_data.loc[order_data['status'] == 9, 'status_name'] = 'キャンセル'

    order_data.loc[:,'order_accept_datetime'] = pd.to_datetime(order_data['order_accept_date'])
    order_data.loc[:,'delivered_datetime'] = pd.to_datetime(order_data['delivered_date'])
    order_data.loc[:,'delta'] = order_data[['order_accept_datetime', 'delivered_datetime']].apply(calc_delta, axis=1)
    order_data.loc[:,'order_accept_hour'] = order_data['order_accept_datetime'].dt.hour
    order_data.loc[:,'order_accept_weekday'] = order_data['order_accept_datetime'].dt.weekday
    order_data.loc[order_data['order_accept_weekday'] >= 5, 'weekday_info'] = '休日'
    order_data.loc[order_data['order_accept_weekday'] < 5, 'weekday_info'] = '平日'

    store_data = order_data.groupby(['store_name']).count()[['order_id']]
    store_f = order_data.loc[(order_data['status_name']=="お渡し済")|
                             (order_data['status_name']=="お支払済")].groupby(['store_name']).count()[['order_id']]
    store_c = order_data.loc[order_data['status_name']=="キャンセル"].groupby(['store_name']).count()[['order_id']]
    store_d = order_data.loc[order_data['takeout_name']=="デリバリー"].groupby(['store_name']).count()[['order_id']]
    store_t = order_data.loc[order_data['takeout_name']=="お持ち帰り"].groupby(['store_name']).count()[['order_id']]
    store_weekday = order_data.loc[order_data['weekday_info']=="平日"].groupby(['store_name']).count()[['order_id']]
    store_weekend = order_data.loc[order_data['weekday_info']=="休日"].groupby(['store_name']).count()[['order_id']]
    times = order_data['order_accept_hour'].unique()
    store_time = []
    for time in times:
        time_tmp = order_data.loc[order_data['order_accept_hour']==time].groupby(['store_name']).count()[['order_id']]
        time_tmp.columns = [f'order_time_{time}']
        store_time.append(time_tmp)
    store_time = pd.concat(store_time, axis=1)
    store_delta = order_data.loc[order_data['status_name']!="キャンセル"].groupby(['store_name'])[['delta']].mean()
    store_data.columns = ['order']
    store_f.columns = ['order_fin']
    store_c.columns = ['order_cancel']
    store_d.columns = ['order_delivery']
    store_t.columns = ['order_takeout']
    store_delta.columns = ['delta_avg']
    store_weekday.columns = ['order_weekday']
    store_weekend.columns = ['order_weekend']
    store_data = pd.concat([store_data, store_f, store_c, store_d, store_t,
                            store_weekday, store_weekend, store_time, store_delta], axis=1)
    return store_data
```

　ノック53、54、55の内容をコピーしていくだけですね。ただし、関数
calc_deltaは、既に**ノック54**で定義してあるので、必要ありません。
　では、動作確認に移りましょう。**ノック52**の最後に1か月分だけ読み込んで
order_dataとして定義したので、同じようにtbl_order_pathsの0番目を指定
し、読み込んだ後、関数に渡してみましょう。

```
tbl_order_path = tbl_order_paths[0]
print(f'読み込みデータ：{tbl_order_path}')
order_data = pd.read_csv(tbl_order_path)
store_data = data_processing(order_data)
store_data.head(3)
```

■図6-14：データ加工関数の実行

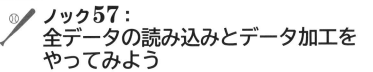

　ノック55と同じ結果が出力されましたでしょうか。同じ結果が出力されれば関数の作成は成功です。次は、for文を使って全データの読み込みとデータ加工を行っていきましょう。

ノック57：全データの読み込みとデータ加工をやってみよう

　それでは、全データの読み込みを行いますが、データをユニオンしていく上で、このままでは問題が生じます。それは、いつのデータなのかわからなくなってしまう点と、インデックスにstore_nameが使用されている点です。この2点は、関数側で処理させる場合も多いです。そのため、関数を変更しても問題ありませんが、今回は関数を通した後に、これらの対応を行いつつ、for文で結合していくことにします。いつのデータなのかは、今回はファイル名から取得するようにします。この処理の実行には、少しだけ時間がかかります。

```
store_all = []
for tbl_order_path in tbl_order_paths:
    print(f'読み込みデータ：{tbl_order_path}')
    tg_ym = tbl_order_path.split('_')[-1][:6]
    order_data = pd.read_csv(tbl_order_path)
    store_data = data_processing(order_data)
    store_data.loc[:,'year_month'] = tg_ym
    store_data.reset_index(drop=False, inplace=True)
    store_all.append(store_data)
```

```
store_all = pd.concat(store_all, ignore_index=True)
display(store_all.head(3))
display(store_all.tail(3))
store_monthly_name = 'store_monthly_data.csv'
store_all.to_csv(os.path.join(output_dir, store_monthly_name), index=Fals
e)
```

■図6-15：提供までの時間の集計と集計結果の結合

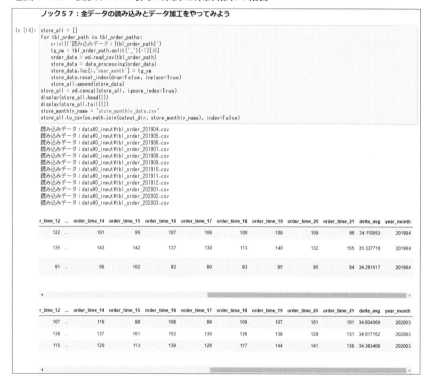

　tbl_order_pathsをfor文で回していきます。年月の取得は、ファイル名を_
で分割し、-1で最後を取得します。そうすると、「201904.csv」等のように取
得できるので、この上位6桁を年月としてデータに挿入しています。最後に
headとtailで先頭と末尾の3件を出力しています。右にスクロールすると、
year_monthが確認できますが、201904から202003までのデータであるこ
とがわかります。

　これで、店舗ごとに集計したデータを作成できました。ここまでで、データ加工の下準備が整った状態です。ここから、機械学習で使用するデータに仕上げていきます。機械学習では、予測したい変数のことを**目的変数**、予測に使用する変数を**説明変数**と言います。

　今回の場合の目的変数は、前月に対してオーダー数が上がったのか下がったのかという情報となります。まずは、目的変数の作成を行いましょう。

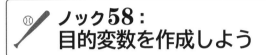

ノック58：
目的変数を作成しよう

　目的変数は、前月と今月の差を取ることで作成できます。

　まずは、必要なデータに絞り込んだ後、year_monthの前月を作成します。

　必要なデータは、store_name、order、year_monthの3列です。

　ここで1つ注意が必要なのが、平日と休日はそれぞれ別モデルを構築する予定なので別々に集計するということです。

```
y = store_all[['store_name', 'year_month','order_weekday', 'order_weekend
']].copy()

y.loc[:,'one_month_ago'] = pd.to_datetime(y['year_month'], format='%Y%m')

from dateutil.relativedelta import relativedelta

y.loc[:,'one_month_ago'] = y['one_month_ago'].map(lambda x: x - relatived
elta(months=1))

y.loc[:,'one_month_ago'] = y['one_month_ago'].dt.strftime('%Y%m')

y.head(3)
```

■図6-16：1か月前日付の作成

```
ノック58：目的変数を作成しよう

In [15]: y = store_all[['store_name', 'year_month','order_weekday', 'order_weekend']].copy()
         y.loc[:,'one_month_ago'] = pd.to_datetime(y['year_month'], format='%Y%m')
         from dateutil.relativedelta import relativedelta
         y.loc[:,'one_month_ago'] = y['one_month_ago'].map(lambda x: x - relativedelta(months=1))
         y.loc[:,'one_month_ago'] = y['one_month_ago'].dt.strftime('%Y%m')
         y.head(3)
```

Out[15]:

	store_name	year_month	order_weekday	order_weekend	one_month_ago
0	あきる野店	201904	844	303	201903
1	さいたま南店	201904	1104	400	201903
2	さいたま緑店	201904	756	272	201903

　ここでは、year_monthをdatetime型に変更し、relativedeltaを用いて1か月前を作成しています。最後に、year_monthと同じように、年月単位に変更しています。

　それでは、このyに対して、yをジョインします。その際のキーが、one_month_agoとyear_monthになります。year_monthが2019年5月の場合、one_month_agoは2019年4月となっており、ここに、year_monthが2019年4月のデータが結合され、前月のorderを付与できます。さっそく、やってみましょう。意図した処理が行われているかチェックするために、最後にあきる野店のみを表示してみましょう。

```python
y_one_month_ago = y.copy()
y_one_month_ago.rename(columns={'order_weekday':'order_weekday_one_month_
ago',
                                'order_weekend':'order_weekend_one_month_
ago',
                                'year_month':'year_month_for_join'}, inpl
ace=True)
y = pd.merge(y, y_one_month_ago[['store_name', 'year_month_for_join',
                                 'order_weekday_one_month_ago', 'order_we
ekend_one_month_ago']],
                                left_on=['store_name', 'one_month_ago'],
                                right_on=['store_name','year_month_for_j
oin'], how='left')
y.loc[y['store_name']=='あきる野店']
```

■図6-17：1か月前のオーダー数の作成

```
In [16]: y_one_month_ago = y.copy()
         y_one_month_ago.rename(columns=['order_weekday':'order_weekday_one_month_ago',
                                 'order_weekend':'order_weekend_one_month_ago',
                                 'year_month':'year_month_for_join'], inplace=True)
         y = pd.merge(y, y_one_month_ago[['store_name', 'year_month_for_join',
                                 'order_weekday_one_month_ago', 'order_weekend_one_month_ago']],
                                 left_on=['store_name', 'one_month_ago'],
                                 right_on=['store_name','year_month_for_join'], how='left')
         y.loc[y['store_name']=='あきる野店']
```

Out[16]:

store_name	year_month	order_weekday	order_weekend	one_month_ago	year_month_for_join	order_weekday_one_month_ago	order_weekend_one_month_ago
あきる野店	201904	844	303	201903	NaN	NaN	NaN
あきる野店	201905	883	302	201904	201904	844.0	303.0
あきる野店	201906	764	384	201905	201905	883.0	302.0
あきる野店	201907	882	308	201906	201906	764.0	384.0
あきる野店	201908	835	343	201907	201907	882.0	308.0
あきる野店	201909	802	347	201908	201908	835.0	343.0
あきる野店	201910	880	309	201909	201909	802.0	347.0
あきる野店	201911	796	341	201910	201910	880.0	309.0
あきる野店	201912	844	345	201911	201911	796.0	341.0
あきる野店	202001	881	305	201912	201912	844.0	345.0
あきる野店	202002	762	344	202001	202001	881.0	305.0
あきる野店	202003	839	347	202002	202002	762.0	344.0

　y_one_month_agoという結合用のデータを準備して、カラム名を変更しています。実行結果を見ると、1か月前のオーダー数が付与できているのが確認できます。2019年の4月は、2019年の3月のデータを受領していないので欠損しています。

　では最後に、欠損しているデータを除去した後に、今月と前月の引き算を行い、プラスになった場合は増えているので1を、マイナスの場合は減っているので0を付与します。

```
y.dropna(inplace=True)
y.loc[y['order_weekday'] - y['order_weekday_one_month_ago'] > 0, 'y_weekd
ay'] = 1
y.loc[y['order_weekday'] - y['order_weekday_one_month_ago'] <= 0, 'y_week
day'] = 0
y.loc[y['order_weekend'] - y['order_weekend_one_month_ago'] > 0, 'y_weeke
nd'] = 1
y.loc[y['order_weekend'] - y['order_weekend_one_month_ago'] <= 0, 'y_week
end'] = 0
y.head(3)
```

■図6-18：1か月前のオーダー数の作成

```
In [17]: y.dropna(inplace=True)
         y.loc[y['order_weekday'] - y['order_weekday_one_month_ago'] > 0, 'y_weekday'] = 1
         y.loc[y['order_weekday'] - y['order_weekday_one_month_ago'] <= 0, 'y_weekday'] = 0
         y.loc[y['order_weekend'] - y['order_weekend_one_month_ago'] > 0, 'y_weekend'] = 1
         y.loc[y['order_weekend'] - y['order_weekend_one_month_ago'] <= 0, 'y_weekend'] = 0
         y.head(3)
```

	order_weekday	order_weekend	one_month_ago	year_month_for_join	order_weekday_one_month_ago	order_weekend_one_month_ago	y_weekday	y_weekend
	883	302	201904	201904	844.0	303.0	1.0	0.0
	1152	401	201904	201904	1104.0	400.0	1.0	1.0
	796	274	201904	201904	756.0	272.0	1.0	1.0

これで、目的変数の作成は完了です。続いて、説明変数と目的変数を紐づけて機械学習用のデータを仕上げます。

ノック59：
説明変数と目的変数を紐づけて
機械学習用のデータを仕上げよう

作成した目的変数yと、説明変数として使用するstore_allの紐づけを行います。では、どのように、紐づけを行うべきでしょうか。単純にyear_monthで紐づけてしまって良いのでしょうか。

答えは、ノーです。予測を行う目的変数yは、1か月後のオーダー数です。目的変数yを考えた際、year_monthが2019年5月の場合、2019年5月にオーダー数が増えたということです。その場合、予測に使用できるのは2019年4月の実績です。つまり、目的変数と説明変数は1か月ずらしてあげる必要があるということです。これはノック58で作成したone_month_agoがそのまま使えます。目的変数yの列名変更や絞り込みを行った後に結合を行います。列名は、year_monthをtarget_year_monthに変更します。

```
y.rename(columns={'year_month':'target_year_month'},inplace=True)
y = y[['store_name','target_year_month', 'one_month_ago', 'y_weekday', 'y
_weekend']].copy()
ml_data = pd.merge(y, store_all, left_on=['store_name','one_month_ago'],
right_on=['store_name','year_month'], how='left')
ml_data.head()
```

▪図6-19：説明変数の結合

　これで、説明変数と目的変数を1か月ずらした形で紐づけが行えました。説明変数側の年月であるyear_monthを当月とし、one_month_agoは混乱するので消してしまいましょう。併せて、target_year_monthも必要ないので除いてしまいます。

```
del ml_data["target_year_month"]
del ml_data["one_month_ago"]
ml_data.head()
```

▪図6-20：不要な列の削除

ノック60：
機械学習用データの確認を行い出力しよう

　最後に、機械学習用のデータの最終確認を行います。欠損値がないことを確認することと、目的変数の1と0の数を把握しておくことです。それではやってみましょう。

　まずは、欠損値からです。

```
ml_data.isna().sum()
```

■図6-21：欠損値の確認

```
ノック60：機械学習用データの確認を行い出力しよう

In [20]:  ml_data.isna().sum()

Out[20]:  store_name        0
          y_weekday         0
          y_weekend         0
          order             0
          order_fin         0
          order_cancel      0
          order_delivery    0
          order_takeout     0
          order_weekday     0
          order_weekend     0
          order_time_11     0
          order_time_12     0
          order_time_13     0
          order_time_14     0
          order_time_15     0
          order_time_16     0
          order_time_17     0
          order_time_18     0
          order_time_19     0
          order_time_20     0
          order_time_21     0
          delta_avg         0
          year_month        0
          dtype: int64
```

　欠損値はないことが確認できました。今回のデータは、比較的綺麗なデータなので、もしここで欠損値が生じていたら、それは結合時のミスか、欠損値を落とすための**dropna**を書き忘れているのが原因だと思います。

　続いて、y_weekdayとy_weekendの0、1の数をそれぞれ表示します。

```
display(ml_data.groupby('y_weekday').count()[['store_name']])
```
```
display(ml_data.groupby('y_weekend').count()[['store_name']])
```

■図6-22：目的変数の数量確認

```
In [21]: display(ml_data.groupby('y_weekday').count()[['store_name']])
         display(ml_data.groupby('y_weekend').count()[['store_name']])
```

	store_name
y_weekday	
0.0	975
1.0	1170

	store_name
y_weekend	
0.0	1003
1.0	1142

　若干、偏りはありますが、極端に0/1が多いデータではないですね。ここの偏りが多すぎるとモデルに少し工夫が必要ですので、早めに確認が必要です。
　それでは、最後に出力しましょう。

```
ml_data.to_csv(os.path.join(output_dir, 'ml_base_data.csv'), index=False)
```

■図6-23：機械学習用データの出力

```
In [22]: ml_data.to_csv(os.path.join(output_dir, 'ml_base_data.csv'), index=False)
```

　これで、機械学習用データの作成は完了です。

　以上で、機械学習に向けたデータ加工に取り組んだ10本は終了となります。お疲れさまでした。実際には、説明変数として、過去1か月だけで良いのか、キャンセルのオーダー数等も平日/休日を分けて集計するべきではないか等、まだまだ検討する部分はあります。ここでは、例題としてかなり雑な説明変数を作成しましたが、実際のプロジェクトでは、様々な説明変数を作る必要があります。試行錯誤しながら、データに合った説明変数を見つけていくのが良いと思います。次章ではモデルの構築を実施していきます。

第7章
機械学習モデルを
構築する10本ノック

　第6章で、機械学習の設計からデータ加工までを実施しました。これで、ようやく機械学習モデルの構築に入るための下準備が整いました。

　しかしながら、本章でも最初の3本は、まだデータの準備が続きます。ノック64からは、いよいよモデル構築に入っていきます。モデル構築は、色々なアルゴリズムを用いて構築したり、今回のような平日/休日モデルなどの複数モデルを作成したりすることが多いです。本章でも複数のアルゴリズムやモデルを構築します。ただ、最初から複数モデルを作るのではなく、1つのモデルで評価などの基本的な機能を作った後に、複数モデルを一気に構築する流れです。何事も、まずはシンプルなところから始めて、徐々に複雑にしていきましょう。

ノック61：フォルダ生成をして機械学習用データを読み込もう

ノック62：カテゴリカル変数の対応をしよう

ノック63：学習データとテストデータを分割しよう

ノック64：1つのモデルを構築しよう

ノック65：評価を実施してみよう

ノック66：モデルの重要度を確認してみよう

ノック67：モデル構築から評価までを関数化しよう

ノック68：モデルファイルや評価結果を出力しよう

ノック69：アルゴリズムを拡張して多角的な評価を実施しよう

ノック70：平日/休日モデルを一度で回せるようにしよう

あなたの状況

　あなたは、機械学習を用いたプロジェクトをスタートしました。課題設定としては、ピザを提供するまでの時間を短くするための施策をサポートする情報を提供することです。そこで、今月の注文データから来月のオーダー数が増加するのか減少するのかを予測するモデルを作成することにしました。まずは、データ加工を終え、いよいよ機械学習モデルの構築に取り組むところです。

前提条件

　今回のデータは、第6章で注文データや各種マスタデータからデータ加工して作成した機械学習用データのml_base_data.csvのみです。

■表7-1：データ一覧

No.	ファイル名	概要
1	ml_base_data.csv	第6章で作成した機械学習用データ。

ノック61：
フォルダ生成をして機械学習用データを読み込もう

　前回と同様、どのようなフォルダ構成にしていくかを考えましょう。今回はデータが多くないので悩むことはありませんね。基本の構成である、インプットデータとデータ加工後のアウトプットデータのみでやっていきましょう。今回は、既にマスタデータが結合されているので、マスタフォルダは必要ありません。では、フォルダ作成を行いましょう。

```
import os
data_dir = 'data'
input_dir = os.path.join(data_dir, '0_input')
output_dir = os.path.join(data_dir, '1_output')
os.makedirs(input_dir,exist_ok=True)
```

```
os.makedirs(output_dir,exist_ok=True)
```

■図7-1：フォルダ作成

```
7章 機械学習モデルを構築する１０本ノック

ノック61：フォルダ生成をして機械学習用データを読み込もう

import os
data_dir = 'data'
input_dir = os.path.join(data_dir, '0_input')
output_dir = os.path.join(data_dir, '1_output')
os.makedirs(input_dir,exist_ok=True)
os.makedirs(output_dir,exist_ok=True)
```

　フォルダが作成できたのを確認したら、今回使うデータを配置しましょう。0_inputデータに、ml_base_data.csvを格納します。そのまま続いて、データの読み込みを行います。

```
import pandas as pd
ml_data_file = 'ml_base_data.csv'
ml_data = pd.read_csv(os.path.join(input_dir, ml_data_file))
ml_data.head(3)
```

■図7-2：機械学習用データの読み込み

	store_name	y_weekday	y_weekend	order	order_fin	order_cancel	order_delivery	order_takeout	order_weekday	order_weekend	...	order_time_14	order_time_15	order_time_16	order_time_17	order_time_18	or
0	あきる野店	1.0	0.0	1147	945	202	841	306	844	303	...	131	95	107	106	100	
1	さいたま新店	1.0	1.0	1504	1217	287	1105	399	1104	400	...	143	142	137	130	113	
2	さいた ま梅店	1.0	1.0	1028	847	181	756	272	756	272	...	85	102	82	93	93	

3 rows × 23 columns

　ここまでは、基本的なところなので、難しいことはありませんね。では、ここから、機械学習に投入する前の最後の加工に移っていきます。

ノック62：カテゴリカル変数の対応をしよう

　機械学習はあくまでも数値を扱うものです。そのため、store_nameのようなカテゴリー分けを表す**カテゴリカル変数**はどのように扱うべきなのでしょうか。

カテゴリカル変数は、ある特定のカテゴリーに属していたら1のフラグを立てる形式が一般的です。このようなデータの表現方法を**ワンホットエンコーディング**と言います。やってみるとイメージが湧くかと思います。

```
category_data = pd.get_dummies(ml_data['store_name'], prefix='store', prefix_sep='_', dtype=int)
display(category_data.head(3))
```

■図7-3：ワンホットエンコーディング

pandasの**get_dummies**を使えば簡単にワンホットエンコーディングができます。これで、カテゴリカル変数を数字として扱うことができます。では、元のデータに結合していくのですが、カテゴリカル変数は、1列消すことが一般的です。

今回は、「store_麻生店」列を削除しましょう。なぜ削除しても問題ないかというと、もしすべてのフラグが0だった場合、それは麻生店であることが情報として特定できるからです。そのため、今回のカテゴリカル変数のように、必ずどこかに属す場合は、1列除外するのが一般的なのです（**多重共線性**の防止）。

また、元のデータに結合する際に、ワンホットエンコーディングする前の変数であるstore_nameと数字に意味を持たないyear_monthを削除しましょう。year_monthもカテゴリカル変数なので、ワンホットエンコーディングして持たせても問題ありませんが、本書では除いておきます。

```
del category_data['store_麻生店']
del ml_data['year_month']
del ml_data['store_name']
ml_data = pd.concat([ml_data, category_data],axis=1)
ml_data.columns
```

▼図7-4：カテゴリカル変数の結合

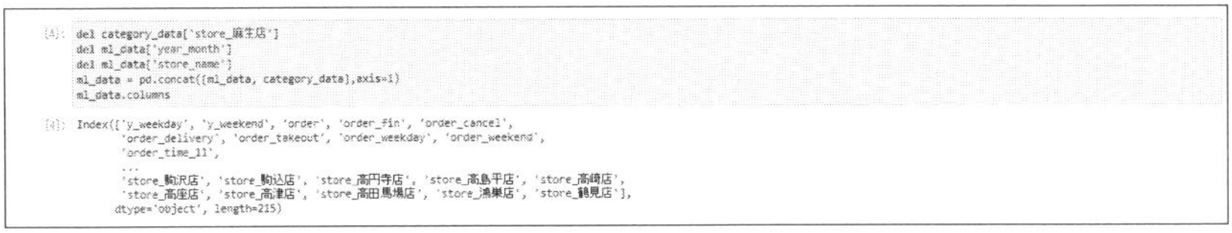

```
[3]: del category_data['store_麻生店']
     del ml_data['year_month']
     del ml_data['store_name']
     ml_data = pd.concat([ml_data, category_data],axis=1)
     ml_data.columns

[4]: Index(['y_weekday', 'y_weekend', 'order', 'order_fin', 'order_cancel',
            'order_delivery', 'order_takeout', 'order_weekday', 'order_weekends',
            'order_time_11',
            ...
            'store_駒沢店', 'store_駒込店', 'store_高円寺店', 'store_高島平店', 'store_高輪店',
            'store_高座店', 'store_高津店', 'store_高田馬場店', 'store_鴻巣店', 'store_鶴見店'],
           dtype='object', length=215)
```

　これで、カテゴリカル変数の対応は完了しました。これを第6章で行わなかったのは、ワンホットエンコーディングをしてしまうと、情報としてわかりにくく、他で使いたい場合に使いにくいデータになってしまうからです。そのため、機械学習に投入する直前で対応することが多いです。

ノック63：
学習データとテストデータを分割しよう

　まず、機械学習モデルを構築する前の最後の準備です。その準備は、学習データとテストデータに**分割**することです。機械学習とは、未知なデータに対応させるのが目的です。そのため、全データをモデル構築に使用してしまうと、そのモデルが未知なデータに対応できるかを評価できなくなってしまいます。未知なデータに対応できるモデルが汎用的な良いモデルと言われ、**汎化性能**が高いと表現されます。

　では、学習データとテストデータに分割してみましょう。学習データとテストデータの比率は、7：3にしておきましょう。この比率に正解はなく、試行錯誤をする要素の1つですが、75：25や7：3、8：2あたりがよく使われます。また、2分割だと、分け方によって精度に差が出てくる可能性があります。特に、サンプル数が少ない場合には顕著で、その場合、**交差検証**などの分割手法で正しく精度を検証するのが重要です。

　学習データとテストデータの分割は**scikit-learn**を使うと1行でできてしまいます。その際に、**乱数種**を固定させるのを忘れないようにしましょう。併せて、データ件数をそれぞれ確認します。今回は、weekdayモデルと、weekendモデルの2つがあるので、2つとも件数を出力してみましょう。

```
from sklearn.model_selection import train_test_split

train_data, test_data = train_test_split(ml_data, test_size=0.3, random_s
tate=0)

print(f'Train：{len(train_data)}件/ Test:{len(test_data)}')

print(f'Weekday Train0：{len(train_data.loc[train_data["y_weekday"]==0])}
件')

print(f'Weekday Train1：{len(train_data.loc[train_data["y_weekday"]==1])}
件')

print(f'Weekday Test0：{len(test_data.loc[test_data["y_weekday"]==0])}件')

print(f'Weekday Test1：{len(test_data.loc[test_data["y_weekday"]==1])}件')


print(f'Weekend Train0：{len(train_data.loc[train_data["y_weekend"]==0])}
件')

print(f'Weekend Train1：{len(train_data.loc[train_data["y_weekend"]==1])}
件')

print(f'Weekend Test0：{len(test_data.loc[test_data["y_weekend"]==0])}件')

print(f'Weekend Test1：{len(test_data.loc[test_data["y_weekend"]==1])}件')
```

■図7-5：学習データとテストデータの分割

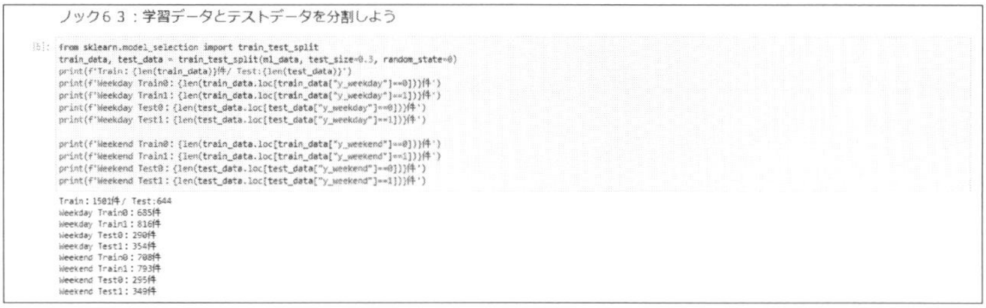

これで、学習データとテストデータが分割でき、機械学習のモデル構築に向けたデータ準備は全部終了です。次は、説明変数と目的変数に分けた後、モデル構築をやっていきましょう。

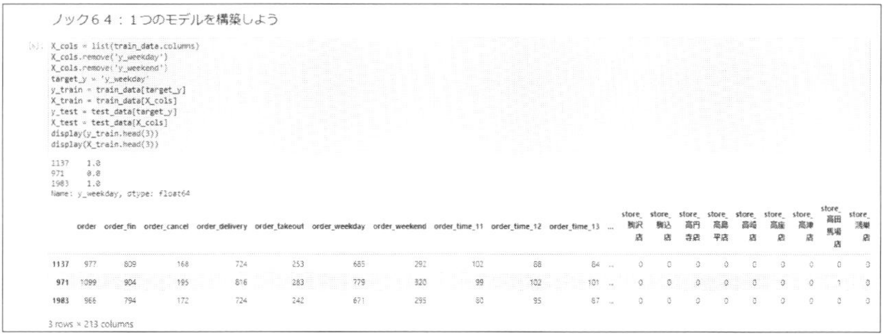

ノック64：
1つのモデルを構築しよう

では、目的変数をy_weekdayに設定し、Weekdayモデルを構築してみましょう。まずは、説明変数Xと、目的変数yの設定です。

```
X_cols = list(train_data.columns)
X_cols.remove('y_weekday')
X_cols.remove('y_weekend')
target_y = 'y_weekday'
y_train = train_data[target_y]
X_train = train_data[X_cols]
y_test = test_data[target_y]
X_test = test_data[X_cols]
display(y_train.head(3))
display(X_train.head(3))
```

■図7-6：説明変数、目的変数の作成

train_dataの列名を取得し、説明変数の変数として設定しました。その後、train_data、test_data、それぞれ、X、yを作成します。

続いて**モデル構築**を行っていきます。まずは、オーソドックスな**決定木**モデルを構築してみましょう。

```
from sklearn.tree import DecisionTreeClassifier
```

```
model = DecisionTreeClassifier(random_state=0)
model.fit(X_train, y_train)
```

◢図7-7：決定木モデルの構築

```
[7]: from sklearn.tree import DecisionTreeClassifier
     model = DecisionTreeClassifier(random_state=0)
     model.fit(X_train, y_train)

[7]: DecisionTreeClassifier(random_state=0)
```

　拍子抜けするほど簡単ですね。モデルを定義して、**fit**するだけでモデルが構築されます。モデルを定義する際に、乱数種があるモデルは固定するのを忘れないようにしましょう。

⚾🏏 **ノック65：
評価を実施してみよう**

　モデル構築ができたら、次は評価です。まずは、構築したモデルで、**予測**を行ってみましょう。

```
y_pred_train = model.predict(X_train)
y_pred_test = model.predict(X_test)
y_pred_test
```

◢図7-8：構築したモデルでの予測結果

```
       ノック65：評価を実施してみよう

[8]: y_pred_train = model.predict(X_train)
     y_pred_test = model.predict(X_test)
     y_pred_test

[8]: array([[0., 1., 1., 0., 1., 1., 1., 0., 1., 1., 1., 1., 1., 1., 0., 1.,
        1., 0., 1., 0., 0., 1., 1., 0., 1., 1., 1., 1., 1., 0., 0., 1.,
        1., 0., 1., 1., 1., 1., 1., 1., 0., 0., 1., 1., 1., 0., 0., 1.,
        0., 0., 1., 1., 1., 1., 0., 1., 1., 1., 0., 1., 0., 0., 1., 1.,
        1., 0., 1., 1., 1., 1., 1., 0., 1., 1., 1., 1., 1., 0., 0., 1.,
        1., 0., 1., 1., 1., 1., 1., 0., 1., 1., 1., 1., 0., 0., 1., 0.,
        0., 0., 0., 0., 1., 0., 0., 0., 0., 1., 1., 0., 1., 1., 1., 0.,
        1., 1., 0., 0., 0., 0., 1., 0., 0., 0., 1., 1., 1., 0., 1., 1.,
        0., 1., 0., 0., 1., 1., 1., 0., 1., 1., 1., 1., 1., 0., 0., 1.,
        0., 1., 1., 0., 1., 0., 1., 0., 1., 0., 1., 1., 1., 1., 1., 0.,
        1., 0., 1., 1., 1., 1., 1., 1., 1., 0., 1., 0., 1., 0., 0., 0.,
        1., 0., 1., 1., 0., 1., 0., 0., 1., 0., 0., 0., 1., 0., 1., 0.,
        0., 1., 1., 0., 0., 0., 1., 1., 0., 1., 1., 0., 1., 0., 0., 0.,
        0., 1., 0., 0., 1., 1., 1., 0., 1., 0., 1., 0., 0., 1., 0., 0.,
        0., 0., 0., 0., 1., 1., 1., 0., 1., 0., 0., 1., 0., 1., 0., 0.,
        1., 1., 1., 1., 1., 1., 1., 0., 1., 0., 0., 1., 0., 0., 1., 0.,
```

　予測も、model.predictだけで構築したモデルでの予測結果を取得できます。出力してみると、1もしくは0となっていますが、1はWeekdayのオーダー数が増加すると予測したわけです。

では、続いて数字で評価をしていきます。

評価の数字としてオーソドックスなのは、**正解率**、**F値**、**再現率**、**適合率**です。これらは**混同行列**を書くと理解しやすいです。混同行列は、**図7-9**のように、モデルが0/1を予測した、実際の分類が0/1の**4象限マトリックス**となります。予測されたデータは、必ずこのどこかに位置します。正解率は、全部の合計の内、正解しているTNとTPの合計となります。つまり、(TN+TP)/(TN+FP+FN+TP)ということです。再現率は、実際に1だった数の内、どの程度予測できていたかです。つまり、(TP)/(FN+TP)となります。適合率は、1と予測した件数のうち、どの程度予測できていたかです。つまり、(TP)/(FP+TP)となります。F値は、再現率と適合率の調和平均となります。

■図7-9：混同行列について

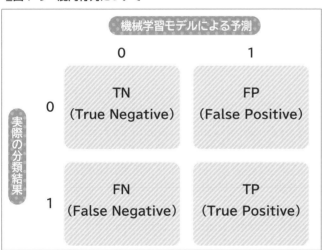

まずは、正解率、F値、再現率、適合率を計算してみましょう。

```
from sklearn.metrics import accuracy_score, f1_score, recall_score, preci
sion_score,confusion_matrix
acc_train = accuracy_score(y_train, y_pred_train)
acc_test = accuracy_score(y_test, y_pred_test)
f1_train = f1_score(y_train, y_pred_train)
f1_test = f1_score(y_test, y_pred_test)
```

```
recall_train = recall_score(y_train, y_pred_train)
```

```
recall_test = recall_score(y_test, y_pred_test)
```

```
precision_train = precision_score(y_train, y_pred_train)
```

```
precision_test = precision_score(y_test, y_pred_test)
```

```
print(f'【正解率】Train：{round(acc_train,2)} Test：{round(acc_test, 2)}')
```

```
print(f'【F値】Train：{round(f1_train,2)} Test：{round(f1_test, 2)}')
```

```
print(f'【再現率】Train：{round(recall_train,2)} Test：{round(recall_test, 2)}')
```

```
print(f'【適合率】Train：{round(precision_train,2)} Test：{round(precision_test, 2)}')
```

■図7-10：時間帯別オーダー数の集計

```
from sklearn.metrics import accuracy_score, f1_score, recall_score, precision_score,confusion_matrix
acc_train = accuracy_score(y_train, y_pred_train)
acc_test = accuracy_score(y_test, y_pred_test)
f1_train = f1_score(y_train, y_pred_train)
f1_test = f1_score(y_test, y_pred_test)
recall_train = recall_score(y_train, y_pred_train)
recall_test = recall_score(y_test, y_pred_test)
precision_train = precision_score(y_train, y_pred_train)
precision_test = precision_score(y_test, y_pred_test)
print(f'【正解率】Train：{round(acc_train,2)} Test：{round(acc_test, 2)}')
print(f'【F値】Train：{round(f1_train,2)} Test：{round(f1_test, 2)}')
print(f'【再現率】Train：{round(recall_train,2)} Test：{round(recall_test, 2)}')
print(f'【適合率】Train：{round(precision_train,2)} Test：{round(precision_test, 2)}')

【正解率】Train：1.0 Test：0.82
【F値】Train：1.0 Test：0.84
【再現率】Train：1.0 Test：0.82
【適合率】Train：1.0 Test：0.86
```

scikit-learnの**metrics**を使用すると簡単に算出できます。学習とテストデータの結果を出力すると、すべての指標において、学習が1.0、つまり100％の精度が出ていることになります。一方で、テストデータでは、80％台であることがわかります。これは、学習データに適合し過ぎている状態で、この状態を**過学習**と呼びます。これだと、未知のデータに対応できないモデルとなっています。過学習モデルより、学習データの精度が低くても、学習データとテストデータの精度の差が小さい方が良いモデルになります。

後で、他のアルゴリズムも試すので、このまま次にいきましょう。続いて、混同行列を出力してみます。

```
print(confusion_matrix(y_train, y_pred_train))
```

```
print(confusion_matrix(y_test, y_pred_test))
```

■図7-11：混同行列の表示

```
[14]: print(confusion_matrix(y_train, y_pred_train))
      print(confusion_matrix(y_test, y_pred_test))

      [[685   0]
       [  0 816]]
      [[241  49]
       [ 64 290]]
```

こちらも、scikit-learnのmetricsを使用して簡単に出力できます。やはり、学習データでは、FPやFNが0となっており、全部正解しており、過学習であることを再確認できました。混同行列も重要な指標になるので、TN、FP、FN、TPを取り出せる形にしておきましょう。

```
tn_train, fp_train, fn_train, tp_train = confusion_matrix(y_train, y_pred
_train).ravel()
tn_test, fp_test, fn_test, tp_test = confusion_matrix(y_test, y_pred_test
).ravel()
print(f'【混同行列】Train:{tn_train}, {fp_train}, {fn_train}, {tp_train}')
print(f'【混同行列】Test:{tn_test}, {fp_test}, {fn_test}, {tp_test}')
```

■図7-12：混同行列データの格納

```
[15]: tn_train, fp_train, fn_train, tp_train = confusion_matrix(y_train, y_pred_train).ravel()
      tn_test, fp_test, fn_test, tp_test = confusion_matrix(y_test, y_pred_test).ravel()
      print(f'【混同行列】Train: {tn_train}, {fp_train}, {fn_train}, {tp_train}')
      print(f'【混同行列】Test: {tn_test}, {fp_test}, {fn_test}, {tp_test}')

      【混同行列】Train: 685, 0, 0, 816
      【混同行列】Test: 241, 49, 64, 290
```

では、最後に、これまで算出した精度指標をすべて、データフレームにしておきましょう。

```
score_train = pd.DataFrame({'DataCategory':['train'],'acc':[acc_train],'f
1':[f1_train], 'recall':[recall_train],'precision':[precision_train], 'tp
':[tp_train],'fn':[fn_train],'fp':[fp_train],'tn':[tn_train]})
score_test = pd.DataFrame({'DataCategory':['test'], 'acc':[acc_test],'f1'
:[f1_test], 'recall':[recall_test],'precision':[precision_test], 'tp':[t
p_test],'fn':[fn_test],'fp':[fp_test],'tn':[tn_test]})
score = pd.concat([score_train,score_test], ignore_index=True)
score
```

■図7-13：精度指標のデータ化

```
In [20]: score_train = pd.DataFrame({'DataCategory':['train'],'acc':[acc_train],'f1':[f1_train],
                                     'recall':[recall_train],'precision':[precision_train],
                                     'tp':[tp_train],'fn':[fn_train],'fp':[fp_train],'tn':[tn_train]})
         score_test = pd.DataFrame({'DataCategory':['test'], 'acc':[acc_test],'f1':[f1_test],
                                    'recall':[recall_test],'precision':[precision_test],
                                    'tp':[tp_test],'fn':[fn_test],'fp':[fp_test],'tn':[tn_test]})
         score = pd.concat([score_train,score_test], ignore_index=True)
         score
```

Out[20]:

	DataCategory	acc	f1	recall	precision	tp	fn	fp	tn
0	train	1.000000	1.000000	1.000000	1.000000	816	0	0	685
1	test	0.824534	0.836941	0.819209	0.855457	290	64	49	241

　これで、評価部分も作成できました。続いて、構築したモデルが、どの変数が重要だと捉えているのかを見てみましょう。

ノック66：
モデルの重要度を確認してみよう

　決定木等の**木系アルゴリズム**は、**feature_importances**を使うと、構築したモデルに寄与している変数が取得できます。データフレームに格納し、**重要度**の高い順に並べて上位10件を表示してみましょう。

```
importance = pd.DataFrame({'cols':X_train.columns, 'importance':model.fea
ture_importances_})
```
```
importance = importance.sort_values('importance', ascending=False)
```
```
importance.head(10)
```

■図7-14：モデルの重要度

```
ノック66：モデルの重要度を確認してみよう
importance = pd.DataFrame({'cols':X_train.columns, 'importance':model.feature_importances_})
importance = importance.sort_values('importance', ascending=False)
importance.head(10)
```

	cols	importance
5	order_weekday	0.389241
6	order_weekend	0.346013
18	delta_avg	0.027430
2	order_cancel	0.026931

　上位には、平日/休日の前月のオーダー数関連に加えて、delta_avgも寄与しています。これは、仮説通り、ピザを提供するまでの時間が、オーダー数の増減に寄与していることを示しています。
　ここまでで、モデル構築やモデル構築する際に必要な評価等の機能は一通り作成することがきました。大分、イメージがついてきたのではないでしょうか。

✒ ノック67：
モデル構築から評価までを関数化しよう

　それでは、ここからは、アルゴリズムやモデルを複数構築できる仕組み作りを進めていきます。まずは、これまでと同様に、モデル構築から評価までを関数化してしまいましょう。その際に、modelは、引数として渡すようにしましょう。そうすることで、モデルの定義を関数の外でやることができるので、拡張性が高くなります。また、1点だけ追加が必要なのは、機械学習モデルに投入する直前の説明変数の列名です。これを作成しておくことで、構築したモデルで新規データを予測する時に、列名を正確に指定できます。では、これまでのノックを参考に、関数化しましょう。

```
def make_model_and_eval(model, X_train, X_test, y_train, y_test):
    model.fit(X_train, y_train)
    y_pred_train = model.predict(X_train)
    y_pred_test = model.predict(X_test)

    acc_train = accuracy_score(y_train, y_pred_train)
    acc_test = accuracy_score(y_test, y_pred_test)
    f1_train = f1_score(y_train, y_pred_train)
    f1_test = f1_score(y_test, y_pred_test)
    recall_train = recall_score(y_train, y_pred_train)
    recall_test = recall_score(y_test, y_pred_test)
    precision_train = precision_score(y_train, y_pred_train)
    precision_test = precision_score(y_test, y_pred_test)
    tn_train, fp_train, fn_train, tp_train = confusion_matrix(y_train, y_
pred_train).ravel()
    tn_test, fp_test, fn_test, tp_test = confusion_matrix(y_test, y_pred_
test).ravel()
    score_train = pd.DataFrame({'DataCategory':['train'],'acc':[acc_train
],'f1':[f1_train], 'recall':[recall_train],'precision':[precision_train],
'tp':[tp_train],'fn':[fn_train],'fp':[fp_train],'tn':[tn_train]})
    score_test = pd.DataFrame({'DataCategory':['test'], 'acc':[acc_test],
'f1':[f1_test], 'recall':[recall_test],'precision':[precision_test], 'tp'
:[tp_test],'fn':[fn_test],'fp':[fp_test],'tn':[tn_test]})
    score = pd.concat([score_train,score_test], ignore_index=True)
    importance = pd.DataFrame({'cols':X_train.columns, 'importance':model
.feature_importances_})
```

```
importance = importance.sort_values('importance', ascending=False)
cols = pd.DataFrame({'X_cols':X_train.columns})
display(score)
return score, importance, model, cols
```

■図7-15：モデル構築から評価までの関数

```
ノック67：モデル構築から評価までを関数化しよう

[20]: def make_model_and_eval(model, X_train, X_test, y_train, y_test):
          model.fit(X_train, y_train)
          y_pred_train = model.predict(X_train)
          y_pred_test = model.predict(X_test)

          acc_train = accuracy_score(y_train, y_pred_train)
          acc_test = accuracy_score(y_test, y_pred_test)
          f1_train = f1_score(y_train, y_pred_train)
          f1_test = f1_score(y_test, y_pred_test)
          recall_train = recall_score(y_train, y_pred_train)
          recall_test = recall_score(y_test, y_pred_test)
          precision_train = precision_score(y_train, y_pred_train)
          precision_test = precision_score(y_test, y_pred_test)
          tn_train, fp_train, fn_train, tp_train = confusion_matrix(y_train, y_pred_train).ravel()
          tn_test, fp_test, fn_test, tp_test = confusion_matrix(y_test, y_pred_test).ravel()
          score_train = pd.DataFrame({'DataCategory':['train'],'acc':[acc_train],'f1':[f1_train],
                                      'recall':[recall_train],'precision':[precision_train],
                                      'tp':[tp_train],'fn':[fn_train],'fp':[fp_train],'tn':[tn_train]})
          score_test = pd.DataFrame({'DataCategory':['test'], 'acc':[acc_test],'f1':[f1_test],
                                     'recall':[recall_test],'precision':[precision_test],
                                     'tp':[tp_test],'fn':[fn_test],'fp':[fp_test],'tn':[tn_test]})
          score = pd.concat([score_train,score_test], ignore_index=True)
          importance = pd.DataFrame({'cols':X_train.columns, 'importance':model.feature_importances_})
          importance = importance.sort_values('importance', ascending=False)
          cols = pd.DataFrame({'X_cols':X_train.columns})
          display(score)
          return score, importance, model, cols
```

　基本的には、これまでのノックの組み合わせになりますが、下から3行目の
colsの部分は違います。X_trainをモデルに投入しているので、その列名を取得
しています。
　では、先ほどと同じデータ、同じ決定木モデルを渡して、まったく同じ結果に
なるか確認しましょう。

```
model = DecisionTreeClassifier(random_state=0)
score, importance, model, cols = make_model_and_eval(model, X_train, X_te
st, y_train, y_test)
```

■図7-16：関数を使用した決定木モデルの構築および評価

```
In [24]: model = DecisionTreeClassifier(random_state=0)
         score, importance, model, cols = make_model_and_eval(model, X_train, X_test, y_train, y_test)
```

	DataCategory	acc	f1	recall	precision	tp	fn	fp	tn
0	train	1.000000	1.000000	1.000000	1.000000	816	0	0	685
1	test	0.824534	0.836941	0.819209	0.855457	290	64	49	241

ノック65の結果と全く同じになっていることが確認できましたので、関数は正確に動作していることがわかりました。では、次ノックでこれらの評価結果や構築したモデルを出力しましょう。

⚾ ノック68：
モデルファイルや評価結果を出力しよう

モデル構築は、試行錯誤が多いため、何度も評価結果やモデルファイルを出力することが多いです。そのため、上書きしてしまわないような工夫が必要です。ここでは、現在時刻を取得し、フォルダ名に加えることで上書きされてしまうのを防ぎましょう。

```python
import datetime
now = datetime.datetime.now().strftime("%Y%m%d%H%M%S")
target_output_dir_name = 'results_' + now
target_output_dir = os.path.join(output_dir, target_output_dir_name)
os.makedirs(target_output_dir, exist_ok=True)
print(target_output_dir)
```

■図7-17：出力フォルダの作成

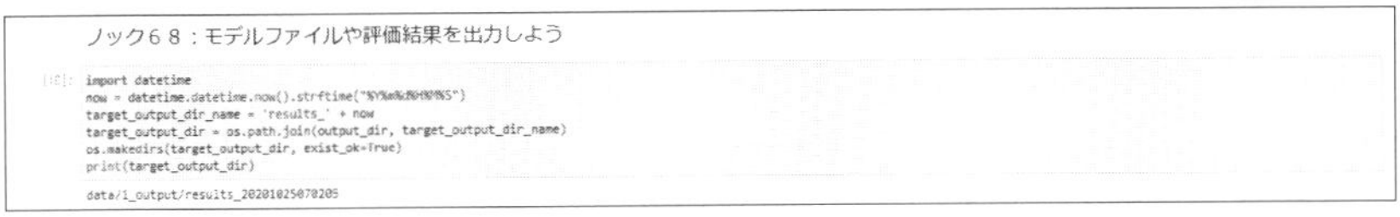

```
ノック68：モデルファイルや評価結果を出力しよう

import datetime
now = datetime.datetime.now().strftime("%Y%m%d%H%M%S")
target_output_dir_name = 'results_' + now
target_output_dir = os.path.join(output_dir, target_output_dir_name)
os.makedirs(target_output_dir, exist_ok=True)
print(target_output_dir)

data/1_output/results_20201025070205
```

次に、評価結果とモデルファイルの出力です。評価結果は、これまで通り、csv等のファイルにしておけば問題ないでしょう。モデルファイルは、**pickle**を使って保存を行うことで、新規予測時にロードして使用することができます。ではやってみましょう。

```python
score_name = 'score.csv'
importance_name = 'importance.csv'
cols_name = 'X_cols.csv'
model_nema = 'model.pickle'
```

```
score_path = os.path.join(target_output_dir, score_name)
importance_path = os.path.join(target_output_dir, importance_name)
cols_path = os.path.join(target_output_dir, cols_name)
model_path = os.path.join(target_output_dir, model_nema)


score.to_csv(score_path, index=False)
importance.to_csv(importance_path, index=False)
cols.to_csv(cols_path, index=False)
import pickle
with open(model_path, mode='wb') as f:
    pickle.dump(model, f, protocol=2)
```

■図7-18：評価結果とモデルファイルの出力

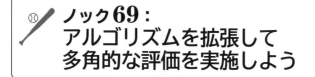

　score、importance、colsの3つをcsvで保存しています。また、**pickle.dump**
を用いて、モデルファイルを保存しています。

ノック69：
アルゴリズムを拡張して
多角的な評価を実施しよう

　ここまでで、出力機構も作成できました。次は、複数のアルゴリズムを一度で
回せるように工夫していきましょう。アルゴリズムを1つしか使わないことは非
常に稀で、基本的には複数のアルゴリズムを試して、評価により最適なアルゴリ
ズムを選定していきます。

　本書では、木系アルゴリズムである**ランダムフォレスト**と**勾配ブースティング**
（**Gradient Boosting**）を使用します。細かい説明は省きますが、どちらも**アン
サンブル学習**と言われるもので、決定木を複数作成し、その結果を上手く組み合

わせてモデル化するアルゴリズムです。これまでのノックでやってきた一般的な
決定木よりは精度が高くなることが多いです。これらのアルゴリズムは、dict型
で定義し、for文で対応していきます。そのため、model_name等を列として追
加するのを忘れないようにしましょう。これまでやったことを思い出しながら、
組み合わせていきましょう。

```python
from sklearn.ensemble import RandomForestClassifier, GradientBoostingClas
sifier
```

```python
models = {'tree': DecisionTreeClassifier(random_state=0), 'RandomForest':
RandomForestClassifier(random_state=0), 'GradientBoostingClassifier':Grad
ientBoostingClassifier(random_state=0)}
```

```python
now = datetime.datetime.now().strftime("%Y%m%d%H%M%S")
target_output_dir_name = 'results_' + now
target_output_dir = os.path.join(output_dir, target_output_dir_name)
os.makedirs(target_output_dir, exist_ok=True)
print(target_output_dir)
```

```python
score_all = []
importance_all = []
for model_name, model in models.items():
    print(model_name)
    score, importance, model, cols = make_model_and_eval(model, X_train,
X_test, y_train, y_test)
    score['model_name'] = model_name
    importance['model_name'] = model_name

    model_nema = f'model_{model_name}.pickle'
    model_path = os.path.join(target_output_dir, model_nema)
    with open(model_path, mode='wb') as f:
        pickle.dump(model, f, protocol=2)
    score_all.append(score)
    importance_all.append(importance)
score_all = pd.concat(score_all, ignore_index=True)
importance_all = pd.concat(importance_all, ignore_index=True)
cols = pd.DataFrame({'X_cols':X_train.columns})
```

```
score_name = 'score.csv'
importance_name = 'importance.csv'
cols_name = 'X_cols.csv'
score_path = os.path.join(target_output_dir, score_name)
importance_path = os.path.join(target_output_dir, importance_name)
cols_path = os.path.join(target_output_dir, cols_name)
score_all.to_csv(score_path, index=False)
importance_all.to_csv(importance_path, index=False)
cols.to_csv(cols_path, index=False)
```

■図7-19：複数アルゴリズムでのモデル構築

```
ノック69：アルゴリズムを拡張して多角的な評価を実施しよう

[18]: from sklearn.ensemble import RandomForestClassifier, GradientBoostingClassifier

      models = {'tree': DecisionTreeClassifier(random_state=0),
                'RandomForest':RandomForestClassifier(random_state=0),
                'GradientBoostingClassifier':GradientBoostingClassifier(random_state=0)}

      now = datetime.datetime.now().strftime("%Y%m%d%H%M%S")
      target_output_dir_name = 'results_' + now
      target_output_dir = os.path.join(output_dir, target_output_dir_name)
      os.makedirs(target_output_dir, exist_ok=True)
      print(target_output_dir)

      score_all = []
      importance_all = []
      for model_name, model in models.items():
          print(model_name)
          score, importance, model, cols = make_model_and_eval(model, X_train, X_test, y_train, y_test)
          score['model_name'] = model_name
          importance['model_name'] = model_name

          model_nema = f'model_{model_name}.pickle'
          model_path = os.path.join(target_output_dir, model_nema)
          with open(model_path, mode='wb') as f:
              pickle.dump(model, f, protocol=2)
          score_all.append(score)
          importance_all.append(importance)
      score_all = pd.concat(score_all, ignore_index=True)
      importance_all = pd.concat(importance_all, ignore_index=True)
      cols = pd.DataFrame({'X_cols':X_train.columns})

      score_name = 'score.csv'
      importance_name = 'importance.csv'
      cols_name = 'X_cols.csv'
      score_path = os.path.join(target_output_dir, score_name)
      importance_path = os.path.join(target_output_dir, importance_name)
      cols_path = os.path.join(target_output_dir, cols_name)
      score_all.to_csv(score_path, index=False)
      importance_all.to_csv(importance_path, index=False)
      cols.to_csv(cols_path, index=False)
```

　処理は、モデルの定義、フォルダの作成、モデル構築、評価を行い出力という
シンプルな流れで、コードが長いように見えますが、あまり難しく感じないので
はないでしょうか。scoreやimportanceは、model_name列を追加し、ユニ
オンしてもデータが混ざらないようにしています。**図7-20**は**図7-19**の続きで
すが、モデルの精度にフォーカスして一覧で表示しています。

■図7-20：複数モデルでの評価結果

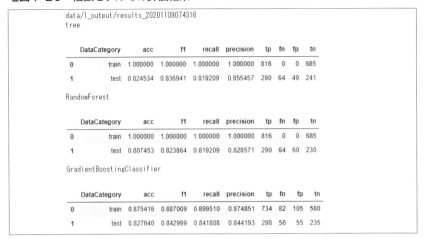

```
data/1_output/results_20201109074316
tree

    DataCategory      acc        f1     recall  precision   tp  fn   fp   tn
0          train  1.000000  1.000000  1.000000   1.000000  816   0    0  685
1           test  0.824534  0.836941  0.819209   0.855457  290  64   49  241

RandomForest

    DataCategory      acc        f1     recall  precision   tp  fn   fp   tn
0          train  1.000000  1.000000  1.000000   1.000000  816   0    0  685
1           test  0.807453  0.823864  0.819209   0.828571  290  64   60  230

GradientBoostingClassifier

    DataCategory      acc        f1     recall  precision   tp  fn   fp   tn
0          train  0.875416  0.887009  0.899510   0.874851  734  82  105  580
1           test  0.827640  0.842999  0.841808   0.844193  298  56   55  235
```

　この結果を見ると、決定木もランダムフォレストも過学習です。それとは対照的に、勾配ブースティングは、過学習が大きく緩和されており、最も有効なモデルだと考えられます。

　本来であれば、決定木もmax_depthを調整するなどすると過学習がなくなり精度の向上もあり得ますので、さらに多角的な視点を意識すると良いでしょう。

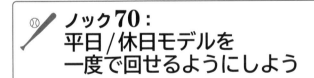

ノック70： 平日/休日モデルを 一度で回せるようにしよう

　最後に、平日/休日モデルを構築します。**ノック69**と同じようなことを意識すれば問題ありません。それは、データをユニオンする際にデータが混じらないようにすることです。さっそく、やってみましょう。

```
X_cols = list(train_data.columns)
X_cols.remove('y_weekday')
X_cols.remove('y_weekend')
targets_y = ['y_weekday', 'y_weekend']
```

```
now = datetime.datetime.now().strftime("%Y%m%d%H%M%S")
target_output_dir_name = 'results_' + now
target_output_dir = os.path.join(output_dir, target_output_dir_name)
os.makedirs(target_output_dir,exist_ok=True)
print(target_output_dir)


score_all = []
importance_all = []


for target_y in targets_y:
    y_train = train_data[target_y]
    X_train = train_data[X_cols]
    y_test = test_data[target_y]
    X_test = test_data[X_cols]


    models = {'tree': DecisionTreeClassifier(random_state=0), 'RandomFore
st':RandomForestClassifier(random_state=0), 'GradientBoosting':GradientBo
ostingClassifier(random_state=0)}


    for model_name, model in models.items():
        print(model_name)
        score, importance, model, cols = make_model_and_eval(model, X_tra
in, X_test, y_train, y_test)
        score['model_name'] = model_name
        importance['model_name'] = model_name
        score['model_target'] = target_y
        importance['model_target'] = target_y


        model_nema = f'model_{target_y}_{model_name}.pickle'
        model_path = os.path.join(target_output_dir, model_nema)
        with open(model_path, mode='wb') as f:
            pickle.dump(model, f, protocol=2)
        score_all.append(score)
        importance_all.append(importance)


score_all = pd.concat(score_all, ignore_index=True)
```

```
importance_all = pd.concat(importance_all, ignore_index=True)
cols = pd.DataFrame({'X_cols':X_train.columns})


score_name = 'score.csv'
importance_name = 'importance.csv'
cols_name = 'X_cols.csv'
score_path = os.path.join(target_output_dir, score_name)
importance_path = os.path.join(target_output_dir, importance_name)
cols_path = os.path.join(target_output_dir, cols_name)
score_all.to_csv(score_path, index=False)
importance_all.to_csv(importance_path, index=False)
cols.to_csv(cols_path, index=False)
```

■図7-21：平日/休日モデルの構築

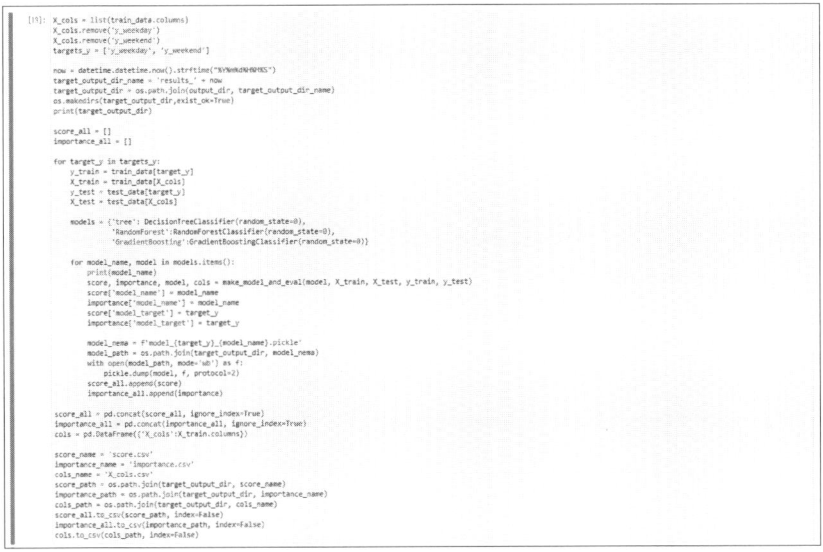

ノック69と同じ流れとなっています。では、これらのモデル評価を行っていきましょう。先ほどと同様に、勾配ブースティングが最も良い精度となるのでしょうか。

　次のコードを、1つのセルに書き込んで、順番に実行してみましょう。

```
score_all.loc[score_all['model_target']=='y_weekday']
```

```
score_all.loc[score_all['model_target']=='y_weekend']
```

■図7-22：平日/休日モデルの評価

```
[20]: score_all.loc[score_all['model_target']=='y_weekday']
```

	DataCategory	acc	f1	recall	precision	tp	fn	fp	tn	model_name	model_target
0	train	1.000000	1.000000	1.000000	1.000000	816	0	0	685	tree	y_weekday
1	test	0.824534	0.836941	0.819209	0.855457	290	64	49	241	tree	y_weekday
2	train	1.000000	1.000000	1.000000	1.000000	816	0	0	685	RandomForest	y_weekday
3	test	0.807453	0.823864	0.819209	0.828571	290	64	60	230	RandomForest	y_weekday
4	train	0.875416	0.887009	0.899510	0.874851	734	82	105	580	GradientBoosting	y_weekday
5	test	0.827640	0.842999	0.841808	0.844193	298	56	55	235	GradientBoosting	y_weekday

```
[21]: score_all.loc[score_all['model_target']=='y_weekend']
```

	DataCategory	acc	f1	recall	precision	tp	fn	fp	tn	model_name	model_target
6	train	1.000000	1.000000	1.000000	1.000000	793	0	0	708	tree	y_weekend
7	test	0.718944	0.738061	0.730659	0.745614	255	94	87	208	tree	y_weekend
8	train	1.000000	1.000000	1.000000	1.000000	793	0	0	708	RandomForest	y_weekend
9	test	0.793478	0.804699	0.785100	0.825301	274	75	58	237	RandomForest	y_weekend
10	train	0.854763	0.855629	0.814628	0.900976	646	147	71	637	GradientBoosting	y_weekend
11	test	0.809006	0.815592	0.779370	0.855346	272	77	46	249	GradientBoosting	y_weekend

やはり、weekday、weekendモデルどちらにおいても勾配ブースティングが高いことがわかります。ここまでくると、このデータの場合は勾配ブースティングを採用して良さそうです。

では、次に、勾配ブースティングモデルの重要度の高い変数は何でしょうか。weekdayだけ調べてみましょう。

```
importance_all.loc[(importance_all['model_target']=='y_weekday')&
        (importance_all['model_name']=='GradientBoosting')].head(10)
```

■図7-23：重要度の高い変数の出力

```
[22]: importance_all.loc[(importance_all['model_target']=='y_weekday')&
                         (importance_all['model_name']=='GradientBoosting')].head(10)
```

	cols	importance	model_name	model_target
426	order_weekend	0.483784	GradientBoosting	y_weekday
427	order_weekday	0.356735	GradientBoosting	y_weekday
428	order	0.024794	GradientBoosting	y_weekday
429	delta_avg	0.014379	GradientBoosting	y_weekday
430	order_cancel	0.011422	GradientBoosting	y_weekday
431	order_time_21	0.009972	GradientBoosting	y_weekday
432	order_time_14	0.009645	GradientBoosting	y_weekday
433	order_fin	0.008191	GradientBoosting	y_weekday
434	order_takeout	0.009098	GradientBoosting	y_weekday
435	order_time_12	0.008685	GradientBoosting	y_weekday

　勾配ブースティングでも決定木の時と同様、平日/休日の前月のオーダー数関連に加えて、delta_avgが寄与していることがわかります。

　これで、機械学習モデルの構築評価は終了です。1つのモデルから始まり、一通りの機能を作成したあと、徐々にアルゴリズムや複数モデルの拡張を行ってきました。何事も最初はシンプルなところから始めるというイメージが湧いたのではないでしょうか。次章では、新規データの予測を行います。

第8章
構築した機械学習モデルで新規
データを予測する10本ノック

　第6章では、機械学習に向けたデータ加工、第7章では、機械学習モデルの構築を実施しました。本章では、新規データ予測の仕組を作成します。これまでの苦労は、全部新規データを予測するためにあったのです。

　ここでは、注文データが更新されることを想定して仕組を作成します。まずは、これまで用いてきた2019年度のデータを使用し、新規データ予測を行いましょう。

　新規データで予測を行う場合、注文データの加工から始まります。データ加工が完了したら、モデルによる予測を行い、現場へのレポーティングまでがゴールです。長い100本ノックも終盤に差し掛かって来ています。今までやってきたことを思い出しながら進めていきましょう。

ノック71：フォルダ生成をしてデータ読み込みの準備をしよう

ノック72：予測したい新規データを読み込もう

ノック73：新規データを店舗別で集計しよう

ノック74：新規データのカテゴリカル変数対応をしよう

ノック75：モデルに投入する直前の形式に整えよう

ノック76：モデルファイルを読み込んでみよう

ノック77：新規データの予測をしてみよう

ノック78：予測結果のヒートマップを作成してみよう

ノック79：実績データを作成しよう

ノック80：現場に向けたレポートを作成し出力しよう

あなたの状況

機械学習のモデル構築が完了し、次はいよいよ新規データ予測になります。まずは、新規データ予測の流れを作り切るために、2020年3月の注文データを新規データに見立てて新規データ予測を行います。

前提条件

今回使用するデータは、第6章の注文データや各種マスタデータ、第7章で作成したモデルファイルになります。

■表8-1：データ一覧

No.	ファイル名	概要
1	m_area.csv	地域マスタ。都道府県情報等。
2	m_store.csv	店舗マスタ。店舗名等。
3	tbl_order_202003.csv	注文データ。本章では新規データとして利用。
4-1	model_y_weekday_GradientBoosting.pickle	第7章で作成したモデルファイル。平日予測用モデル。
4-2	model_y_weekend_GradientBoosting.pickle	第7章で作成したモデルファイル。休日予測用モデル。
5	X_cols.csv	第7章で作成したモデルの説明変数名一覧。

⚾ ノック71： フォルダ生成をして データ読み込みの準備をしよう

初めに考えることはなんでしょうか。まずは、どのようなフォルダ構成にするかですね。今回は、インプットデータとデータ加工後のアウトプットデータは必要です。また、第7章とは違い、マスタデータを加工で使用するのでマスタフォルダが必要です。さらに、今回は、第7章で作成したモデルファイル等を格納するモデルフォルダが必要です。モデルフォルダは、データフォルダやソースファ

イル（.ipynbファイル）と同じ階層にしましょう。では、さっそく、作成してみます。

```
import os
data_dir = 'data'
input_dir = os.path.join(data_dir, '0_input')
output_dir = os.path.join(data_dir, '1_output')
master_dir = os.path.join(data_dir, '99_master')
model_dir = 'models'
os.makedirs(input_dir,exist_ok=True)
os.makedirs(output_dir,exist_ok=True)
os.makedirs(master_dir,exist_ok=True)
os.makedirs(model_dir,exist_ok=True)
```

■図8-1：フォルダ作成

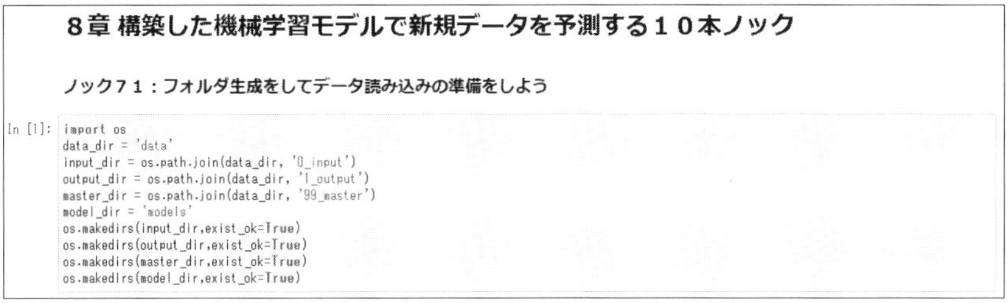

フォルダが作成できたのを確認したら、今回使うデータを配置しましょう。配置するフォルダが多いので、確認しながら間違えないように配置しましょう。0_inputデータに、tbl_order_202003.csvを格納します。99_masterには、m_area.csv、m_store.csvデータを格納していきます。さらに、モデルファイルであるmodel_y_weekday_GradientBoosting.pickle、model_y_weekend_GradientBoosting.pickleと、列名ファイルであるX_cols.csvをmodelsフォルダに格納します。

これで、準備が整いました。さっそく、データの読み込みを行っていきましょう。

> ⚾🏏 **ノック72：**
> **予測したい新規データを読み込もう**

　では、データの読み込みを始めていきます。まずは、マスタデータの読み込みからいきましょう。何度もやっているので、問題なくできるかと思います。

```
import pandas as pd
m_area_file = 'm_area.csv'
m_store_file = 'm_store.csv'
m_area = pd.read_csv(os.path.join(master_dir, m_area_file))
m_store = pd.read_csv(os.path.join(master_dir, m_store_file))
```

■図8-2：マスタデータの読み込み

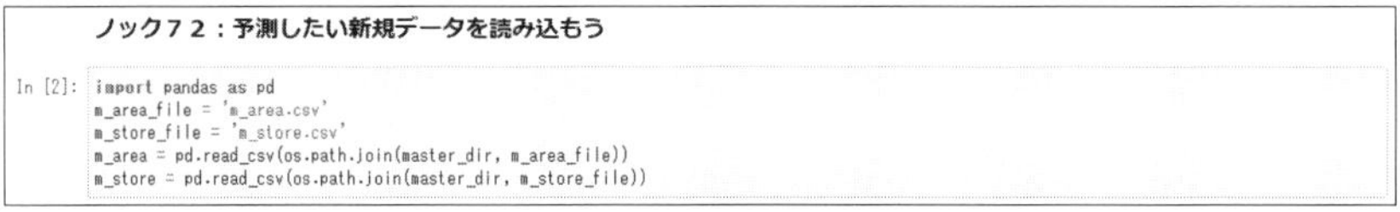

```
ノック72：予測したい新規データを読み込もう

In [2]: import pandas as pd
        m_area_file = 'm_area.csv'
        m_store_file = 'm_store.csv'
        m_area = pd.read_csv(os.path.join(master_dir, m_area_file))
        m_store = pd.read_csv(os.path.join(master_dir, m_store_file))
```

　どんどんいきましょう。次に、対象とする新規データの読み込みとなります。これは、簡易的な**データチェック機構**を入れておきましょう。第5章を読み返しながら作成してみてください。

```
tg_ym = "202003"
target_file = "tbl_order_" + tg_ym + ".csv"
target_data = pd.read_csv(os.path.join(input_dir, target_file))


import datetime
max_date = pd.to_datetime(target_data["order_accept_date"]).max()
min_date = pd.to_datetime(target_data["order_accept_date"]).min()
max_str_date = max_date.strftime("%Y%m")
min_str_date = min_date.strftime("%Y%m")
if tg_ym == min_str_date and tg_ym == max_str_date:
    print("日付が一致しました")
else:
    raise Exception("日付が一致しません")
```

■図8-3：データチェック機構を用いた新規データの読み込み

```
In [3]: tg_ym = "202003"
        target_file = "tbl_order_" + tg_ym + ".csv"
        target_data = pd.read_csv(os.path.join(input_dir, target_file))

        import datetime
        max_date = pd.to_datetime(target_data["order_accept_date"]).max()
        min_date = pd.to_datetime(target_data["order_accept_date"]).min()
        max_str_date = max_date.strftime("%Y%m")
        min_str_date = min_date.strftime("%Y%m")
        if tg_ym == min_str_date and tg_ym == max_str_date:
            print("日付が一致しました")
        else:
            raise Exception("日付が一致しません")

        日付が一致しました
```

これで、一通り必要なデータの読み込みが完了しました。モデルファイルや、X_cols.csvは、予測を行う際に読み込みましょう。

ノック73：
新規データを店舗別で集計しよう

次は、データ加工です。機械学習で予測するためには、モデル構築時の説明変数Xのデータに加工する必要があります。第6章で、大きく、店舗別の集計を行う加工と、目的変数を作成し紐づけを行う加工の2つを行いましたが、新規データは未知なデータのため、目的変数の作成や紐づけは不要です。まずは、店舗別集計を行いましょう。ここは、第6章の関数を持ってきます。

```
def calc_delta(t):
    t1, t2 = t
    delta = t2 - t1
    return delta.total_seconds()/60


def data_processing(order_data):
    order_data = order_data.loc[order_data['store_id'] != 999]
    order_data = pd.merge(order_data, m_store, on='store_id', how='left')
    order_data = pd.merge(order_data, m_area, on='area_cd', how='left')
    order_data.loc[order_data['takeout_flag'] == 0, 'takeout_name'] = 'デリバリー'
    order_data.loc[order_data['takeout_flag'] == 1, 'takeout_name'] = 'お持ち帰り'
    order_data.loc[order_data['status'] == 0, 'status_name'] = '受付'
```

```
order_data.loc[order_data['status'] == 1, 'status_name'] = 'お支払済'

order_data.loc[order_data['status'] == 2, 'status_name'] = 'お渡し済'

order_data.loc[order_data['status'] == 9, 'status_name'] = 'キャンセル'


order_data.loc[:,'order_accept_datetime'] = pd.to_datetime(order_data
['order_accept_date'])

order_data.loc[:,'delivered_datetime'] = pd.to_datetime(order_data['d
elivered_date'])

order_data.loc[:,'delta'] = order_data[['order_accept_datetime', 'del
ivered_datetime']].apply(calc_delta, axis=1)

order_data.loc[:,'order_accept_hour'] = order_data['order_accept_date
time'].dt.hour

order_data.loc[:,'order_accept_weekday'] = order_data['order_accept_d
atetime'].dt.weekday

order_data.loc[order_data['order_accept_weekday'] >= 5, 'weekday_info
'] = '休日'

order_data.loc[order_data['order_accept_weekday'] < 5, 'weekday_info'
] = '平日'


store_data = order_data.groupby(['store_name']).count()[['order_id']]

store_f = order_data.loc[(order_data['status_name']=="お渡し済")|(orde
r_data['status_name']=="お支払済")].groupby(['store_name']).count()[['orde
r_id']]

store_c = order_data.loc[order_data['status_name']=="キャンセル"].group
by(['store_name']).count()[['order_id']]

store_d = order_data.loc[order_data['takeout_name']=="デリバリー"].grou
pby(['store_name']).count()[['order_id']]

store_t = order_data.loc[order_data['takeout_name']=="お持ち帰り"].grou
pby(['store_name']).count()[['order_id']]

store_weekday = order_data.loc[order_data['weekday_info']=="平日"].gro
upby(['store_name']).count()[['order_id']]

store_weekend = order_data.loc[order_data['weekday_info']=="休日"].gro
upby(['store_name']).count()[['order_id']]

times = order_data['order_accept_hour'].unique()

store_time = []

for time in times:

    time_tmp = order_data.loc[order_data['order_accept_hour']==time].
groupby(['store_name']).count()[['order_id']]

    time_tmp.columns = [f'order_time_{time}']

    store_time.append(time_tmp)
```

```
    store_time = pd.concat(store_time, axis=1)

    store_delta = order_data.loc[order_data['status_name']!="キャンセル"].g
roupby(['store_name'])[['delta']].mean()

    store_data.columns = ['order']

    store_f.columns = ['order_fin']

    store_c.columns = ['order_cancel']

    store_d.columns = ['order_delivery']

    store_t.columns = ['order_takeout']

    store_delta.columns = ['delta_avg']

    store_weekday.columns = ['order_weekday']

    store_weekend.columns = ['order_weekend']

    store_data = pd.concat([store_data, store_f, store_c, store_d, store_
t, store_weekday, store_weekend, store_time, store_delta], axis=1)

    return store_data
```

■図8-4：店舗別集計を行うための関数

```
ノック73：新規データを店舗別で集計しよう


def calc_delta(t):
    t1, t2 = t
    delta = t2 - t1
    return delta.total_seconds()/60

def data_processing(order_data):
    order_data = order_data.loc[order_data['store_id'] != 999]
    order_data = pd.merge(order_data, m_store, on='store_id', how='left')
    order_data = pd.merge(order_data, m_area, on='area_cd', how='left')
    order_data.loc[order_data['takeout_flag'] == 0, 'takeout_name'] = 'デリバリー'
    order_data.loc[order_data['takeout_flag'] == 1, 'takeout_name'] = 'お持ち帰り'
    order_data.loc[order_data['status'] == 0, 'status_name'] = '受付'
    order_data.loc[order_data['status'] == 1, 'status_name'] = 'お支払済'
    order_data.loc[order_data['status'] == 2, 'status_name'] = 'お渡し済'
    order_data.loc[order_data['status'] == 9, 'status_name'] = 'キャンセル'

    order_data.loc[:,'order_accept_datetime'] = pd.to_datetime(order_data['order_accept_date'])
    order_data.loc[:,'delivered_datetime'] = pd.to_datetime(order_data['delivered_date'])
    order_data.loc[:,'delta'] = order_data[['order_accept_datetime', 'delivered_datetime']].apply(calc_delta, axis=1)
    order_data.loc[:,'order_accept_hour'] = order_data['order_accept_datetime'].dt.hour
    order_data.loc[:,'order_accept_weekday'] = order_data['order_accept_datetime'].dt.weekday
    order_data.loc[order_data['order_accept_weekday'] >= 5, 'weekday_info'] = '休日'
    order_data.loc[order_data['order_accept_weekday'] < 5, 'weekday_info'] = '平日'

    store_data = order_data.groupby(['store_name']).count()[['order_id']]
    store_f = order_data.loc[(order_data['status_name']=="お渡し済")|
                            (order_data['status_name']=="お支払済")].groupby(['store_name']).count()[['order_id']]
    store_c = order_data.loc[order_data['status_name']=="キャンセル"].groupby(['store_name']).count()[['order_id']]
    store_d = order_data.loc[order_data['takeout_name']=="デリバリー"].groupby(['store_name']).count()[['order_id']]
    store_t = order_data.loc[order_data['takeout_name']=="お持ち帰り"].groupby(['store_name']).count()[['order_id']]
    store_weekday = order_data.loc[order_data['weekday_info']=="平日"].groupby(['store_name']).count()[['order_id']]
    store_weekend = order_data.loc[order_data['weekday_info']=="休日"].groupby(['store_name']).count()[['order_id']]
    times = order_data['order_accept_hour'].unique()
    store_time = []
    for time in times:
        time_tmp = order_data.loc[order_data['order_accept_hour']==time].groupby(['store_name']).count()[['order_id']]
        time_tmp.columns = [f'order_time_{time}']
        store_time.append(time_tmp)
    store_time = pd.concat(store_time, axis=1)
    store_delta = order_data.loc[order_data['status_name']!="キャンセル"].groupby(['store_name'])[['delta']].mean()
    store_data.columns = ['order']
    store_f.columns = ['order_fin']
    store_c.columns = ['order_cancel']
    store_d.columns = ['order_delivery']
    store_t.columns = ['order_takeout']
    store_delta.columns = ['delta_avg']
    store_weekday.columns = ['order_weekday']
    store_weekend.columns = ['order_weekend']
    store_data = pd.concat([store_data, store_f, store_c, store_d, store_t,
                        store_weekday, store_weekend, store_time, store_delta], axis=1)
    return store_data
```

　基本的には第6章の**ノック56**で作成した関数を持ってくれば問題ありません。ただし、この関数の中で、ピザを提供するまでの時間を集計するためにcalc_delta関数を使用しているので、そちらの関数も必要となります。

　それでは、この関数を用いて新規データの店舗別集計を行いましょう。また、後半で実績データとして集計を行うので、actual_dataとして保持しておきます。

```
store_data = data_processing(target_data)
store_data.reset_index(drop=False, inplace=True)
actual_data = store_data.copy()
```

■図8-5：店舗別集計関数の実行

```
[3]  store_data = data_processing(target_data)
     store_data.reset_index(drop=False, inplace=True)
     actual_data = store_data.copy()
```

続いて、カテゴリカル変数の対応を行います。

⚾ ノック74：
新規データのカテゴリカル変数対応を
しよう

　ここからは、機械学習モデルに投入する直前の処理をやっていきます。まずは、store_nameを数値データに変換する**ワンホットエンコーディング**です。この処理は、第7章の**ノック62**で行った処理です。参考にしながらデータを加工していきましょう。

```
category_data = pd.get_dummies(store_data['store_name'], prefix='store'
,prefix_sep='_', dtype=int)
```
```
del category_data['store_麻生店']
```
```
store_data = pd.concat([store_data, category_data],axis=1)
```
```
store_data.head(3)
```

■図8-6：カテゴリカル変数の対応

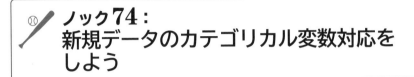

　基本的には第7章の**ノック62**と同じ処理です。ただし、**ノック62**では、year_monthやstore_nameも列から削除していましたが、今回は消していません。店舗別集計の状態ではyear_month列がない点と、次ノックでX_cols.csvをもとに説明変数Xを絞り込むので、store_nameのように列に残っていても問題ない点から、特に処理を入れていません。

ノック75：モデルに投入する直前の形式に整えよう

いよいよ、モデルで予測する直前のデータに整えます。これは、X_cols.csvを説明変数の列名として読み込み、store_dataの列名を絞り込めば完了します。ここまで実習してきた方からすれば、難しい処理ではありませんね。

```
X_cols_name = 'X_cols.csv'
X_cols = pd.read_csv(os.path.join(model_dir, X_cols_name))
X_cols = X_cols['X_cols']
```

■図8-7：モデルに使用した説明変数の読み込み

ノック75：モデルに投入する直前の形式に整えよう

```
In [7]: X_cols_name = 'X_cols.csv'
        X_cols = pd.read_csv(os.path.join(model_dir, X_cols_name))
        X_cols = X_cols['X_cols']
```

csvを読み込み、カラム名X_colsを指定し、対象の列名をX_colsとして定義しています。では、変数X_colsを用いて、列の絞り込みを行いましょう。

```
X = store_data[X_cols].copy()
X.head(3)
```

■図8-8：説明変数列への絞り込み

```
In [8]: X = store_data[X_cols].copy()
        X.head(3)
Out[8]:
```

	order	order_fin	order_cancel	order_delivery	order_takeout	order_weekday	order_weekend	order_time_11	order_time_12	order_time_13	...	store_駒沢店	ston 駒込
0	1186	958	228	858	328	839	347	104	107	109	...	0	
1	1553	1266	287	1145	408	1103	450	165	136	140	...	0	
2	1063	875	188	807	256	754	309	113	82	79	...	0	

3 rows × 213 columns

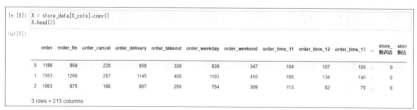

これで、モデルに投入する直前のデータができました。このように、モデル構築時にX_colsを出力し、そこから絞り込みを行うようにしておけば、もしモデルの見直し等で説明変数が変わっても、ある程度対応が可能となります。細かい工夫として覚えておくと良いと思います。

ノック76：
モデルファイルを読み込んでみよう

　それでは、ここからはモデル側の準備になります。モデルファイルの読み込みを行いましょう。weekdayとweekendの2つのモデルがありますので、両方とも**pickle.load**を用いて読み込みましょう。

```python
import pickle
model_weekday_name = 'model_y_weekday_GradientBoosting.pickle'
model_weekend_name = 'model_y_weekend_GradientBoosting.pickle'

model_weekday_path = os.path.join(model_dir, model_weekday_name)
model_weekend_path = os.path.join(model_dir, model_weekend_name)

with open(model_weekday_path, mode='rb') as f:
    model_weekday = pickle.load(f)

with open(model_weekend_path, mode='rb') as f:
    model_weekend = pickle.load(f)

print(model_weekday)
print(model_weekend)
```

■図8-9：モデルファイルの読み込み

```
In [14]: import pickle
         model_weekday_name = 'model_y_weekday_GradientBoosting.pickle'
         model_weekend_name = 'model_y_weekend_GradientBoosting.pickle'
         model_weekday_path = os.path.join(model_dir, model_weekday_name)
         model_weekend_path = os.path.join(model_dir, model_weekend_name)
         with open(model_weekday_path, mode='rb') as f:
             model_weekday = pickle.load(f)

         with open(model_weekend_path, mode='rb') as f:
             model_weekend = pickle.load(f)

         print(model_weekday)
         print(model_weekend)

         GradientBoostingClassifier(random_state=0)
         GradientBoostingClassifier(random_state=0)
```

　定義したモデルをprintで出力するとモデル構築を行った際のパラメータ情報が出力されます。

ノック77：新規データの予測をしてみよう

それでは、いよいよここから予測を行っていきます。これまでも第7章のモデル構築時に予測は行っており、目新しいものではありません。まずは**predict**の結果を出力しましょう。

```
pred_weekday = model_weekday.predict(X)
pred_weekend = model_weekend.predict(X)
pred_weekend[:10]
```

■図8-10：予測結果の出力

```
          ノック77：新規データの予測をしてみよう

In [10]:  pred_weekday = model_weekday.predict(X)
          pred_weekend = model_weekend.predict(X)
          pred_weekend[:10]
Out[10]:  array([0., 0., 0., 0., 0., 0., 0., 0., 1., 0.])
```

参考までに10件だけ予測結果を出力しています。するとこのように、0と1が出力されます。これは第7章でも確認していますね。アルゴリズムの中には、0や1のように2値ではなく、予測確率で表すことができるものもあります。木系のアルゴリズムは出力することが可能です。**predict_proba**を用いて確率を表示してみましょう。

```
pred_proba_weekday = model_weekday.predict_proba(X)
pred_proba_weekend = model_weekend.predict_proba(X)
pred_proba_weekend[:10]
```

■図8-11：予測確率の出力

```
In [11]:  pred_proba_weekday = model_weekday.predict_proba(X)
          pred_proba_weekend = model_weekend.predict_proba(X)
          pred_proba_weekend[:10]
Out[11]:  array([[0.71866699, 0.28133301],
                 [0.61231504, 0.38768496],
                 [0.53604944, 0.46395056],
                 [0.77746324, 0.22253676],
                 [0.59048016, 0.40951984],
                 [0.80779612, 0.19220388],
                 [0.79061865, 0.20938135],
                 [0.70969261, 0.29030739],
                 [0.36925277, 0.63074723],
                 [0.84098724, 0.15901276]])
```

　このように、左側は0と予測している確率、右側は1と予測している確率で、足すと1になっていることがわかります。predictでは、この確率が0.5を超えている方を出力しています。1つ前のセル実行結果と見比べてみると良いと思います。1の確率が分かれば良いので、右半分だけ取得しましょう。

```
pred_proba_weekday = pred_proba_weekday[:,1]
pred_proba_weekend = pred_proba_weekend[:,1]
pred_proba_weekend[:10]
```

■図8-12：予測確率の出力

```
In [12]: pred_proba_weekday = pred_proba_weekday[:,1]
         pred_proba_weekend = pred_proba_weekend[:,1]
         pred_proba_weekend[:10]
Out[12]: array([0.28133301, 0.38760496, 0.46395056, 0.22253676, 0.40951984,
                0.19220388, 0.20938135, 0.29030739, 0.63074723, 0.15901276])
```

　これで、1である確率、つまりはオーダー数が増加する確率として細かく閾値等を設定することが可能になります。
　それでは、これらの結果をデータフレームとして保持しておきましょう。

```
pred = pd.DataFrame({'pred_weekday':pred_weekday, 'pred_weekend':pred_wee
kend, 'score_weekday':pred_proba_weekday, 'score_weekend':pred_proba_week
end})
pred.loc[:,'store_name'] = store_data['store_name']
pred.loc[:,'year_month'] = tg_ym
pred.head(3)
```

■図8-13：予測結果や確率のデータ化

```
In [13]: pred = pd.DataFrame({'pred_weekday':pred_weekday, 'pred_weekend':pred_weekend,
                              'score_weekday':pred_proba_weekday, 'score_weekend':pred_proba_weekend})
         pred.loc[:,'store_name'] = store_data['store_name']
         pred.loc[:,'year_month'] = tg_ym
         pred.head(3)
```

	pred_weekday	pred_weekend	score_weekday	score_weekend	store_name	year_month
0	1.0	0.0	0.769104	0.281333	あきる野店	202003
1	1.0	0.0	0.677146	0.387685	さいたま東店	202003
2	1.0	0.0	0.842885	0.463951	さいたま緑店	202003

　予測結果を保持する際に、store_data内のstore_name列をそのまま付与しています。これは、機械学習モデルによる予測をする前と予測結果のデータの順

番が同じなので、そのまま付与できます。もしソートするなど、データの順番を入れ替えてしまった場合には、使えませんので注意しましょう。

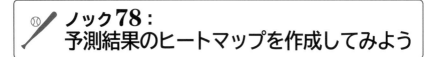

それでは、せっかく確率を取得したので、**ヒートマップ**を作成してみましょう。まずは、必要な列に絞り込んで、store_nameをindexとして定義します。

```
pred_viz = pred[['store_name','score_weekday','score_weekend']].copy()
pred_viz.set_index('store_name', inplace=True)
pred_viz
```

■図8-14：ヒートマップ用データの作成

次に、**seaborn**を用いてヒートマップを作成します。データが多すぎるとつぶれてしまうので20店舗だけ可視化してみましょう。

```
import seaborn as sns
import japanize_matplotlib
japanize_matplotlib.japanize()
```

```
sns.heatmap(pred_viz[:20].T)
```

■図8-15：ヒートマップ

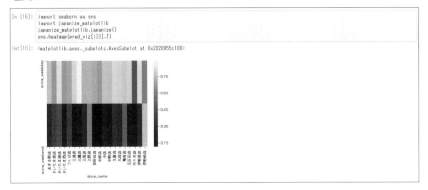

　ヒートマップを見ると、全体的な傾向としては、2020年3月に比べて、4月はweekdayが増加傾向にあると予測されています。ただ、伊勢原店のように、むしろweekendの方が増加する確率が高いと予測している店舗も見られます。

⚾ ノック79：
実績データを作成しよう

　ここまでで、機械学習の予測結果を取得し、可視化まで行いました。では、ここから現場に向けての簡易的なレポートを考えていきます。機械学習の予測結果だけを渡しても、スコアが羅列されているだけで、一体前月はどういう状況だったのだろうかと頭を悩ますでしょう。そのため、実績データを作成し、現場向けレポートに付与したいと思います。

　今回、2020年3月のデータを用いて、4月を予測しています。そのため、前月とは2020年3月、つまりはインプットデータになります。そこで、前半で保持しておいたactual_dataの活躍の場です。必要なデータに絞り込み、何年何月のデータなのかを列名に入れましょう。

```
target_cols = ['store_name', 'order', 'order_fin', 'order_cancel', 'order
_delivery',
        'order_takeout', 'order_weekday', 'order_weekend', 'delta_avg']
actual_data = actual_data[target_cols]
actual_cols = ['store_name']
rename_cols = [x + f'_{tg_ym}' for x in actual_data.columns if x != 'stor
e_name']
actual_cols.extend(rename_cols)
actual_data.columns = actual_cols
actual_data.head(3)
```

■図8-16：実績データの作成

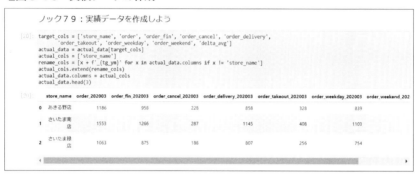

これで、2020年3月のデータだということがわかりますね。オーダー数やキャンセルになったオーダー数もわかるので、現場の検討に使えそうです。

ノック80：
現場に向けたレポートを作成し出力しよう

それでは、最後に、現場に向けたレポートを作成しましょう。

まず1つ目は、scoreでは判断が難しいので、scoreを4分割して、増加大、増加、減少、減少大にしましょう。

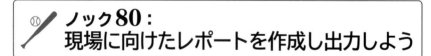

```
pred.loc[pred['score_weekday'] >= 0.75,'オーダー予測 平日'] = '増加大'
```

```
pred.loc[(pred['score_weekday'] < 0.75)&(pred['score_weekday'] >= 0.5),'
オーダー予測 平日'] = '増加'
pred.loc[(pred['score_weekday'] < 0.5)&(pred['score_weekday'] >= 0.25),'
オーダー予測 平日'] = '減少'
pred.loc[pred['score_weekday'] < 0.25,'オーダー予測 平日'] = '減少大'

pred.loc[pred['score_weekend'] >= 0.75,'オーダー予測 休日'] = '増加大'
pred.loc[(pred['score_weekend'] < 0.75)&(pred['score_weekend'] >= 0.5),'
オーダー予測 休日'] = '増加'
pred.loc[(pred['score_weekend'] < 0.5)&(pred['score_weekend'] >= 0.25),'
オーダー予測 休日'] = '減少'
pred.loc[pred['score_weekend'] < 0.25,'オーダー予測 休日'] = '減少大'
```

■図8-17：scoreの簡易化

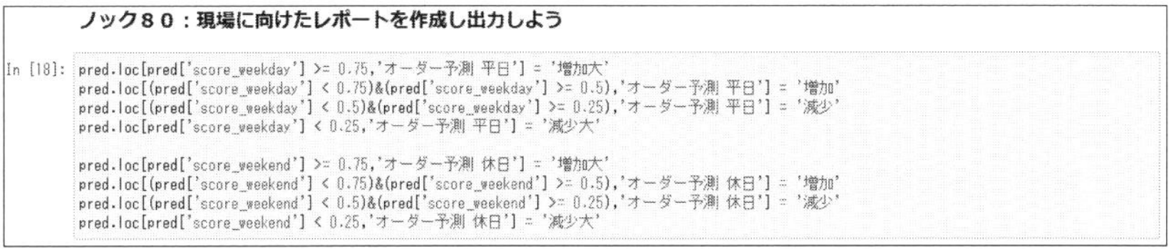

ノック８０：現場に向けたレポートを作成し出力しよう

```
In [18]: pred.loc[pred['score_weekday'] >= 0.75,'オーダー予測 平日'] = '増加大'
         pred.loc[(pred['score_weekday'] < 0.75)&(pred['score_weekday'] >= 0.5),'オーダー予測 平日'] = '増加'
         pred.loc[(pred['score_weekday'] < 0.5)&(pred['score_weekday'] >= 0.25),'オーダー予測 平日'] = '減少'
         pred.loc[pred['score_weekday'] < 0.25,'オーダー予測 平日'] = '減少大'

         pred.loc[pred['score_weekend'] >= 0.75,'オーダー予測 休日'] = '増加大'
         pred.loc[(pred['score_weekend'] < 0.75)&(pred['score_weekend'] >= 0.5),'オーダー予測 休日'] = '増加'
         pred.loc[(pred['score_weekend'] < 0.5)&(pred['score_weekend'] >= 0.25),'オーダー予測 休日'] = '減少'
         pred.loc[pred['score_weekend'] < 0.25,'オーダー予測 休日'] = '減少大'
```

続いて、**ノック79**の実績データを結合しましょう。

```
report = pred[['store_name','オーダー予測 平日','オーダー予測 休日', 'score_week
day', 'score_weekend']]
report = pd.merge(report, actual_data , on='store_name', how='left')
report.head(3)
```

🔖図8-18：実績データの結合

これで、店舗の担当者は、左から重要な情報を確認できます。まずは、増加するのかどうかが確認でき、前月との実績も併せてみることができます。

それでは最後に出力しましょう。その際に、ファイル名に予測した年月を入れましょう。今回は、2020年3月のデータを使って、2020年4月を予測したので、202004となります。

```python
pred_ym = datetime.datetime.strptime(tg_ym, '%Y%m')
from dateutil.relativedelta import relativedelta
pred_ym = pred_ym + relativedelta(months=1)
pred_ym = datetime.datetime.strftime(pred_ym, '%Y%m')

report_name = f'report_pred_{pred_ym}.xlsx'
report.to_excel(os.path.join(output_dir, report_name), index=False)
```

🔖図8-19：現場向けレポートの出力

これで、現場向けレポートのファイルを出力することができました。
お疲れ様でした。

　以上で、新規データ予測をする10本は終了です。いかがでしたでしょうか。新規データを予測する上でも、データの加工は必要となります。データ加工からモデルによる予測まで一連の流れを構築しておくことで、更新データに対応できるイメージができたのではないでしょうか。第9章では、機械学習のモデル構築や新規データ予測の総括を行います。常に、データが更新されるのを視野に入れつつ、システムを組んでいきます。

第9章
小規模機械学習システムを
作成する10本ノック

　第6章、第7章、第8章と一通りの機械学習システムの機能を少しずつ実現してきました。第6章ではデータ加工、第7章では機械学習モデルの構築、第8章では新規データ予測およびレポーティングとなっていました。だんだんと分かってきた方もいらっしゃるかと思いますが、色々なパーツを状況に合わせて使い回すことでシステムができあがっていきます。第9章では、更新を意識して、データを蓄積させつつ、データの加工、モデル構築、新規データ予測を行っていく小規模システムを作成します。第6章から第8章までの知識をフル活用して作成することになるでしょう。データは常に更新されていきます。その部分を意識して、挑戦してみてください。

ノック81：フォルダ生成をして初期の変数定義をしよう
ノック82：更新データを読み込んで店舗別データを作成しよう
ノック83：月次店舗データの更新をしよう
ノック84：機械学習用データの作成と更新をしよう
ノック85：機械学習モデル用の事前データ加工をしよう
ノック86：機械学習モデルの構築・評価をしよう
ノック87：新規データ予測に向けた下準備をしよう
ノック88：新規データの予測をしよう
ノック89：現場向けレポートを作成し出力しよう
ノック90：機械学習モデルの精度推移を可視化しよう

あなたの状況

　データ加工に始まり、機械学習のモデル構築を行い、新規データ予測からレポートまでの流れを一通り作成してみました。一通りの機能を実装できたことで嬉しい反面、データが蓄積されていない事実に気付きます。データ更新時にデータが蓄積されることで、モデルの見直しや新規データ予測の検証を行うことができると考えました。そこで、これまで作成した機能を活用して、データを月次で更新するタイミングで蓄積し、さらに蓄積されたデータをもとに毎月のモデル構築をしたいと考えています。

前提条件

　今回使用するデータは、2020年4月から2020年8月までの注文データと、各種マスタデータ、さらに第6章で作成したstore_monthly_data.csv、ml_base_data.csv、第7章で作成したモデルファイルとなります。

■表9-1：データ一覧

No.	ファイル名	概要
1	m_area.csv	地域マスタ。都道府県情報等。
2	m_store.csv	店舗マスタ。店舗名等。
3	tbl_order_202004.csv ～ tbl_order_202008.csv	注文データ。2020年4月から8月までの5か月分を使用する。
4	store_monthly_data.csv	店舗の月毎の集計済みデータ。第6章で作成済み。
5	ml_base_data.csv	機械学習用のデータ。第6章で作成済み。
6-1	model_y_weekday_GradientBoosting.pickle	第7章で作成したモデルファイル。平日予測用モデル。
6-2	model_y_weekend_GradientBoosting.pickle	第7章で作成したモデルファイル。休日予測用モデル。
7	X_cols.csv	第7章で作成したモデルの説明変数名一覧。

ノック81：
フォルダ生成をして初期の変数定義を
しよう

　さて、毎回恒例のフォルダ構造を考えていきましょう。ただ、今回はその前に**データフロー**を考えます。データフローは第6章から第8章の流れを整理することにもつながるので、しっかりと考えましょう。

　まず、tbl_order系の注文データがあります。これがインプットデータになります。そのインプットデータから店舗別に集計が行われます。このデータは、store_monthly_dataと同じなので、このデータに更新をかける必要があります。第6章の時点では、2019年4月から2020年3月までのデータがまとまっています。第6章を思い出していただけるとわかりますが、このデータをもとにml_base_dataは作成されます。つまり、store_monthly_dataが更新されたタイミングでml_base_dataも更新するべきです。ここまででおわかりのように、store_monthly_dataとml_base_dataが蓄積データになっていきます。厳密には、store_monthly_dataさえしっかりと更新していけば、ml_base_dataは好きなタイミングで最新化することが可能です。このようにまずは押さえるべきデータを把握しましょう。

　その後の流れを見ると、モデル構築は、ml_base_dataのみで行うことができます。また、新規データ予測に関しては、インプットデータである対象の注文データを店舗別に集計したデータを使用します。これは、先ほどstore_monthly_dataに追加されたデータになります。以上が全体の流れになります。

■図9-1：データフロー

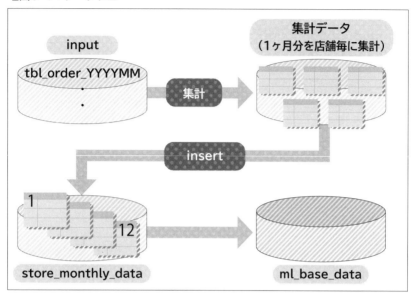

　では、**フォルダ構成**はどのようにしましょうか。

　第8章で行ったように、データフォルダとモデルフォルダは同じ階層で分割しましょう。モデルフォルダは第8章と同じで最新のモデルを入れる形式にします。少し複雑なのがデータフォルダです。今回は、細かく分けるようにしましょう。00_input、01_store_monthly、02_ml_base、10_output_ml_result、11_output_report、99_masterにします。頭1桁が0は、インプット系データや中間データで、頭1桁が1は、アウトプット系データとなります。また、00_inputから、01_store_monthlyが更新され、それをベースに02_ml_baseが更新される形となるように番号を振っています。

■図9-2：フォルダ構造

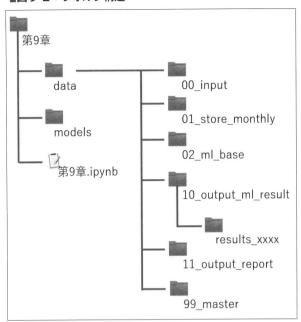

それでは、フォルダを生成しましょう。フォルダ生成に関しては、もうプログラムを書くのに悩むことはあまりないかと思います。

```
import os
data_dir = 'data'
input_dir = os.path.join(data_dir, '00_input')
store_monthly_dir = os.path.join(data_dir, '01_store_monthly')
ml_base_dir = os.path.join(data_dir, '02_ml_base')

output_ml_result_dir = os.path.join(data_dir, '10_output_ml_result')
output_report_dir = os.path.join(data_dir, '11_output_report')

master_dir = os.path.join(data_dir, '99_master')
model_dir = 'models'
```

```
os.makedirs(input_dir,exist_ok=True)

os.makedirs(store_monthly_dir,exist_ok=True)

os.makedirs(ml_base_dir,exist_ok=True)

os.makedirs(output_ml_result_dir,exist_ok=True)

os.makedirs(output_report_dir,exist_ok=True)

os.makedirs(master_dir,exist_ok=True)

os.makedirs(model_dir,exist_ok=True)
```

■図9-3：フォルダ作成

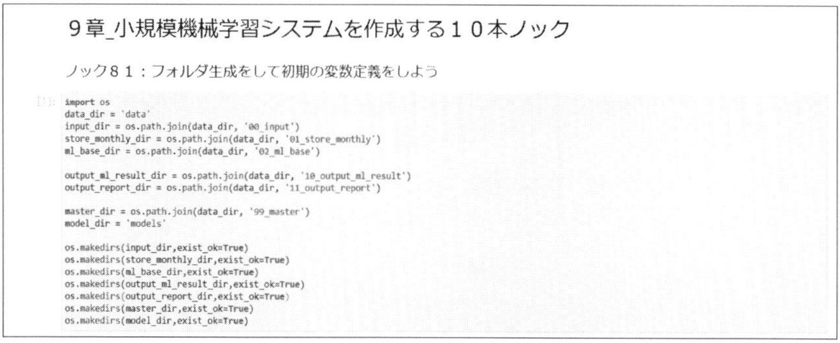

設計通りのフォルダが生成できましたでしょうか。

ここで、データを所定のフォルダに格納してください。00_inputにはtbl_order系データ、01_store_monthlyには第6章で出力したstore_monthly_data.csvを、02_ml_baseには同じく第6章で出力したml_base_data.csvを格納します。第8章と同様にmodelsフォルダには、モデルファイルであるmodel_y_weekday_GradientBoosting.pickle、model_y_weekend_GradientBoosting.pickleと、列名ファイルであるX_cols.csvを格納します。99_masterには、m_area.csv、m_store.csvを格納しましょう。

これで準備は整いました。

次に、初期の変数定義を行います。更新するデータを指定するためのtg_ymを先頭に、基本的なデータのファイル名は指定しておきましょう。

```
tg_ym = '202004'
```

```
target_file = "tbl_order_" + tg_ym + ".csv"
m_area_file = 'm_area.csv'
m_store_file = 'm_store.csv'
store_monthly_file = 'store_monthly_data.csv'
ml_base_file = 'ml_base_data.csv'
```

■図9-4：初期変数定義

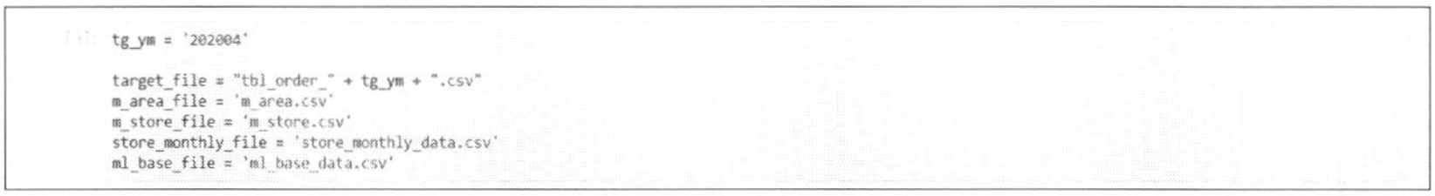

```
tg_ym = '202004'

target_file = "tbl_order_" + tg_ym + ".csv"
m_area_file = 'm_area.csv'
m_store_file = 'm_store.csv'
store_monthly_file = 'store_monthly_data.csv'
ml_base_file = 'ml_base_data.csv'
```

　対象を指定するtg_ymは、一番先頭に持ってくると、変更箇所がわかりやすいので間違いは起きにくくなるでしょう。もう少し、システムを固くする場合は、configファイル等で指定する形にしても良いでしょう。

> **ノック82：**
> **更新データを読み込んで店舗別データを作成しよう**

　ではさっそくですが、更新データを読み込んで、店舗別に集計を行います。これは、第8章で行ったのと同じ処理ですね。まずは、データの読み込みを行います。せっかくなので、**データチェック機構**も入れておきましょう。

```
import pandas as pd
m_area = pd.read_csv(os.path.join(master_dir, m_area_file))
m_store = pd.read_csv(os.path.join(master_dir, m_store_file))
target_data = pd.read_csv(os.path.join(input_dir, target_file))


import datetime
max_date = pd.to_datetime(target_data["order_accept_date"]).max()
min_date = pd.to_datetime(target_data["order_accept_date"]).min()
max_str_date = max_date.strftime("%Y%m")
min_str_date = min_date.strftime("%Y%m")
if tg_ym == min_str_date and tg_ym == max_str_date:
```

```
        print("日付が一致しました")
else:
        raise Exception("日付が一致しません")
```

■図9-5：更新データの読み込み

次に、関数を定義します。これは第8章で使用したものと全く同じです。

```
def calc_delta(t):
    t1, t2 = t
    delta = t2 - t1
    return delta.total_seconds()/60


def data_processing(order_data):
    order_data = order_data.loc[order_data['store_id'] != 999]
    order_data = pd.merge(order_data, m_store, on='store_id', how='left')
    order_data = pd.merge(order_data, m_area, on='area_cd', how='left')
    order_data.loc[order_data['takeout_flag'] == 0, 'takeout_name'] = 'デ
リバリー'
    order_data.loc[order_data['takeout_flag'] == 1, 'takeout_name'] = 'お
持ち帰り'
    order_data.loc[order_data['status'] == 0, 'status_name'] = '受付'
    order_data.loc[order_data['status'] == 1, 'status_name'] = 'お支払済'
    order_data.loc[order_data['status'] == 2, 'status_name'] = 'お渡し済'
    order_data.loc[order_data['status'] == 9, 'status_name'] = 'キャンセル'

    order_data.loc[:,'order_accept_datetime'] = pd.to_datetime(order_data
['order_accept_date'])
    order_data.loc[:,'delivered_datetime'] = pd.to_datetime(order_data['d
elivered_date'])
```

```
    order_data.loc[:,'delta'] = order_data[['order_accept_datetime', 'del
ivered_datetime']].apply(calc_delta, axis=1)

    order_data.loc[:,'order_accept_hour'] = order_data['order_accept_date
time'].dt.hour

    order_data.loc[:,'order_accept_weekday'] = order_data['order_accept_d
atetime'].dt.weekday

    order_data.loc[order_data['order_accept_weekday'] >= 5, 'weekday_info
'] = '休日'

    order_data.loc[order_data['order_accept_weekday'] < 5, 'weekday_info'
] = '平日'


    store_data = order_data.groupby(['store_name']).count()[['order_id']]

    store_f = order_data.loc[(order_data['status_name']=="お渡し済")|(orde
r_data['status_name']=="お支払済")].groupby(['store_name']).count()[['orde
r_id']]

    store_c = order_data.loc[order_data['status_name']=="キャンセル"].group
by(['store_name']).count()[['order_id']]

    store_d = order_data.loc[order_data['takeout_name']=="デリバリー"].grou
pby(['store_name']).count()[['order_id']]

    store_t = order_data.loc[order_data['takeout_name']=="お持ち帰り"].grou
pby(['store_name']).count()[['order_id']]

    store_weekday = order_data.loc[order_data['weekday_info']=="平日"].gro
upby(['store_name']).count()[['order_id']]

    store_weekend = order_data.loc[order_data['weekday_info']=="休日"].gro
upby(['store_name']).count()[['order_id']]

    times = order_data['order_accept_hour'].unique()

    store_time = []

    for time in times:

        time_tmp = order_data.loc[order_data['order_accept_hour']==time].
groupby(['store_name']).count()[['order_id']]

        time_tmp.columns = [f'order_time_{time}']

        store_time.append(time_tmp)

    store_time = pd.concat(store_time, axis=1)

    store_delta = order_data.loc[order_data['status_name']!="キャンセル"].g
roupby(['store_name'])[['delta']].mean()

    store_data.columns = ['order']

    store_f.columns = ['order_fin']

    store_c.columns = ['order_cancel']

    store_d.columns = ['order_delivery']

    store_t.columns = ['order_takeout']
```

```
    store_delta.columns = ['delta_avg']
    store_weekday.columns = ['order_weekday']
    store_weekend.columns = ['order_weekend']
    store_data = pd.concat([store_data, store_f, store_c, store_d, store_
t, store_weekday, store_weekend, store_time, store_delta], axis=1)
    return store_data
```

■図9-6：店舗別集計を行うための関数

```
def calc_delta(t):
    t1, t2 = t
    delta = t2 - t1
    return delta.total_seconds()/60

def data_processing(order_data):
    order_data = order_data.loc[order_data['store_id'] != 999]
    order_data = pd.merge(order_data, m_store, on='store_id', how='left')
    order_data = pd.merge(order_data, m_area, on='area_cd', how='left')
    order_data.loc[order_data['takeout_flag'] == 0, 'takeout_name'] = 'デリバリー'
    order_data.loc[order_data['takeout_flag'] == 1, 'takeout_name'] = 'お持ち帰り'
    order_data.loc[order_data['status'] == 0, 'status_name'] = '受付'
    order_data.loc[order_data['status'] == 1, 'status_name'] = 'お支払済'
    order_data.loc[order_data['status'] == 2, 'status_name'] = 'お渡し済'
    order_data.loc[order_data['status'] == 9, 'status_name'] = 'キャンセル'

    order_data.loc[:,'order_accept_datetime'] = pd.to_datetime(order_data['order_accept_date'])
    order_data.loc[:,'delivered_datetime'] = pd.to_datetime(order_data['delivered_date'])
    order_data.loc[:,'delta'] = order_data[['order_accept_datetime', 'delivered_datetime']].apply(calc_delta, axis=1)
    order_data.loc[:,'order_accept_hour'] = order_data['order_accept_datetime'].dt.hour
    order_data.loc[:,'order_accept_weekday'] = order_data['order_accept_datetime'].dt.weekday
    order_data.loc[order_data['order_accept_weekday'] >= 5, 'weekday_info'] = '休日'
    order_data.loc[order_data['order_accept_weekday'] < 5, 'weekday_info'] = '平日'

    store_data = order_data.groupby(['store_name']).count()[['order_id']]
    store_f = order_data.loc[(order_data['status_name']=='お渡し済')|
                            (order_data['status_name']=='お支払済')].groupby(['store_name']).count()[['order_id']]
    store_c = order_data.loc[order_data['status_name']=='キャンセル'].groupby(['store_name']).count()[['order_id']]
    store_d = order_data.loc[order_data['takeout_name']=='デリバリー'].groupby(['store_name']).count()[['order_id']]
    store_t = order_data.loc[order_data['takeout_name']=='お持ち帰り'].groupby(['store_name']).count()[['order_id']]
    store_weekday = order_data.loc[order_data['weekday_info']=='平日'].groupby(['store_name']).count()[['order_id']]
    store_weekend = order_data.loc[order_data['weekday_info']=='休日'].groupby(['store_name']).count()[['order_id']]
    times = order_data['order_accept_hour'].unique()
    store_time = []
    for time in times:
        time_tmp = order_data.loc[order_data['order_accept_hour']==time].groupby(['store_name']).count()[['order_id']]
        time_tmp.columns = [f'order_time_{time}']
        store_time.append(time_tmp)
    store_time = pd.concat(store_time, axis=1)
    store_delta = order_data.loc[order_data['status_name']!='キャンセル'].groupby(['store_name'])[['delta']].mean()
    store_data.columns = ['order']
    store_f.columns = ['order_fin']
    store_c.columns = ['order_cancel']
    store_d.columns = ['order_delivery']
    store_t.columns = ['order_takeout']
    store_delta.columns = ['delta_avg']
    store_weekday.columns = ['order_weekday']
    store_weekend.columns = ['order_weekend']
    store_data = pd.concat([store_data, store_f, store_c, store_d, store_t,
                    store_weekday, store_weekend, store_time, store_delta], axis=1)
    return store_data
```

　それでは、実際に関数を呼び出し、店舗別の集計を行いましょう。
　その際に、store_nameをインデックスから列に移動させ、year_month列も追加しましょう。これらの列を追加しないと、store_monthly_dataに追加できません。

```
store_data = data_processing(target_data)
store_data.reset_index(drop=False, inplace=True)
store_data.loc[:,'year_month'] = tg_ym
store_data.head(1)
```

■図9-7：店舗別集計データの作成

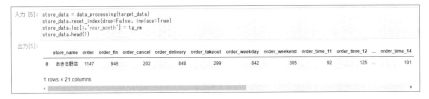

これで、更新データの店舗別データへの集計は終了です。

続いて、store_monthly_dataへの追加更新に移りましょう。

ノック83：月次店舗データの更新をしよう

更新は、端的に言えば、ユニオンすれば良いので、concatにより結合はできます。ただし、何度も更新すると、同じ年月の同じ店舗のデータが複数存在してしまいます。そのため、重複の削除を必ず入れるようにしましょう。その際に、最新データを残すようにします。

```
store_monthly_data = pd.read_csv(os.path.join(store_monthly_dir, store_mo
nthly_file))
print(f'更新前：{len(store_monthly_data)}件')
store_monthly_data = pd.concat([store_monthly_data, store_data], ignore_i
ndex=True)
store_monthly_data.loc[:, 'year_month'] = store_monthly_data['year_month'
].astype(str)
store_monthly_data.drop_duplicates(subset=['store_name','year_month'], in
place=True, keep='last')
print(f'更新後：{len(store_monthly_data)}件')
store_monthly_data.to_csv(os.path.join(store_monthly_dir, store_monthly_f
ile), index=False)
```

■図9-8：店舗別データの追加更新

```
ノック83：月次店舗データの更新をしよう

[48]  store_monthly_data = pd.read_csv(os.path.join(store_monthly_dir, store_monthly_file))
      print(f'更新前：{len(store_monthly_data)}件')
      store_monthly_data = pd.concat([store_monthly_data, store_data], ignore_index=True)
      store_monthly_data.loc[:, 'year_month'] = store_monthly_data['year_month'].astype(str)
      store_monthly_data.drop_duplicates(subset=['store_name','year_month'], inplace=True, keep='last')
      print(f'更新後：{len(store_monthly_data)}件')
      store_monthly_data.to_csv(os.path.join(store_monthly_dir, store_monthly_file), index=False)

      更新前：2340件
      更新後：2535件
```

2340件から2535件に増えていることが確認できました。再度、同じセルを実行してみてください。

■図9-9：再度店舗別データの追加更新をした場合

```
ノック83：月次店舗データの更新をしよう

[50]  store_monthly_data = pd.read_csv(os.path.join(store_monthly_dir, store_monthly_file))
      print(f'更新前：{len(store_monthly_data)}件')
      store_monthly_data = pd.concat([store_monthly_data, store_data], ignore_index=True)
      store_monthly_data.loc[:, 'year_month'] = store_monthly_data['year_month'].astype(str)
      store_monthly_data.drop_duplicates(subset=['store_name','year_month'], inplace=True, keep='last')
      print(f'更新後：{len(store_monthly_data)}件')
      store_monthly_data.to_csv(os.path.join(store_monthly_dir, store_monthly_file), index=False)

      更新前：2535件
      更新後：2535件
```

更新件数が2535件から変化しないことがわかります。
追加更新は完了です。

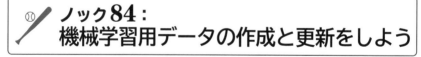

ノック84：
機械学習用データの作成と更新をしよう

ここからは、機械学習用データの作成を行っていきます。これは第6章で行った部分です。目的変数を作成し、目的変数と説明変数の紐づけを行います。

```
from dateutil.relativedelta import relativedelta
```
```
y = store_monthly_data[['store_name', 'year_month','order_weekday', 'orde
r_weekend']].copy()
```
```
y.loc[:,'one_month_ago'] = pd.to_datetime(y['year_month'], format='%Y%m')
```
```
y.loc[:,'one_month_ago'] = y['one_month_ago'].map(lambda x: x - relatived
elta(months=1))
```
```
y.loc[:,'one_month_ago'] = y['one_month_ago'].dt.strftime('%Y%m')
```

```
y_one_month_ago = y.copy()
```

```
y_one_month_ago.rename(columns={'order_weekday':'order_weekday_one_month_
ago', 'order_weekend':'order_weekend_one_month_ago', 'year_month':'year_m
onth_for_join'}, inplace=True)
```

```
y = pd.merge(y, y_one_month_ago[['store_name', 'year_month_for_join', 'or
der_weekday_one_month_ago', 'order_weekend_one_month_ago']], left_on=['st
ore_name', 'one_month_ago'], right_on=['store_name','year_month_for_join'
], how='left')
```

```
y.dropna(inplace=True)
```
```
y.loc[y['order_weekday'] - y['order_weekday_one_month_ago'] > 0, 'y_weekd
ay'] = 1
```
```
y.loc[y['order_weekday'] - y['order_weekday_one_month_ago'] <= 0, 'y_week
day'] = 0
```
```
y.loc[y['order_weekend'] - y['order_weekend_one_month_ago'] > 0, 'y_weeke
nd'] = 1
```
```
y.loc[y['order_weekend'] - y['order_weekend_one_month_ago'] <= 0, 'y_week
end'] = 0
```

```
y.rename(columns={'year_month':'target_year_month'},inplace=True)
```
```
y = y[['store_name','target_year_month', 'one_month_ago', 'y_weekday', 'y
_weekend']].copy()
```
```
ml_data = pd.merge(y, store_monthly_data, left_on=['store_name','one_mont
h_ago'], right_on=['store_name','year_month'], how='left')
```

```
del ml_data["target_year_month"]
```
```
del ml_data["one_month_ago"]
```
```
ml_data.head(3)
```

■図9-10：機械学習用データの作成

```
ノック84：機械学習用データの作成と更新をしよう

In [7]: from dateutil.relativedelta import relativedelta
        y = store_monthly_data[['store_name','year_month','order_weekday', 'order_weekend']].copy()
        y.loc[:,'one_month_ago'] = pd.to_datetime(y['year_month'], format='%Y%m')
        y.loc[:,'one_month_ago'] = y['one_month_ago'].map(lambda x: x - relativedelta(months=1))
        y.loc[:,'one_month_ago'] = y['one_month_ago'].dt.strftime('%Y%m')

        y_one_month_ago = y.copy()
        y_one_month_ago.rename(columns=['order_weekday':'order_weekday_one_month_ago',
                                        'order_weekend':'order_weekend_one_month_ago',
                                        'year_month':'year_month_for_join'], inplace=True)

        y = pd.merge(y, y_one_month_ago[['store_name', 'year_month_for_join',
                                         'order_weekday_one_month_ago', 'order_weekend_one_month_ago']],
                     left_on=['store_name', 'one_month_ago'],
                     right_on=['store_name','year_month_for_join'], how='left')

        y.dropna(inplace=True)
        y.loc[y['order_weekday'] - y['order_weekday_one_month_ago'] > 0, 'y_weekday'] = 1
        y.loc[y['order_weekday'] - y['order_weekday_one_month_ago'] <= 0, 'y_weekday'] = 0
        y.loc[y['order_weekend'] - y['order_weekend_one_month_ago'] > 0, 'y_weekend'] = 1
        y.loc[y['order_weekend'] - y['order_weekend_one_month_ago'] <= 0, 'y_weekend'] = 0

        y.rename(columns=['year_month':'target_year_month'],inplace=True)
        y = y[['store_name','target_year_month', 'one_month_ago', 'y_weekday', 'y_weekend']].copy()
        ml_data = pd.merge(y, store_monthly_data, left_on=['store_name','one_month_ago'],
                           right_on=['store_name','year_month'], how='left')
        del ml_data["target_year_month"]
        del ml_data["one_month_ago"]
        ml_data.head(3)
```

	_weekend	...	order_time_14	order_time_15	order_time_16	order_time_17	order_time_18	order_time_19	order_time_20	order_time_21	delta_avg	year_month
	303	...	101	95	107	106	100	108	109	96	34.110053	201904
	400	...	143	142	137	130	113	140	132	155	35.337716	201904
	272	...	95	102	82	90	93	95	95	84	34.291617	201904

　次に、ml_base_dataの更新と追加を行います。先ほどの**ノック83**とほぼ同じです。

```
ml_base_data = pd.read_csv(os.path.join(ml_base_dir, ml_base_file))
print(f'更新前：{len(ml_base_data)}件')
ml_base_data = pd.concat([ml_base_data, ml_data], ignore_index=True)
ml_base_data.loc[:, 'year_month'] = ml_base_data['year_month'].astype(str)
ml_base_data.drop_duplicates(subset=['store_name','year_month'], inplace=True, keep='last')
print(f'更新後：{len(ml_base_data)}件')
ml_base_data.to_csv(os.path.join(ml_base_dir, ml_base_file), index=False)
```

■図9-11：機械学習用データの作成

```
ml_base_data = pd.read_csv(os.path.join(ml_base_dir, ml_base_file))
print(f'更新前：{len(ml_base_data)}件')
ml_base_data = pd.concat([ml_base_data, ml_data], ignore_index=True)
ml_base_data.loc[:, 'year_month'] = ml_base_data['year_month'].astype(str)
ml_base_data.drop_duplicates(subset=['store_name','year_month'], inplace=True, keep='last')
print(f'更新後：{len(ml_base_data)}件')
ml_base_data.to_csv(os.path.join(ml_base_dir, ml_base_file), index=False)

更新前：2145件
更新後：2340件
```

2145件から2340件まで増えているのが確認できました。**ノック83**と同様に同じセルを再度実行しても、更新件数が変わらないので試してみても良いでしょう。

これでデータの加工は終了です。**ノック85、86**では機械学習のモデル構築を行います。**ノック87、88、89**では新規予測を実施した後に現場向けレポートを出力します。

まずは、機械学習のモデル構築を行います。

ノック85：
機械学習モデル用の事前データ加工をしよう

機械学習用データが更新されたので、そのデータで**モデル構築**を行いましょう。まずは、データの加工です。前半では、カテゴリカル変数の対応、後半では学習とテストデータの分割をしていきます。

```
category_data = pd.get_dummies(ml_base_data['store_name'], prefix='store'
,prefix_sep='_')
```

```
del category_data['store_麻生店']
```

```
del ml_base_data['year_month']
```

```
del ml_base_data['store_name']
```

```
ml_base_data = pd.concat([ml_base_data, category_data],axis=1)
```

```
from sklearn.model_selection import train_test_split
```

```
train_data, test_data = train_test_split(ml_base_data, test_size=0.3, ran
dom_state=0)
```

```
print(f'Train：{len(train_data)}件/ Test：{len(test_data)}件')
```

```
print(f'Weekday Train0：{len(train_data.loc[train_data["y_weekday"]==0])}
件')
```

```
print(f'Weekday Train1：{len(train_data.loc[train_data["y_weekday"]==1])}件')

print(f'Weekday Test0：{len(test_data.loc[test_data["y_weekday"]==0])}件')

print(f'Weekday Test1：{len(test_data.loc[test_data["y_weekday"]==1])}件')


print(f'Weekend Train0：{len(train_data.loc[train_data["y_weekend"]==0])}件')

print(f'Weekend Train1：{len(train_data.loc[train_data["y_weekend"]==1])}件')

print(f'Weekend Test0：{len(test_data.loc[test_data["y_weekend"]==0])}件')

print(f'Weekend Test1：{len(test_data.loc[test_data["y_weekend"]==1])}件')
```

■図9-12：機械学習用の事前データ加工

```
ノック85：機械学習モデル用の事前データ加工をしよう

In [10]:  category_data = pd.get_dummies(ml_base_data['store_name'], prefix='store' ,prefix_sep='_')
          del category_data['store_麻生店']
          del ml_base_data['year_month']
          del ml_base_data['store_name']
          ml_base_data = pd.concat([ml_base_data, category_data],axis=1)

          from sklearn.model_selection import train_test_split
          train_data, test_data = train_test_split(ml_base_data, test_size=0.3, random_state=0)
          print(f'Train：{len(train_data)}件/ Test:{len(test_data)}')
          print(f'Weekday Train0：{len(train_data.loc[train_data["y_weekday"]==0])}件')
          print(f'Weekday Train1：{len(train_data.loc[train_data["y_weekday"]==1])}件')
          print(f'Weekday Test0：{len(test_data.loc[test_data["y_weekday"]==0])}件')
          print(f'Weekday Test1：{len(test_data.loc[test_data["y_weekday"]==1])}件')

          print(f'Weekend Train0：{len(train_data.loc[train_data["y_weekend"]==0])}件')
          print(f'Weekend Train1：{len(train_data.loc[train_data["y_weekend"]==1])}件')
          print(f'Weekend Test0：{len(test_data.loc[test_data["y_weekend"]==0])}件')
          print(f'Weekend Test1：{len(test_data.loc[test_data["y_weekend"]==1])}件')

          Train：1638件/ Test:702
          Weekday Train0：777件
          Weekday Train1：861件
          Weekday Test0：311件
          Weekday Test1：391件
          Weekend Train0：843件
          Weekend Train1：795件
          Weekend Test0：355件
          Weekend Test1：347件
```

　ここは、今までやってきたことなので、もうおわかりですね。これで、モデル構築の準備がほぼ整いました。

ノック86：
機械学習モデルの構築・評価をしよう

　機械学習モデルの構築に向けて、第7章で行ったモデル構築と評価を行う関数
を準備しましょう。

```
def make_model_and_eval(model, X_train, X_test, y_train, y_test):
    model.fit(X_train, y_train)
    y_pred_train = model.predict(X_train)
    y_pred_test = model.predict(X_test)

    acc_train = accuracy_score(y_train, y_pred_train)
    acc_test = accuracy_score(y_test, y_pred_test)
    f1_train = f1_score(y_train, y_pred_train)
    f1_test = f1_score(y_test, y_pred_test)
    recall_train = recall_score(y_train, y_pred_train)
    recall_test = recall_score(y_test, y_pred_test)
    precision_train = precision_score(y_train, y_pred_train)
    precision_test = precision_score(y_test, y_pred_test)
    tn_train, fp_train, fn_train, tp_train = confusion_matrix(y_train, y_
pred_train).ravel()
    tn_test, fp_test, fn_test, tp_test = confusion_matrix(y_test, y_pred_
test).ravel()
    score_train = pd.DataFrame({'DataCategory':['train'],'acc':[acc_train
],'f1':[f1_train], 'recall':[recall_train],'precision':[precision_train],
'tp':[tp_train],'fn':[fn_train],'fp':[fp_train],'tn':[tn_train]})
    score_test = pd.DataFrame({'DataCategory':['test'], 'acc':[acc_test],
'f1':[f1_test], 'recall':[recall_test],'precision':[precision_test], 'tp'
:[tp_test],'fn':[fn_test],'fp':[fp_test],'tn':[tn_test]})
    score = pd.concat([score_train,score_test], ignore_index=True)
    importance = pd.DataFrame({'cols':X_train.columns, 'importance':model
.feature_importances_})
    importance = importance.sort_values('importance', ascending=False)
    cols = pd.DataFrame({'X_cols':X_train.columns})
    display(score)
    return score, importance, model, cols
```

■図9-13：モデル構築および評価を行う関数

```
def make_model_and_eval(model, X_train, X_test, y_train, y_test):
    model.fit(X_train, y_train)
    y_pred_train = model.predict(X_train)
    y_pred_test = model.predict(X_test)

    acc_train = accuracy_score(y_train, y_pred_train)
    acc_test = accuracy_score(y_test, y_pred_test)
    f1_train = f1_score(y_train, y_pred_train)
    f1_test = f1_score(y_test, y_pred_test)
    recall_train = recall_score(y_train, y_pred_train)
    recall_test = recall_score(y_test, y_pred_test)
    precision_train = precision_score(y_train, y_pred_train)
    precision_test = precision_score(y_test, y_pred_test)
    tn_train, fp_train, fn_train, tp_train = confusion_matrix(y_train, y_pred_train).ravel()
    tn_test, fp_test, fn_test, tp_test = confusion_matrix(y_test, y_pred_test).ravel()
    score_train = pd.DataFrame({'DataCategory':['train'],'acc':[acc_train],'f1':[f1_train],
                               'recall':[recall_train],'precision':[precision_train],
                               'tp':[tp_train],'fn':[fn_train],'fp':[fp_train],'tn':[tn_train]})
    score_test = pd.DataFrame({'DataCategory':['test'], 'acc':[acc_test],'f1':[f1_test],
                               'recall':[recall_test],'precision':[precision_test],
                               'tp':[tp_test],'fn':[fn_test],'fp':[fp_test],'tn':[tn_test]})
    score = pd.concat([score_train,score_test], ignore_index=True)
    importance = pd.DataFrame({'cols':X_train.columns, 'importance':model.feature_importances_})
    importance = importance.sort_values('importance', ascending=False)
    cols = pd.DataFrame({'X_cols':X_train.columns})
    display(score)
    return score, importance, model, cols
```

次に、モデル構築と出力を行います。モデルは、平日/休日モデルの両方を作成します。アルゴリズムもこれまでと変えずに、決定木、RandomForest、GradientBoostの3種類で進めていきましょう。これは、**ノック70**が参考になります。ただし、出力先は、現在時刻の取得をやめて、tg_ymをフォルダ名につける形にしましょう。

```
from sklearn.metrics import accuracy_score, f1_score, recall_score, preci
sion_score,confusion_matrix
from sklearn.ensemble import RandomForestClassifier, GradientBoostingClas
sifier
from sklearn.tree import DecisionTreeClassifier
import pickle

X_cols = list(train_data.columns)
X_cols.remove('y_weekday')
X_cols.remove('y_weekend')
targets_y = ['y_weekday', 'y_weekend']

target_output_dir_name = f'results_{tg_ym}'
target_output_dir = os.path.join(output_ml_result_dir, target_output_dir_
name)
os.makedirs(target_output_dir, exist_ok=True)
print(target_output_dir)
```

```
score_all = []
importance_all = []


for target_y in targets_y:
    y_train = train_data[target_y]
    X_train = train_data[X_cols]
    y_test = test_data[target_y]
    X_test = test_data[X_cols]


    models = {'tree': DecisionTreeClassifier(random_state=0), 'RandomFore
st':RandomForestClassifier(random_state=0), 'GradientBoosting':GradientBo
ostingClassifier(random_state=0)}


    for model_name, model in models.items():
        print(model_name)
        score, importance, model, cols = make_model_and_eval(model, X_tra
in, X_test, y_train, y_test)
        score['model_name'] = model_name
        importance['model_name'] = model_name
        score['model_target'] = target_y
        importance['model_target'] = target_y


        model_nema = f'model_{target_y}_{model_name}.pickle'
        model_path = os.path.join(target_output_dir, model_nema)
        with open(model_path, mode='wb') as f:
            pickle.dump(model, f, protocol=2)
        score_all.append(score)
        importance_all.append(importance)

score_all = pd.concat(score_all, ignore_index=True)
importance_all = pd.concat(importance_all, ignore_index=True)
cols = pd.DataFrame({'X_cols':X_train.columns})


score_name = 'score.csv'
importance_name = 'importance.csv'
```

```
cols_name = 'X_cols.csv'

score_path = os.path.join(target_output_dir, score_name)

importance_path = os.path.join(target_output_dir, importance_name)

cols_path = os.path.join(target_output_dir, cols_name)

score_all.to_csv(score_path, index=False)

importance_all.to_csv(importance_path, index=False)

cols.to_csv(cols_path, index=False)
```

■図9-14：モデル構築および評価

```
In [11]: from sklearn.metrics import accuracy_score, f1_score, recall_score, precision_score,confusion_matrix
         from sklearn.ensemble import RandomForestClassifier, GradientBoostingClassifier
         from sklearn.tree import DecisionTreeClassifier
         import pickle

         X_cols = list(train_data.columns)
         X_cols.remove('y_weekday')
         X_cols.remove('y_weekend')
         targets_y = ['y_weekday', 'y_weekend']

         target_output_dir_name = f'results_{tg_ym}'
         target_output_dir = os.path.join(output_ml_result_dir, target_output_dir_name)
         os.makedirs(target_output_dir, exist_ok=True)
         print(target_output_dir)

         score_all = []
         importance_all = []

         for target_y in targets_y:
             y_train = train_data[target_y]
             X_train = train_data[X_cols]
             y_test = test_data[target_y]
             X_test = test_data[X_cols]

             models = {'tree': DecisionTreeClassifier(random_state=0),
                       'RandomForest':RandomForestClassifier(random_state=0),
                       'GradientBoosting':GradientBoostingClassifier(random_state=0)}

             for model_name, model in models.items():
                 print(model_name)
                 score, importance, model, cols = make_model_and_eval(model, X_train, X_test, y_train, y_test)
                 score['model_name'] = model_name
                 importance['model_name'] = model_name
                 score['model_target'] = target_y
                 importance['model_target'] = target_y

                 model_nema = f'model_{target_y}_{model_name}.pickle'
                 model_path = os.path.join(target_output_dir, model_nema)
                 with open(model_path, mode='wb') as f:
                     pickle.dump(model, f, protocol=2)
                 score_all.append(score)
                 importance_all.append(importance)

         score_all = pd.concat(score_all, ignore_index=True)
         importance_all = pd.concat(importance_all, ignore_index=True)
         cols = pd.DataFrame({'X_cols':X_train.columns})
```

```
score_name = 'score.csv'
importance_name = 'importance.csv'
cols_name = 'X_cols.csv'
score_path = os.path.join(target_output_dir, score_name)
importance_path = os.path.join(target_output_dir, importance_name)
cols_path = os.path.join(target_output_dir, cols_name)
score_all.to_csv(score_path, index=False)
importance_all.to_csv(importance_path, index=False)
cols.to_csv(cols_path, index=False)
```

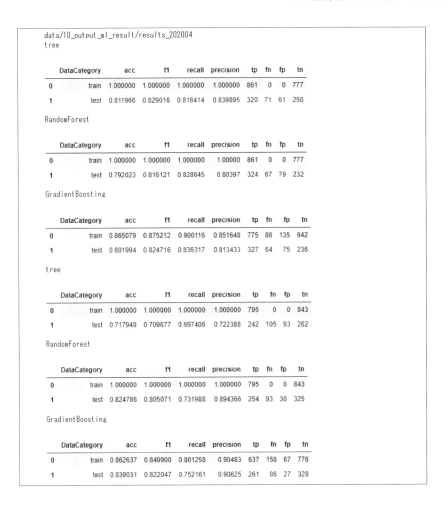

```
data/10_output_ml_result/results_202004
tree
```

	DataCategory	acc	f1	recall	precision	tp	fn	fp	tn
0	train	1.000000	1.000000	1.000000	1.000000	861	0	0	777
1	test	0.811966	0.829016	0.818414	0.839895	320	71	61	250

```
RandomForest
```

	DataCategory	acc	f1	recall	precision	tp	fn	fp	tn
0	train	1.000000	1.000000	1.000000	1.00000	861	0	0	777
1	test	0.792023	0.816121	0.828645	0.80397	324	67	79	232

```
GradientBoosting
```

	DataCategory	acc	f1	recall	precision	tp	fn	fp	tn
0	train	0.865079	0.875212	0.900116	0.851648	775	86	135	642
1	test	0.801994	0.824716	0.836317	0.813433	327	64	75	236

```
tree
```

	DataCategory	acc	f1	recall	precision	tp	fn	fp	tn
0	train	1.000000	1.000000	1.000000	1.000000	795	0	0	843
1	test	0.717949	0.709677	0.697406	0.722388	242	105	93	262

```
RandomForest
```

	DataCategory	acc	f1	recall	precision	tp	fn	fp	tn
0	train	1.000000	1.000000	1.000000	1.000000	795	0	0	843
1	test	0.824786	0.805071	0.731988	0.894366	254	93	30	325

```
GradientBoosting
```

	DataCategory	acc	f1	recall	precision	tp	fn	fp	tn
0	train	0.862637	0.849900	0.801258	0.90483	637	158	67	776
1	test	0.839031	0.822047	0.752161	0.90625	261	86	27	328

　これで、モデルの構築は完了しました。

　10_output_ml_result フォルダにモデルの結果が入っています。ここで、
modelsにあるモデルファイルと交換しても良いのですが、毎月更新するべきな
のかは、数か月間モデル精度を見て判断するのが良いので、自動で更新する形に
はしていません。意図しないデータが入ると、逆効果な可能性もあるので、新規デー
タ予測をどのモデルで予測するかは慎重に検討しましょう。

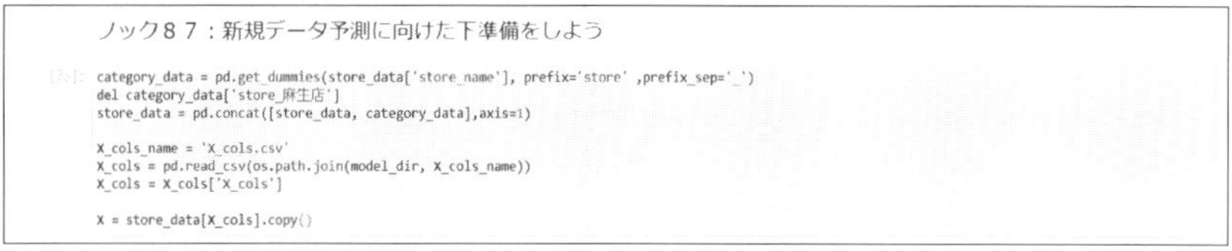

ノック87：新規データ予測に向けた下準備をしよう

それでは、ここからは新規データ予測に入っていきます。まずは下準備からです。

下準備は、カテゴリカル変数の対応と、説明変数列への絞り込みの２つを実施するデータの準備と、モデルファイルの準備です。まずは、データの準備からです。ここも、第８章で行ったことなので、特段難しくはないかと思います。

```
category_data = pd.get_dummies(store_data['store_name'], prefix='store' , prefix_sep='_')
del category_data['store_麻生店']
store_data = pd.concat([store_data, category_data],axis=1)

X_cols_name = 'X_cols.csv'
X_cols = pd.read_csv(os.path.join(model_dir, X_cols_name))
X_cols = X_cols['X_cols']

X = store_data[X_cols].copy()
```

■図9-15：予測に向けたデータ準備

ノック８７：新規データ予測に向けた下準備をしよう

```
category_data = pd.get_dummies(store_data['store_name'], prefix='store' ,prefix_sep='_')
del category_data['store_麻生店']
store_data = pd.concat([store_data, category_data],axis=1)

X_cols_name = 'X_cols.csv'
X_cols = pd.read_csv(os.path.join(model_dir, X_cols_name))
X_cols = X_cols['X_cols']

X = store_data[X_cols].copy()
```

これで、予測用のデータが整いました。続いて、モデルの準備をしていきます。

```
model_weekday_name = 'model_y_weekday_GradientBoosting.pickle'
model_weekend_name = 'model_y_weekend_GradientBoosting.pickle'

model_weekday_path = os.path.join(model_dir, model_weekday_name)
model_weekend_path = os.path.join(model_dir, model_weekend_name)
```

```
with open(model_weekday_path, mode='rb') as f:
    model_weekday = pickle.load(f)

with open(model_weekend_path, mode='rb') as f:
    model_weekend = pickle.load(f)
```

■図9-16：モデルファイルの読み込み

```
[元]: model_weekday_name = 'model_y_weekday_GradientBoosting.pickle'
      model_weekend_name = 'model_y_weekend_GradientBoosting.pickle'

      model_weekday_path = os.path.join(model_dir, model_weekday_name)
      model_weekend_path = os.path.join(model_dir, model_weekend_name)

      with open(model_weekday_path, mode='rb') as f:
          model_weekday = pickle.load(f)

      with open(model_weekend_path, mode='rb') as f:
          model_weekend = pickle.load(f)
```

　これで予測を行う準備はすべて完了です。次は、新規データの予測を行いましょう。

ノック88：新規データの予測をしよう

　それでは、予測を行います。ここも第8章を参考に書いていきましょう。これまでやったことと同じ処理が続きますが、復習だと思って頑張ってみてください。処理自体は同じですが、ぜひとも全体の流れが整理されていくのを実感していただければと思います。

```
pred_weekday = model_weekday.predict(X)
pred_weekend = model_weekend.predict(X)
pred_proba_weekday = model_weekday.predict_proba(X)[:,1]
pred_proba_weekend = model_weekend.predict_proba(X)[:,1]
pred = pd.DataFrame({'pred_weekday':pred_weekday, 'pred_weekend':pred_weekend, 'score_weekday':pred_proba_weekday, 'score_weekend':pred_proba_weekend})
pred.loc[:,'store_name'] = store_data['store_name']
pred.loc[:,'year_month'] = tg_ym
pred.head(3)
```

■図9-17：新規データ予測

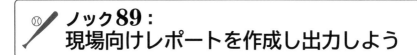

これで、新規データの予測は終了です。続いて、現場向けレポートを作成・出力して、更新データが来た際の基本処理は終了になります。

ノック89：
現場向けレポートを作成し出力しよう

それでは、現場向けレポートを作成していきます。第8章と同様に今回の更新データが実績データとなります。ではやっていきましょう。

```
target_cols = ['store_name', 'order', 'order_fin', 'order_cancel', 'order
_delivery', 'order_takeout', 'order_weekday', 'order_weekend', 'delta_avg
']
```

```
store_data = store_data[target_cols]
```

```
actual_cols = ['store_name']
```

```
rename_cols = [x + f'_{tg_ym}' for x in store_data.columns if x != 'store
_name']
```

```
actual_cols.extend(rename_cols)
```

```
store_data.columns = actual_cols
```

```
store_data.head(3)
```

■図9-18：実績データの作成

次に、scoreの4分割を行い、実績データを結合し、現場向けレポートを仕上げます。最後に、レポートを出力します。

```
pred.loc[pred['score_weekday'] >= 0.75,'オーダー予測 平日'] = '増加大'
```

```
pred.loc[(pred['score_weekday'] < 0.75)&(pred['score_weekday'] >= 0.5),'オーダー予測 平日'] = '増加'
```

```
pred.loc[(pred['score_weekday'] < 0.5)&(pred['score_weekday'] >= 0.25),'オーダー予測 平日'] = '減少'
```

```
pred.loc[pred['score_weekday'] < 0.25,'オーダー予測 平日'] = '減少大'
```

```
pred.loc[pred['score_weekend'] >= 0.75,'オーダー予測 休日'] = '増加大'
```

```
pred.loc[(pred['score_weekend'] < 0.75)&(pred['score_weekend'] >= 0.5),'オーダー予測 休日'] = '増加'
```

```
pred.loc[(pred['score_weekend'] < 0.5)&(pred['score_weekend'] >= 0.25),'オーダー予測 休日'] = '減少'
```

```
pred.loc[pred['score_weekend'] < 0.25,'オーダー予測 休日'] = '減少大'
```

```
report = pred[['store_name','オーダー予測 平日','オーダー予測 休日', 'score_weekday', 'score_weekend']]
```

```
report = pd.merge(report, store_data , on='store_name', how='left')
```

```
pred_ym = datetime.datetime.strptime(tg_ym, '%Y%m')
```

```
from dateutil.relativedelta import relativedelta
```

```
pred_ym = pred_ym + relativedelta(months=1)
```

```
pred_ym = datetime.datetime.strftime(pred_ym, '%Y%m')
```

```
report_name = f'report_pred_{pred_ym}.xlsx'
print(report_name)
report.to_excel(os.path.join(output_report_dir, report_name), index=False
)
```

■図9-19：現場向けレポートの作成

```
[13]: pred.loc[pred['score_weekday'] >= 0.75,'オーダー予測 平日'] = '増加大'
      pred.loc[(pred['score_weekday'] < 0.75)&(pred['score_weekday'] >= 0.5),'オーダー予測 平日'] = '増加'
      pred.loc[(pred['score_weekday'] < 0.5)&(pred['score_weekday'] >= 0.25),'オーダー予測 平日'] = '減少'
      pred.loc[pred['score_weekday'] < 0.25,'オーダー予測 平日'] = '減少大'

      pred.loc[pred['score_weekend'] >= 0.75,'オーダー予測 休日'] = '増加大'
      pred.loc[(pred['score_weekend'] < 0.75)&(pred['score_weekend'] >= 0.5),'オーダー予測 休日'] = '増加'
      pred.loc[(pred['score_weekend'] < 0.5)&(pred['score_weekend'] >= 0.25),'オーダー予測 休日'] = '減少'
      pred.loc[pred['score_weekend'] < 0.25,'オーダー予測 休日'] = '減少大'

      report = pred[['store_name','オーダー予測 平日','オーダー予測 休日', 'score_weekday', 'score_weekend']]
      report = pd.merge(report, store_data, on='store_name', how='left')

      pred_ym = datetime.datetime.strptime(tg_ym, '%Y%m')
      from dateutil.relativedelta import relativedelta
      pred_ym = pred_ym + relativedelta(months=1)
      pred_ym = datetime.datetime.strftime(pred_ym, '%Y%m')

      report_name = f'report_pred_{pred_ym}.xlsx'
      print(report_name)
      report.to_excel(os.path.join(output_report_dir, report_name), index=False)
```

　これで、2020年4月のデータが上がってきた際の処理が完了しました。さて、もう一度データフローを可視化しノックとの関係を見てみましょう。まず最初に、データ加工からです。主なデータ加工は**ノック82、83、84**で、店舗別集計データのstore_monthly_dataと、機械学習用データのml_base_dataが更新され、データが常に蓄積されます。store_monthly_dataを押さえておけば、ml_base_dataは後からでも作成できます。

　次に、機械学習のモデル構築は、**ノック85、86**の2つです。データの事前加工を行う**ノック85**とモデル構築を行う**ノック86**になっています。新規データ予測は**ノック87、88、89**となっており、**ノック87**はデータの事前加工、**ノック88**で予測を行い、**ノック89**でレポートになります。機械学習のモデル構築も新規データ予測も、基本は事前加工からの、モデル構築や予測の流れになっています。いかがでしょうか。非常にクリアになってきませんか。処理の流れがしっかりしていると、問題が起きた時に発見しやすく、また他の人との連携もしやすくなるでしょう。

■図9-20：処理フロー

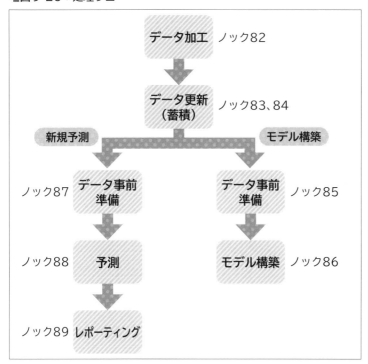

ノック81からノック89にかけて、2020年4月分のモデル構築と予測、そしてレポート作成を行ってきました。ノック90に進む前に、同様の処理を2020年5月から8月にかけて行います。具体的には以下の通りです。

・ノック81の2番目のセルで、tg_ymの値を'202005'に変更する。
・ノック81の2番目のセルからノック89までの処理を実行する。
・上記を'202006'、'202007'、'202008'でも同様に繰り返す。

以上が全て完了したら、ノック90に進みましょう。

ノック90：
機械学習モデルの精度推移を可視化しよう

　それでは、最後の1本は、何をするのでしょうか。それは、データを蓄積する価値を知ってもらうきっかけの1本にしたいと思います。2020年4月から2020年8月までの予測結果やモデル**精度評価**が蓄積されています。では、ここではモデルの精度評価の推移を見てみましょう。まずは、10_output_ml_resultにあるモデル精度評価結果をフォルダ毎に取得し、score.csvを結合しましょう。その際に、フォルダの名前を入れないと、いつ作られたモデルの精度なのかわからないので注意しましょう。

```
ml_results_dirs = os.listdir(output_ml_result_dir)
score_all = []
for ml_results_dir in ml_results_dirs:
    score_file_path = os.path.join(output_ml_result_dir,ml_results_dir, 'score.csv')
    score_monthly = pd.read_csv(score_file_path)
    score_monthly['dirs'] = ml_results_dir
    score_all.append(score_monthly)
score_all = pd.concat(score_all,ignore_index=True)
score_all.head()
```

■図9-21：モデル精度評価結果の結合

dir列があることで、モデル精度評価の推移を見ることができます。

ここでは、GradientBoosting、テストデータに絞って、休日/平日モデルともに可視化してみましょう。

```
score_all_gb = score_all.loc[(score_all['model_name']=='GradientBoosting'
)&(score_all['DataCategory']=='test')]
model_targets = score_all_gb['model_target'].unique()
import matplotlib.pyplot as plt


for model_target in model_targets:
    view_data = score_all_gb.loc[score_all_gb['model_target']==model_targ
et]
    plt.scatter(view_data['dirs'], view_data['acc'])
```

■図9-22：モデル精度評価結果の推移

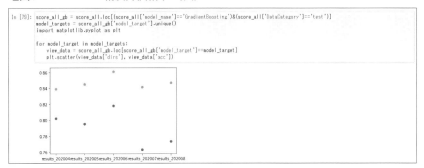

これを見ると、4月から6月までは若干精度が増加している傾向ですが、7月まで含めたデータで学習をすると精度が低下しています。細かい部分はしっかり検証しないとわかりませんが、6月から施策を開始した効果が、7月に出始めているので、若干傾向が変わった可能性があります。

このように、データを蓄積していくことで、様々な知見を得ることができます。少しは、データを蓄積するメリットが見えたのではないでしょうか。

　これで、小規模機械学習システムを作成する10本ノックは終わりです。これまで第6章から第8章で個別に行ってきたことが綺麗につながったのではないでしょうか。データは常に更新されていくものです。新しいデータをどんどん活用しつつ、蓄積することで様々な知見を得ることができます。その際には、データや処理フローを意識してプログラムを構築しておくと、ミスも起きにくく、仮にインプットデータやマスタデータが変更されることになっても落ち着いて対応できます。

　さて、本書の100本ノックも残すところ10本となりました。最後は、**ノック90**で入口に立った、蓄積データを使って、機械学習システムのダッシュボードを作成します。

第10章
機械学習システムの
ダッシュボードを作成する
10本ノック

　第8章までに機械学習システムの機能を少しずつ実現し、さらに第9章ではデータの蓄積を意識しながら、小規模な機械学習システムを構築しました。ここまでくれば、データを蓄積することで得られる知見とその価値が、少し見えてきたのではないでしょうか。いよいよ第10章では集大成として、この価値ある情報を共有するためのダッシュボードを用意していきます。どれほど価値のある情報も、それが正しく伝わらなければ意味がありません。第1部で学んだ知識も総動員して、最後のノックに挑戦してみてください。

ノック91　：単一データの読み込みをしよう
ノック92　：更新データを読み込んで店舗別データを作成しよう
ノック93　：機械学習モデルの重要変数データを読み込んで結合しよう
ノック94　：機械学習モデルの予測結果を読み込んで結合しよう
ノック95　：機械学習モデル用の事前データ加工をしよう
ノック96　：店舗分析用ダッシュボードを作成しよう
ノック97　：機械学習モデルの精度評価ダッシュボードを作成しよう
ノック98　：機械学習モデルの混同行列ダッシュボードを作成しよう
ノック99　：機械学習モデルの変数重要度の分析ダッシュボードを作成しよう
ノック100：機械学習モデルの予測結果検証のための可視化をしよう

あなたの状況

　毎月発生するデータを上手に蓄積する仕組みを身に付けたあなたは、その蓄積データから見えてくる傾向を周囲と共有し、新たな施策につなげたいと考えます。そこで、これまで作成したダッシュボードに月次の情報を加えた店舗分析用のダッシュボードを用意しようと考えました。さらに、機械学習モデルの評価検証用ダッシュボードも作成することで、継続した評価検証を効率的に行うことができると考えました。

前提条件

　今回使用するデータは、第9章で作成したstore_monthly_data.csvとml_base_data.csv、さらに月別で作成した機械学習の結果ファイルとなります。事前準備として、第9章のdataフォルダをそのまま第10章のフォルダにコピーしてください。

■表10-1：データ一覧

No.	ファイル名	概要
1	store_monthly_data.csv	店舗の月毎の集計済みデータ。 第9章で作成済み。
2	ml_base_data.csv	機械学習用のデータ。第9章で作成済み。
3	score.csv	機械学習モデルの精度評価結果ファイル。 第9章で月別に作成済み。
4	importance.csv	機械学習モデルの重要変数データファイル。第9章で月別に作成済み。
5	report_pred_YYYYMM.xlsx	機械学習モデルの予測結果ファイル。 第9章で月別に作成済み。

ノック91：
単一データの読み込みをしよう

　それでは、蓄積されたデータの知見を引き出すためのダッシュボードを作っていきましょう。まず、**ノック91**から**ノック95**まではデータの加工になります。今回は、第9章で蓄積されたデータを使用するので、フォルダ構造は考える必要

がありません。まずは、読み込みに工夫がいらないstore_monthly_data.csvとml_base_data.csvのような単一データを読み込んでしまいましょう。

```
import os
import pandas as pd
data_dir = 'data'
store_monthly_dir = os.path.join(data_dir, '01_store_monthly')
ml_base_dir = os.path.join(data_dir, '02_ml_base')

output_ml_result_dir = os.path.join(data_dir, '10_output_ml_result')
output_report_dir = os.path.join(data_dir, '11_output_report')

store_monthly_file = 'store_monthly_data.csv'
ml_base_file = 'ml_base_data.csv'

store_monthly_data = pd.read_csv(os.path.join(store_monthly_dir, store_mo
nthly_file))
ml_base_data = pd.read_csv(os.path.join(ml_base_dir, ml_base_file))
display(store_monthly_data.head(3))
display(ml_base_data.head(3))
```

■図10-1：単一データの読み込み

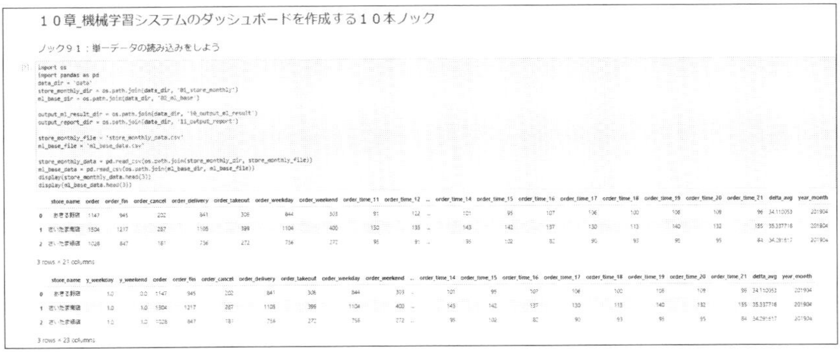


```
import os
import pandas as pd
data_dir = 'data'
store_monthly_dir = os.path.join(data_dir, '01_store_monthly')
ml_base_dir = os.path.join(data_dir, '02_ml_base')

output_ml_result_dir = os.path.join(data_dir, '10_output_ml_result')
output_report_dir = os.path.join(data_dir, '11_output_report')

store_monthly_file = 'store_monthly_data.csv'
ml_base_file = 'ml_base_data.csv'

store_monthly_data = pd.read_csv(os.path.join(store_monthly_dir, store_monthly_file))
ml_base_data = pd.read_csv(os.path.join(ml_base_dir, ml_base_file))
display(store_monthly_data.head(3))
display(ml_base_data.head(3))
```

	store_name	order	order_fin	order_cancel	order_delivery	order_takeout	order_weekday	order_weekend	order_time_11	order_time_12	...	order_time_14	order_time_15	order_time_16	order_time_17	order_time_18	order_time_19	order_time_20	order_time_21	delta_avg	year_month
0	あきる野店	1147	945	202	841	306	844	303	91	122	...	101	95	107	106	100	106	109	96	34.110053	201904
1	さいたま南店	1504	1217	287	1105	399	1104	400	130	135	...	143	142	137	130	113	140	132	155	35.337716	201904
2	さいたま緑店	1028	847	181	756	272	756	272	95	91	...	95	102	82	90	93	95	95	84	34.291617	201904

3 rows × 21 columns

	store_name	y_weekday	y_weekend	order	order_fin	order_cancel	order_delivery	order_takeout	order_weekday	order_weekend	...	order_time_14	order_time_15	order_time_16	order_time_17	order_time_18	order_time_19	order_time_20	order_time_21	delta_avg	year_month
0	あきる野店	1.0	0.0	1147	945	202	841	306	844	303	...	101	95	107	106	100	106	109	96	34.110053	201904
1	さいたま南店	1.0	1.0	1504	1217	287	1105	399	1104	400	...	143	142	137	130	113	140	132	155	35.337716	201904
2	さいたま緑店	1.0	1.0	1028	847	181	756	272	756	272	...	95	102	80	90	93	95	95	84	34.291617	201904

3 rows × 23 columns

読み込みはもう慣れたものですね。続いて、**ノック90**でも行った機械学習モデルの精度評価結果を読み込みましょう。

ノック90でも述べましたが、モデルの精度評価結果は、score.csvとして保存されており、結合する際にデータにフォルダ名等を入れておかないと区別がつかなくなってしまいます。まずは、**ノック90**と同じ形で実行します。

```
ml_results_dirs = os.listdir(output_ml_result_dir)
score_all = []
for ml_results_dir in ml_results_dirs:
    score_file_path = os.path.join(output_ml_result_dir,ml_results_dir, '
score.csv')
    score_monthly = pd.read_csv(score_file_path)
    score_monthly['dirs'] = ml_results_dir
    score_all.append(score_monthly)
score_all = pd.concat(score_all,ignore_index=True)
score_all.head()
```

■図10-2：精度評価結果の読み込み

ノック92：機械学習モデルの精度評価結果を読み込んで結合しよう

```
入力 [2]: ml_results_dirs = os.listdir(output_ml_result_dir)
          score_all = []
          for ml_results_dir in ml_results_dirs:
              score_file_path = os.path.join(output_ml_result_dir,ml_results_dir, 'score.csv')
              score_monthly = pd.read_csv(score_file_path)
              score_monthly['dirs'] = ml_results_dir
              score_all.append(score_monthly)
          score_all = pd.concat(score_all,ignore_index=True)
          score_all.head()
```

出力[2]:

	DataCategory	acc	f1	recall	precision	tp	fn	fp	tn	model_name	model_target	dirs
0	train	1.000000	1.000000	1.000000	1.000000	861	0	0	777	tree	y_weekday	results_202004
1	test	0.811966	0.829016	0.818414	0.839895	320	71	61	250	tree	y_weekday	results_202004
2	train	1.000000	1.000000	1.000000	1.000000	861	0	0	777	RandomForest	y_weekday	results_202004
3	test	0.792023	0.816121	0.828645	0.803970	324	67	79	232	RandomForest	y_weekday	results_202004
4	train	0.865079	0.875212	0.900116	0.851648	775	86	135	642	GradientBoosting	y_weekday	results_202004

dirsにresults_202004が入っています。**ノック90**ではいったん無視しましたが、データの**クレンジング**を行い、年月列を作成しましょう。「_」で分割し、後ろを取れば年月が取得できますね。

```
score_all.loc[:,'year_month'] = score_all['dirs'].str.split('_', expand=T
rue)[1]
```
```
score_all.head()
```

■図10-3：年月の抽出

これで、モデル精度評価結果を綺麗な形で整形できました。
続いて、同じようにモデルの重要変数データも結合しましょう。

ノック93：
機械学習モデルの重要変数データを読み込んで結合しよう

　重要変数は、精度評価結果と同じようにフォルダに格納されています。ファイル名は、importance.csvとなります。

```
ml_results_dirs = os.listdir(output_ml_result_dir)
```
```
importance_all = []
```
```
for ml_results_dir in ml_results_dirs:
    importance_file_path = os.path.join(output_ml_result_dir,ml_results_d
ir, 'importance.csv')
    importance_monthly = pd.read_csv(importance_file_path)
    importance_monthly['dirs'] = ml_results_dir
    importance_all.append(importance_monthly)
```
```
importance_all = pd.concat(importance_all,ignore_index=True)
```
```
importance_all.loc[:,'year_month'] = importance_all['dirs'].str.split('_'
, expand=True)[1]
```
```
importance_all.head()
```

■図10-4：重要度変数データの結合

ノック93：機械学習モデルの重要変数データを読み込んで結合しよう

```
入力[4]: ml_results_dirs = os.listdir(output_ml_result_dir)
         importance_all = []
         for ml_results_dir in ml_results_dirs:
             importance_file_path = os.path.join(output_ml_result_dir,ml_results_dir, 'importance.csv')
             importance_monthly = pd.read_csv(importance_file_path)
             importance_monthly['dirs'] = ml_results_dir
             importance_all.append(importance_monthly)
         importance_all = pd.concat(importance_all,ignore_index=True)
         importance_all.loc[:,'year_month'] = importance_all['dirs'].str.split('_', expand=True)[1]
         importance_all.head()
```

出力[4]:

	cols	importance	model_name	model_target	dirs	year_month
0	order_weekend	0.349060	tree	y_weekday	results_202004	202004
1	order_weekday	0.276106	tree	y_weekday	results_202004	202004
2	order	0.050472	tree	y_weekday	results_202004	202004
3	order_takeout	0.034702	tree	y_weekday	results_202004	202004
4	delta_avg	0.030703	tree	y_weekday	results_202004	202004

　精度評価結果とほぼ同じ処理で行けますね。今後、精度評価結果と重要変数データの構成が変わらないようであれば、**ノック82**と統一して、一度のfor文で回して両方取得してしまうのも1つの手です。皆さんも挑戦してみてください。

ノック94：
機械学習モデルの予測結果を読み込んで結合しよう

　次は、予測結果を結合しましょう。第9章を本書通りに実習した方であれば、2019年4月から2020年3月までのデータを用いて学習したモデルを使用して2020年4月から2020年8月までの予測を行ったデータになっています。予測結果を残しておくことで、実際のデータとの答え合わせが可能になります。学習・テストのように期間内で分割したデータとは違うので、本当の意味での精度を出すことができます。また、時間の経過や市場構造の変化によって、モデルが**陳腐化**してしまった場合も発見できるでしょう。

　まずは、結合を行います。こちらは、**ノック92、93**と違い、11_output_reportフォルダ内に予測対象月別にエクセルで格納されています。必要なのはscoreなので、結合キーとなるstore_nameとscore_weekday、score_weekendの3列に絞りましょう。

```
report_files = os.listdir(output_report_dir)
report_all = []
for report_file in report_files:
    report_file_path = os.path.join(output_report_dir, report_file)
    report_monthly = pd.read_excel(report_file_path)
    report_monthly = report_monthly[['store_name','score_weekday','score_
weekend']].copy()
    report_monthly['files'] = report_file
    report_all.append(report_monthly)
report_all = pd.concat(report_all,ignore_index=True)
report_all.head()
```

■図10-5：予測結果データの結合

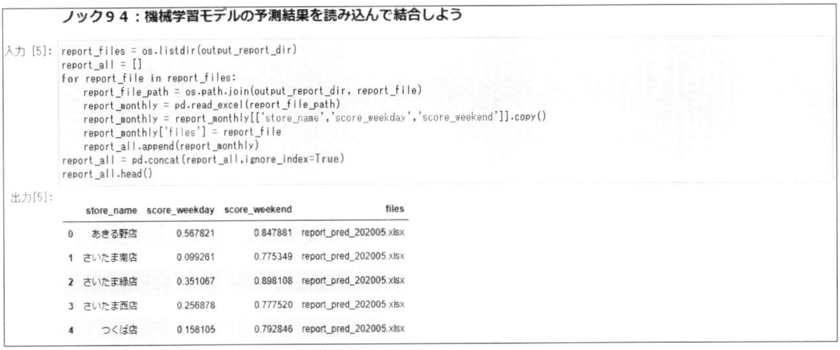

こちらも年月列が必要となるので、filesを分割して、予測した年月を取得しましょう。「.」で分割した後、12文字目より後ろを取れば取得できます。

```
report_all.loc[:,'pred_year_month'] = report_all['files'].str.split('.',
expand=True)[0]
report_all.loc[:,'pred_year_month'] = report_all['pred_year_month'].str[1
2:]
report_all.head()
```

■図10-6：予測した年月情報の抽出

```
入力 [6]: report_all.loc[:,'pred_year_month'] = report_all['files'].str.split('.', expand=True)[0]
          report_all.loc[:,'pred_year_month'] = report_all['pred_year_month'].str[12:]
          report_all.head()
```

出力[6]:

	store_name	score_weekday	score_weekend	files	pred_year_month
0	あきる野店	0.567821	0.847881	report_pred_202005.xlsx	202005
1	さいたま竜店	0.099261	0.775349	report_pred_202005.xlsx	202005
2	さいたま緑店	0.351067	0.898108	report_pred_202005.xlsx	202005
3	さいたま西店	0.256878	0.777520	report_pred_202005.xlsx	202005
4	つくば店	0.158105	0.792846	report_pred_202005.xlsx	202005

これで、予測した年月列を作成することができました。

続いて、機械学習モデルがはじき出したこの予測スコアは、正しかったのでしょうか。

それを検証するために、予測した年月に実績データをジョインしましょう。

ノック95：
機械学習モデル用の事前データ加工をしよう

今回の機械学習モデルは、前月よりも増加したかどうかです。機械学習用データであるml_base_dataは、既にy_weekday、y_weekendという列で、実績データの結果を教師データとして持っています。そこでml_base_dataを活用しましょう。ここで一点注意が必要なのは、ml_base_dataのyear_month列は予測時点の年月です。今回は1か月後の予測を行っているので、ml_base_dataの年月に1か月足さなくてはいけません。つまり、ml_base_dataの年月列が2020年7月であれば、y_weekday、y_weekendは、2020年8月のオーダーが2020年7月よりも増加した場合は1、減少した場合は0となっており、実際には2020年8月の実績なのです。そこに注意して、ml_base_dataの準備を行いましょう。

```
ml_data = ml_base_data[['store_name','y_weekday', 'y_weekend','year_month']].copy()
```

```
ml_data.loc[:,'pred_year_month'] = pd.to_datetime(ml_data['year_month'], format='%Y%m')
```

```
from dateutil.relativedelta import relativedelta
```

```
ml_data.loc[:,'pred_year_month'] = ml_data['pred_year_month'].map(lambda x: x + relativedelta(months=1))
```

```
ml_data.loc[:,'pred_year_month'] = ml_data['pred_year_month'].dt.strftime
('%Y%m')
```

```
del ml_data['year_month']
```

```
ml_data.head(3)
```

■図10-7：機械学習用データの年月加算

　これで、1か月足した状態の年月列を作成しました。ジョインキーとなるので、予測結果データのreport_allの年月列と同じ名前にしています。
　では、report_allと結合しましょう。

```
report_valid = pd.merge(report_all, ml_data, on=['store_name','pred_year_
month'], how='left')
```

```
report_valid
```

■図10-8：予測結果データと検証データの結合

入力 [8]:
```
report_valid = pd.merge(report_all, ml_data, on=['store_name','pred_year_month'], how='left')
report_valid
```

出力[8]:

	store_name	score_weekday	score_weekend	files	pred_year_month	y_weekday	y_weekend
0	あきる野店	0.567821	0.847881	report_pred_202005.xlsx	202005	0.0	1.0
1	さいたま南店	0.099261	0.775349	report_pred_202005.xlsx	202005	0.0	1.0
2	さいたま緑店	0.351067	0.898108	report_pred_202005.xlsx	202005	0.0	1.0
3	さいたま西店	0.256878	0.777520	report_pred_202005.xlsx	202005	0.0	1.0
4	つくば店	0.158105	0.792846	report_pred_202005.xlsx	202005	0.0	1.0
...	...	...	...	...	...	...	...
970	高津店	0.934106	0.137875	report_pred_202009.xlsx	202009	NaN	NaN
971	高田馬場店	0.965103	0.123156	report_pred_202009.xlsx	202009	NaN	NaN
972	鴻巣店	0.962716	0.145759	report_pred_202009.xlsx	202009	NaN	NaN
973	鶴見店	0.946437	0.153724	report_pred_202009.xlsx	202009	NaN	NaN
974	麻生店	0.961232	0.126548	report_pred_202009.xlsx	202009	NaN	NaN

975 rows × 7 columns

これを見ると、後ろの方のデータで、y_weekday、y_weekendが欠損しているのがわかります。これは、2020年9月の実績なので、まだ答えが出ていないのです。欠損は除外してしまいましょう。

```
report_valid.dropna(inplace=True)
report_valid
```

■図10-9：欠損データの除去

これで、後ろの方にあった2020年9月のデータが消え、8月までのデータであることがわかります。

ここまでで、データの加工は終了です。次回からは、これまで作成してきたデータを用いてダッシュボードを作成していきましょう。

ノック96：
店舗分析用ダッシュボードを作成しよう

機械学習モデルの**ダッシュボード**を作る前に、第1部で実習したような、現在の自分たちを知るためのダッシュボードも1つ作っておきましょう。そうすることで、後半に作成する機械学習用のダッシュボードも活きてきます。

蓄積されたデータとして、store_manthly_dataがあります。これであれば、月別の店舗毎の実績が可視化できます。ここでは、第3章で用いたipywidgetsを使って、店舗名をフィルタで切り替えられるようにしましょう。しっかり完了したオーダー件数order_finと、キャンセルされてしまったorder_cancelを時系列で可視化しましょう。

```
import seaborn as sns
from IPython.display import display, clear_output
from ipywidgets import Select, SelectMultiple
import matplotlib.pyplot as plt
import japanize_matplotlib


store_list = store_monthly_data['store_name'].unique()


def make_graph_96(val):
    clear_output()
    display(select_96)

    fig = plt.figure(figsize=(17,4))
    plt.subplots_adjust(wspace=0.25, hspace=0.6)

    for i, trg in enumerate(val['new']):
        pick_data = store_monthly_data.loc[store_monthly_data['store_name
']==trg]
        graph_fin = pick_data[['store_name','order_fin', 'year_month']].c
opy()
        graph_fin.loc[:,'type'] = 'fin'
        graph_fin = graph_fin.rename(columns={'order_fin': 'count'})

        graph_cancel = pick_data[['store_name','order_cancel', 'year_mont
h']].copy()
        graph_cancel.loc[:,'type'] = 'cancel'
        graph_cancel = graph_cancel.rename(columns={'order_cancel': 'coun
t'})

        ax = fig.add_subplot(1, len(val['new']), (i+1))
        sns.pointplot(x="year_month", y="count", data=graph_fin, color='o
range')
        sns.pointplot(x="year_month", y="count", data=graph_cancel, color
='blue')
        ax.set_title(trg)
```

```
select_96 = SelectMultiple(options=store_list)
select_96.observe(make_graph_96, names='value')
display(select_96)
```

■図10-10：店舗分析用ダッシュボード

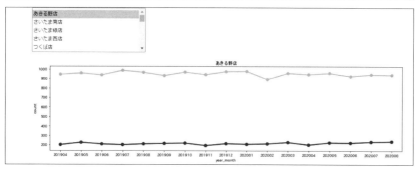

　いかがでしたでしょうか。第3章の応用でグラフが描画できると思います。第2部では初めてダッシュボードを作成するので、忘れていた方も多いのではないでしょうか。

ノック97：
機械学習モデルの
精度評価ダッシュボードを作成しよう

　では、ここから機械学習のダッシュボードを作成していきます。まずは、**ノック90**の**精度評価**ダッシュボードを作成しましょう。毎月更新されたデータで毎月モデルを構築していますので、その際の精度を可視化します。**ノック90**では、現在使用しているモデルであるGradientBoostingのデータに絞り込みましたが、ここでは、model_nameを**フィルタ**で切り替えられるようにしましょう。平日モデルと休日モデルの精度は並べて表示します。

```python
opt1 = ''

def s1_update_97(val):
    global opt1
    opt1 = val['new']
    graph_97()

def graph_97():
    clear_output()
    display(select1_97)

    graph_df_wd = score_all.loc[(score_all['model_name']==opt1)&(score_al
l['model_target']=='y_weekday')].copy()
    graph_df_we = score_all.loc[(score_all['model_name']==opt1)&(score_al
l['model_target']=='y_weekend')].copy()

    fig, (ax1, ax2) = plt.subplots(1, 2, figsize=(15,5))
    plt.subplots_adjust(wspace=0.25, hspace=0.6)
    ax1 = fig.add_subplot(1, 2, 1)
    sns.barplot(x='dirs', y='acc', data=graph_df_wd, hue='DataCategory')
    ax1.set_title('平日')

    ax2 = fig.add_subplot(1, 2, 2)
    sns.barplot(x='dirs', y='acc', data=graph_df_we, hue='DataCategory')
```

```
    ax2.set_title('休日')


s1_option_97 = score_all['model_name'].unique()


select1_97 = Select(options=s1_option_97)
select1_97.observe(s1_update_97, names='value')


display(select1_97)
```

■図10-11：モデル精度評価ダッシュボード

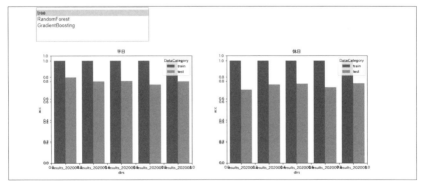

これで、一目で学習/テストの精度が確認できます。**ノック90**と同じように、7月のデータを学習に混ぜると精度が若干低下していることがわかります。どのモデルでも共通して低下しているかと思います。

続けて、**混同行列**を可視化していきます。同じようにフィルタを使用しますが、model_nameと平日/休日モデルをフィルタにし、学習とテストデータでの結果を並べて表示します。

今度は複数フィルタなので、間違えないようにプログラムを書きましょう。

```
opt1 = ''
opt2 = ''


def s1_update_98(val):
    global opt1
    opt1 = val['new']
    graph_98()


def s2_update_98(val):
    global opt2
    opt2 = val['new']
    graph_98()


def graph_98():
    clear_output()
    display(select1_98, select2_98)

    for i, ym in enumerate(score_all['year_month'].unique()):
        fig, (ax1, ax2) = plt.subplots(1, 2, figsize=(15,5))
        plt.subplots_adjust(wspace=0.25, hspace=0.6)
```

```
        tmp = score_all.loc[(score_all['model_name']==opt1) & (score_all[
'model_target']==opt2) & (score_all['DataCategory']=='train') & (score_al
l['year_month']==ym)]

        if len(tmp) == 1:

            maxcnt = tmp["tp"].values[0] + tmp["fn"].values[0] + tmp["fp"
].values[0] + tmp["tn"].values[0]

            cm = [[tmp['tp'].values[0]/maxcnt, tmp['fn'].values[0]/maxcnt
], [tmp['fp'].values[0]/maxcnt, tmp['tn'].values[0]/maxcnt]]

            ax1 = fig.add_subplot(1, 2, 1)

            sns.heatmap(cm, vmax=0.5, vmin=0, cmap='Blues', annot=True, x
ticklabels=False, yticklabels=False, cbar=False)

            ax1.set_title(f'{ym} train')


        tmp = score_all.loc[(score_all['model_name']==opt1) & (score_all[
'model_target']==opt2) & (score_all['DataCategory']=='test') & (score_all
['year_month']==ym)]

        if len(tmp) == 1:

            maxcnt = tmp["tp"].values[0] + tmp["fn"].values[0] + tmp["fp"
].values[0] + tmp["tn"].values[0]

            cm = [[tmp['tp'].values[0]/maxcnt, tmp['fn'].values[0]/maxcnt
], [tmp['fp'].values[0]/maxcnt, tmp['tn'].values[0]/maxcnt]]

            ax2 = fig.add_subplot(1, 2, 2)

            sns.heatmap(cm, vmax=0.5, vmin=0, cmap='Blues', annot=True, x
ticklabels=False, yticklabels=False, cbar=False)

            ax2.set_title(f'{ym} test')


s1_option_98 = score_all['model_name'].unique()

s2_option_98 = score_all['model_target'].unique()


select1_98 = Select(options=s1_option_98)

select1_98.observe(s1_update_98, names='value')


select2_98 = Select(options=s2_option_98)

select2_98.observe(s2_update_98, names='value')


display(select1_98, select2_98)
```

■図10-12：混同行列ダッシュボード

ノック98：機械学習モデルの混同行列ダッシュボードを作成しよう

```
In [12]: opt1 = ''
         opt2 = ''

         def s1_update_98(val):
             global opt1
             opt1 = val['new']
             graph_98()

         def s2_update_98(val):
             global opt2
             opt2 = val['new']
             graph_98()

         def graph_98():
             clear_output()
             display(select1_98, select2_98)

             for i, ym in enumerate(score_all['year_month'].unique()):
                 fig, (ax1, ax2) = plt.subplots(1, 2, figsize=(15,5))
                 plt.subplots_adjust(wspace=0.25, hspace=0.6)

                 tmp = score_all.loc[(score_all['model_name']==opt1) & (score_all['model_target']==opt2) &
                                     (score_all['DataCategory']=='train') & (score_all['year_month']==ym)]
                 if len(tmp) == 1:
                     maxcnt = tmp["tp"].values[0] + tmp["fn"].values[0] + tmp["fp"].values[0] + tmp["tn"].values[0]
                     cm = [[tmp['tp'].values[0]/maxcnt, tmp['fn'].values[0]/maxcnt], [tmp['fp'].values[0]/maxcnt, tmp['tn'].values[0]/maxcnt]]
                     ax1 = fig.add_subplot(1, 2, 1)
                     sns.heatmap(cm, vmax=0.5, vmin=0, cmap='Blues', annot=True, xticklabels=False, yticklabels=False, cbar=False)
                     ax1.set_title(f'{ym} train')

                 tmp = score_all.loc[(score_all['model_name']==opt1) & (score_all['model_target']==opt2) &
                                     (score_all['DataCategory']=='test') & (score_all['year_month']==ym)]
                 if len(tmp) == 1:
                     maxcnt = tmp["tp"].values[0] + tmp["fn"].values[0] + tmp["fp"].values[0] + tmp["tn"].values[0]
                     cm = [[tmp['tp'].values[0]/maxcnt, tmp['fn'].values[0]/maxcnt], [tmp['fp'].values[0]/maxcnt, tmp['tn'].values[0]/maxcnt]]
                     ax2 = fig.add_subplot(1, 2, 2)
                     sns.heatmap(cm, vmax=0.5, vmin=0, cmap='Blues', annot=True, xticklabels=False, yticklabels=False, cbar=False)
                     ax2.set_title(f'{ym} test')

         s1_option_98 = score_all['model_name'].unique()
         s2_option_98 = score_all['model_target'].unique()

         select1_98 = Select(options=s1_option_98)
         select1_98.observe(s1_update_98, names='value')

         select2_98 = Select(options=s2_option_98)
         select2_98.observe(s2_update_98, names='value')

         display(select1_98, select2_98)
```

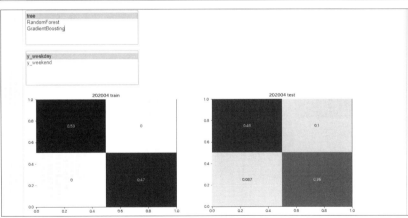

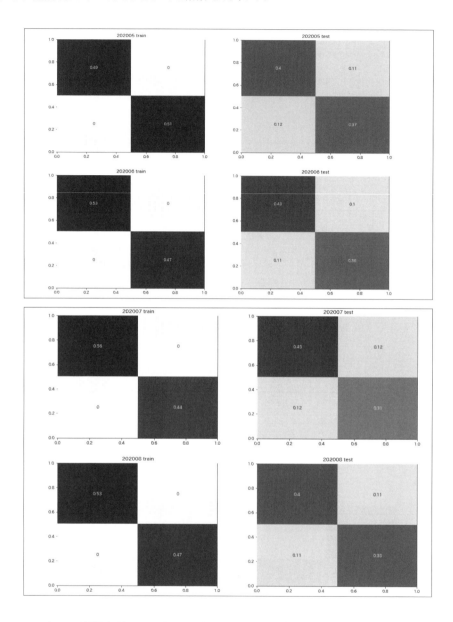

　これで、正解率だけではなく、どちらかに予測が偏っていた場合でも一目でわかり、評価の幅が広がります。第7章のモデル構築ではあまり行いませんでしたが、決定木やランダムフォレスト等の**モデル評価**も挑戦してみてください。混同行列で見ても、GradientBoosting以外は、**過学習**になっていることがわかりますね。

ノック99：
機械学習モデルの変数重要度の
分析ダッシュボードを作成しよう

　続いて、変数**重要度**の可視化を行います。フィルタは、model_nameとモデル構築を実施した年月year_monthを設定します。**ノック96**からやってきたことを参考に挑戦してみましょう。

```python
opt1 = ''
opt2 = ''


def s1_update(val):
    global opt1
    opt1 = val['new']
    if opt2 != '':
        graph_by_multi()


def s2_update(val):
    global opt2
    opt2 = val['new']
    if opt1 != '':
        graph_by_multi()


def graph_by_multi():
    clear_output()
    display(select1, select2)


    importance_tg_wd = importance_all.loc[(importance_all['model_name']==
opt1)& (importance_all['year_month']==opt2)& (importance_all['model_targe
t']=='y_weekday')].copy()


    importance_tg_we = importance_all.loc[(importance_all['model_name']==
opt1)& (importance_all['year_month']==opt2)& (importance_all['model_targe
t']=='y_weekend')].copy()
```

```
    importance_tg_wd.sort_values('importance',ascending=False,inplace=Tru
e)
    importance_tg_we.sort_values('importance',ascending=False,inplace=Tru
e)

    importance_tg_wd = importance_tg_wd.head(10)
    importance_tg_we = importance_tg_we.head(10)

    fig, (ax1, ax2) = plt.subplots(1, 2, figsize=(15,5))
    plt.subplots_adjust(wspace=0.25, hspace=0.6)
    ax1 = fig.add_subplot(1, 2, 1)
    plt.barh(importance_tg_wd['cols'], importance_tg_wd['importance'])
    ax1.set_title('平日')

    ax2 = fig.add_subplot(1, 2, 2)
    plt.barh(importance_tg_we['cols'], importance_tg_we['importance'])
    ax2.set_title('週末')


s1_option = importance_all['model_name'].unique()
s2_option = importance_all['year_month'].unique()


select1 = Select(options=s1_option)
select1.observe(s1_update, names='value')


select2 = Select(options=s2_option)
select2.observe(s2_update, names='value')


display(select1, select2)
```

■図10-13：変数重要度分析ダッシュボード

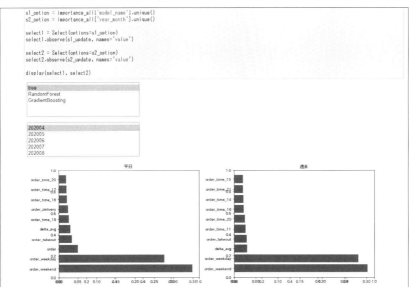

GradientBoostingでは、order_weekendやorder_weekdayが支配的ですが、delta_avgも小さいながら上位に来ていることがわかります。フィルタを用いて他のモデルを見てみましょう。どのモデルでも、order_weekendやorder_weekdayが比較的大きく寄与しています。

ノック100：
機械学習モデルの予測結果検証のための可視化をしよう

いよいよ最後のノックになりました。最後は、簡易的な可視化を行います。しかし、そこには重要な知見が隠されています。機械学習は、未知のデータを予測することが目的です。そこで、5月から8月までの実際の精度を可視化してみましょう。縦軸に平日/休日モデルを、横軸に予測を行った年月を持ってきて、正解率を**ヒートマップ**にしてみます。

```
view_data = report_valid.copy()
view_data.loc[(view_data['score_weekday'] >= 0.5)&(view_data['y_weekday']
==1), 'correct_weekday'] = 1
view_data.loc[(view_data['score_weekday'] < 0.5)&(view_data['y_weekday']
==0), 'correct_weekday'] = 1
view_data.loc[(view_data['score_weekend'] >= 0.5)&(view_data['y_weekend']
==1), 'correct_weekend'] = 1
view_data.loc[(view_data['score_weekend'] < 0.5)&(view_data['y_weekend']
==0), 'correct_weekend'] = 1
view_data.loc[:,'count'] = 1
view_data.fillna(0, inplace=True)
view_data = view_data.groupby('pred_year_month').sum()[['correct_weekday'
,'correct_weekend', 'count']]
view_data.loc[:, 'acc_weekday'] = view_data['correct_weekday'] / view_dat
a['count']
view_data.loc[:, 'acc_weekend'] = view_data['correct_weekend'] / view_dat
a['count']
view_data = view_data[['acc_weekday','acc_weekend']]
```

```
sns.heatmap(view_data.T, cmap='Blues', annot=True, yticklabels=2, linewid
ths=.5)
```

■図10-14：予測結果検証用ダッシュボード

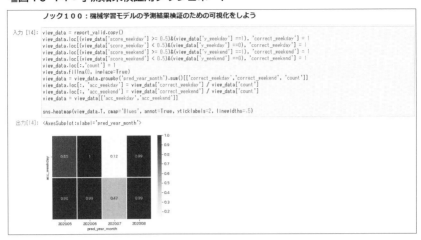

可視化を行うと、7月の正解率が非常に低いのがわかります。ここまで、時間という軸をあまり考慮していないモデルを構築してきました。学習とテストデータの分割も時系列をあまり意識せずに全部のデータをランダムに分割しています。統計的に全体を見れば精度が高く見えていますが、今回のように、月で追っていくと著しく精度が低下している月があることがわかります。今後、データが蓄積できてきたら、もう少し時系列を意識してモデルを構築するのが良いでしょう。実際には、今回のような簡単なケースではモデルを構築する時点で気付けることが多いのですが、検証をしていくと見えてくることも多々あります。

　そういった観点からも、PDCAサイクルを高速に回すことを意識し、継続的に検証するための仕組みを早い段階で構築するのが良いでしょう。

　これで、第10章のノックは終了し、それと同時に100本すべてのノックが終わりました。最後の10本は、良い意味でも悪い意味でも気づきになったのではないでしょうか。機械学習は、無敵のツールではありません。だからこそ、検証の仕組みを構築するのが重要なのです。

　第2部では、機械学習システムの構築に向けて、1つずつ機能を理解しながら作成してきました。第6章では機械学習に向けたデータ加工を、第7章ではモデルの構築を、第8章では新規データ予測の機能を作成しました。それらを取り入れて、第9章でデータや処理の流れを整理しながら、継続的にデータを蓄積しつつ、機械学習による現場改善レポートを行える仕組みを構築しました。さらに、第10章では、第1部の知見も活かし、自分自身が構築した機械学習モデル自体を分析できるダッシュボードを構築し、検証の仕組みを整えました。ここから、さらにモデルを発展させ、現場での施策につなげ、効果を上げていきましょう。それらは、すべてパソコン1台で始められることなのです。

放課後練
大規模言語モデル
(LLM)の活用

　機械学習システム１００本ノックお疲れ様でした。これまでのノックをこなした読者の皆さんならば、データ可視化や機械学習をシステム的な考え方で作る方法がイメージできてきたのではないでしょうか。データ可視化であれば一度グラフを作成して終わりではなく、レポートなどのように繰り返し見えるような形を作ることでデータドリブンな施策が回っていきます。機械学習であれば、モデルを作成して終わりではありません。モデルを構築したらその結果をもとに繰り返し予測をしていく必要はあるし、モデルの精度を監視していく必要もあります。本書のノックだけでは本格的な可視化/機械学習システムを作成できるようにはなりませんが、上記で話したシステム的な考え方やイメージを持つだけでデータサイエンスの効率は大きく変わるので覚えておいてください。

　さて、機械学習システム１００本ノックの初版が発行された時から機械学習やAIの分野は大きく変貌してきています。それは、ChatGPTに代表されるような大規模言語モデル(LLM)の登場です。瞬く間にエンジニアの中に広がるとともに、ChatGPTツールはこれまでプログラミングなど触ったことがないビジネスユーザーへと広がって大きなムーブメントを生み出しました。それは今も広がりつづけ、Langchainに代表されるようにLLMを活用するためのライブラリやプログラミングの手法も開発されてきています。

　そこで、放課後ノックでは、LLMの活用にフォーカスをあてて、Langchainなどのライブラリの使い方やLLMエージェントに触れていきます。これまでの社会や技術の在り方を根底から覆すようなとんでもない進化が今、目の前で起きています。その世界を少しでも体験してもらえれば幸いです。

第11章
大規模言語モデル(LLM)を
活用した20本ノック

　放課後ノックとして、本章では大規模言語モデル(LLM)を活用したプログラミングを行っていきます。ここでは、ChatGPTで有名なOpenAI社のAPIを用いてLangchainというライブラリの使い方を学んでいきます。まずは**指示(プロンプト)**をプログラムから投げる方法やその際の注意点などの基本的な部分の説明を行います。特に、システムに組み込むことを想定してアウトプットを形式化する方法などは押さえておくと良いでしょう。その後、後半では自律的にタスクを選択する判断を行うLLMエージェントに触れていきます。指示をするだけでフォルダ内のデータ一覧を確認してデータに含まれている情報を取ってくるエージェントなどを作成します。また、その派生形としてエージェントを用いてデータ分析を行う体験をしていきます。データ分析の自動化までは行いませんが、その入り口に立つ体験になると思います。

　LLMはまだまだ発展途上で懐疑的な見方をしている方もいらっしゃるのが現状です。ただ、可能性や普及のスピードを見るともう無視できないほどの技術となってきています。AIがパートナーになる時代がすぐそこまで来ているのです。その可能性をノックを通じて少しでも感じてもらえればと思います。それでは、さっそくノックを始めて行きましょう。

　放課後ノック101：OpenAI APIを使う準備を整えよう
　放課後ノック102：APIを用いてLLMを使ってみよう
　放課後ノック103：モデルやランダム性を変えて比べてみよう
　放課後ノック104：長文での指示を工夫してみよう
　放課後ノック105：質問の履歴を確認してみよう
　放課後ノック106：Langchainを使ってみよう
　放課後ノック107：日本語を外国語に翻訳してみよう
　放課後ノック108：応答内容をjsonや辞書型で出力してみよう
　放課後ノック109：応答内容をリストで取得してみよう
　放課後ノック110：翻訳システムを意識してみよう

あなたの状況

　あなたは、最近よく耳にする大規模言語モデル(LLM)を活用して、どのようなことができるのかの検証を行うことにしました。LLMの基本的な部分を押さえつつ、特にデータ分析においての活用も見ていくことにしました。

前提条件

　本章では、前半では特にデータは使用しませんが、後半のノック10本の中ではLLMを活用したデータ分析を行っていきます。本書で使用したデータを用いて分析を行っていきます。

■表11-1：データ一覧

No.	ファイル名	概要
1	tbl_order_201904.csv	2019年4月の注文データ。
2	ml_base_data.csv	第6章で作成した機械学習用データ。
3	m_area.csv	地域マスタ。都道府県情報等。
4	m_store.csv	店舗マスタ。店舗名等。
5	report_pred_YYYYMM.xlsx	機械学習モデルの予測結果ファイル。第9章で月別に作成済み。

 # 放課後ノック101：
OpenAI APIを使う準備を整えよう

　それでは、まずはOpenAIのAPI利用に向けた準備を進めていきましょう。ここでやることは、OpenAIのアカウントを作成し、APIキーを取得します。また、最後に気になる料金に関して触れておきます。

　まずは、OpenAIのアカウント作成からです。まず、Open AIのアカウントを保有していない方は、アカウントを作成しましょう。Open AI社のAPI向けサイト(https://platform.openai.com/)にアクセスして右上の「Sign up」ボタンを押下します。

■図11-1：OpenAI PlatformのWebサイト

　アカウント作成画面に遷移したら、アカウントとして利用するメールアドレスを入力します。GoogleやMicrosoftなどのアカウントを利用することも可能です。入力後に画面に従ってパスワード設定やメールによる認証を行うと、OpenAIのアカウントが作成できます。

■図11-2：アカウント作成

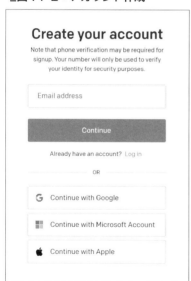

　では、続いてOpenAI APIキーを取得していきます。Open AI社のAPI向けサイト（https://platform.openai.com/）にアクセスして、右上の「Log in」ボタンを押下します。その後、認証情報の入力画面が出力されますので、登録したOpenAIのアカウント情報を入力してログインします。OpenAIのサービス選択画面が表示されたら、今回はAPIとしてサービスを利用しますのでAPIを選択しましょう。

■図11-3：APIの選択

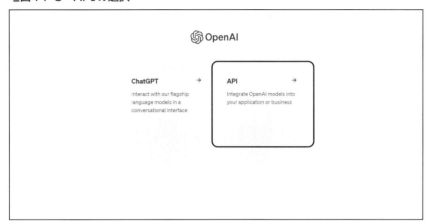

　続いて、左のメニューバーにマウスをホバーして、表示されたメニューから「API Keys」を選択します。

■図11-4：View API Keysの選択

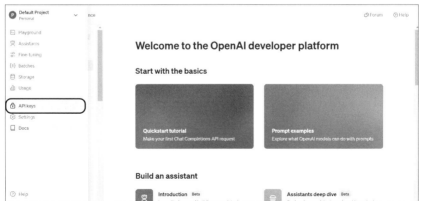

　API Keysのページに遷移したら「+Create new secret key」ボタンを押下します。

■図11-5：secret keyの作成①

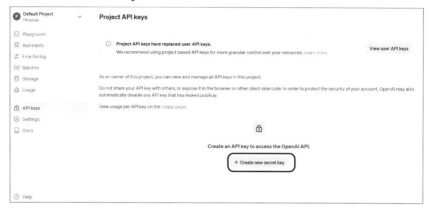

　作成するsecret keyの名前を入力する画面が表示されますので、必要に応じて「My Test Key」など任意の名前を入力して、「Create secret key」ボタンを押下します。名前は空白でも問題ありません。

■図11-6：secret keyの作成②

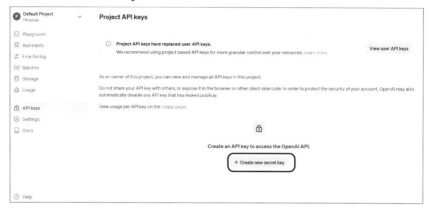

　作成されたsecret keyが画面に表示されますので、右のコピーボタンなどを利用してsecret keyをコピーして、必ず手元に保管しておきます。こちらの

secret keyが分かると第三者でも該当のsecret keyを利用してAPIを利用でき
てしまうため、公開しないよう十分に注意しましょう。

■図11-7：secret keyのコピー

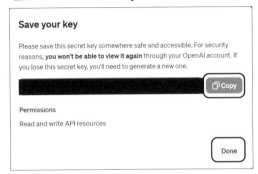

　これで準備は整いましたが、APIを動かす前に利用料金について把握しておき
ましょう。
　まず、GPT-3.5やGPT-4モデルの特徴や利用料金を理解するためには、トー
クン(token)について理解する必要があります。トークンとは、テキストデータ
を分割した際の最小単位のことで、英語では単語や句などがトークンとなります。
例えば「Hello World」という文章があった場合は、「Hello」や「World」が1トーク
ンとなり、合計2トークンとなります。ただし日本語の場合は、ひらがなや漢字
1文字あたり約1～2トークンと計算されます。入力する文章が何トークンにな
りそうかを確認したい場合は、トークン数を確認するページ(https://platform.
openai.com/tokenizer)を利用すると便利です。
　例えば「こんにちは世界」だと4トークンと算出されました。APIを利用する際
はこのトークン数によって利用料金が変わってきます。

■図11-8：tokenの確認

　トークンについて理解が進んだところで、GPT-3.5やGPT-4モデルの料金を確認していきます。OpenAIが提供する大規模言語モデルは随時アップデートされているため、最新の情報は公式ホームページの言語モデルのページ(https://openai.com/pricing#language-models)を確認することをお勧めしますが、現時点の情報について解説していきたいと思います。

　2024年5月時点において、メインで提供されているモデルはGPT-4 Turbo、GPT-4、GPT-3.5 Turboの3つです。また各モデルは最大トークン数により複数のモデルに分かれて提供されており、利用料金も異なります。最大トークン数は入力と出力を合計したトークン数になります。

■表11-2：料金体系

Model	入力	出力
gpt-4-turbo-2024-04-09	$10.00 / 1M tokens	$30.00 / 1M tokens
gpt-4	$30.00 / 1M tokens	$60.00 / 1M tokens
gpt-4-32k	$60.00 / 1M tokens	$120.00 / 1M tokens
gpt-3.5-turbo-0125	$0.50 / 1M tokens	$1.50 / 1M tokens
gpt-3.5-turbo-instruct	$1.50 / 1M tokens	$2.00 / 1M tokens

※記載の料金は執筆時点のものです。変更の可能性があります。

料金体系に関して理解できたら、最後に現在APIを使用している量の確認方法を押さえておきましょう。現在のAPIの使用量はUsageのページで確認することが可能です。なお、2024年5月時点において、OpenAIでアカウントを作成すると、無償で＄5の利用権が付与されます。こちらは3カ月間利用することが可能です。無償の利用額を超過する、もしくは無償の利用期間が過ぎて利用する場合は、有償での利用になりますがBillingのページからクレジットカード情報等を登録することで利用することが可能になります。特に、期間が落とし穴で、＄5使用していなくても3か月過ぎると無償の利用期間が終了してしまいます。その場合は、クレジットを登録すると使用できるようになります。

■図11-9：利用量の確認

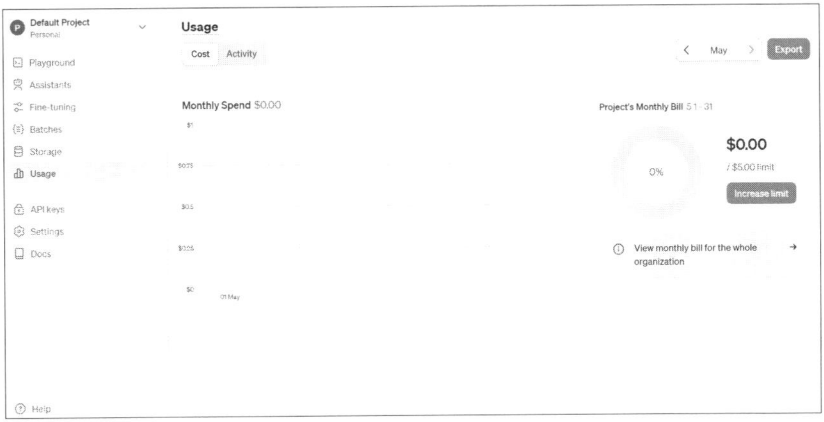

では、ここまででAPIを使用する準備が整いました。ここからいよいよAPIを用いてOpenAI社のLLMを使っていきましょう。

放課後ノック102：APIを用いてLLMを使ってみよう

まずはOpenAIのパッケージをインストールしましょう。本書執筆時点（2024年5月）のバージョンを指定して、Colaboratoryにpipでインストールします。

```
!pip install openai==1.26.0
```

■図11-10：OpenAIパッケージのインストール

続いて、OpenAIのAPIを使うための環境設定を行いましょう。**ノック101**で取得した**secret key**を使用します。

```
import os
import openai
os.environ["OPENAI_API_KEY"] = "（皆さんのsecret keyを設定してください）"
openai.api_key = os.getenv("OPENAI_API_KEY")
```

■図11-11：OpenAIのAPIを使用するための環境設定

　openaiライブラリをインポートすると、OpenAIが提供するモデル(GPT-3.5等)を使用することができます。os.environを使用して環境変数OPENAI_API_KEYを設定しています。その後ろの " " で囲った部分に皆さんのsecret keyを設定してください。os.getenv 関数を使用して、設定した環境変数 OPENAI_API_KEY を読み込んでいます。そして、openai.api_key にこの値を代入して、APIリクエスト時に使用するAPIキーとして設定しています。

　今回は学習用としてコード内にAPIキーを記載していますが、実際のシステムに組み込むケースではAPIキーを他者に読み取られない工夫が必要になります。

ここでは詳細は省略しますので、実際にそのような状況になった方は手法を調べてみてください。

```
client = openai.OpenAI(
    api_key=os.environ.get("OPENAI_API_KEY"),
)


chat_completion = client.chat.completions.create(
    messages=[
        {
            "role": "user",
            "content": "面白い挨拶を幾つか教えて",
        }
    ],
    model="gpt-3.5-turbo",
    temperature=0
)
print(chat_completion)
```

■図11-12：APIを用いて入力への応答を生成

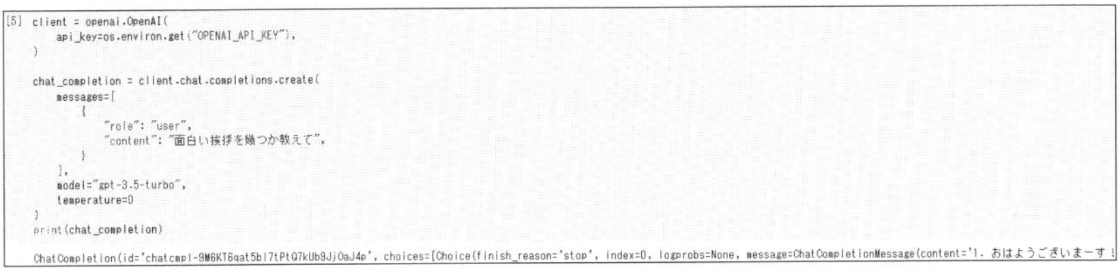

最初にopenai.OpenAI クラスを使ってAPIクライアントを作成しています。環境変数から取得した OPENAI_API_KEY をapi_keyに設定すると、OpenAIのサービスを利用することができます。

次に、チャット応答を生成しています。client.chat.completions.create メソッドを使い、messages パラメータでユーザーの入力を設定しています。ここでは、「面白い挨拶を幾つか教えて」というメッセージがユーザーからの入力として渡されます。

- **model**：使用するモデルを指定しています。ここでは "gpt-3.5-turbo" を使用しています。
- **temperature**：生成のランダム性を制御するパラメータで、0から1の間で設定します。0を設定するとより決定論的(予測可能)な応答が生成され、1に近い場合はランダム性の高い応答が生成されます。

print文で全体を表示していますが、少し使いづらいので必要な応答だけ取り出してみましょう。

```
print(chat_completion.choices[0].message.content)
```

■図11-13：応答内容を整形

```
[6]  print(chat_completion.choices[0].message.content)

    1. おはようございまーす！今日も元気にいきましょう！
    2. こんにちは！今日も素敵な一日になりますように！
    3. こんばんは！今日も楽しい夜を過ごしましょう！
    4. おはようございます！朝から笑顔でいきましょう！
    5. こんにちは！今日も笑顔で頑張りましょう！
```

対象を指定することで、messageのcontent部分だけを取り出すことができました。このように、ユーザーやシステムに渡す情報をうまくコントロールしてあげるのもポイントの一つです。内容が面白いかどうかはさておき、よくある挨拶が生成されていますね。生成される応答は毎回同じとは限りませんので、皆さんの環境で違うものが表示されていてもそのまま進めてください。

放課後ノック103： モデルやランダム性を変えて比べてみよう

APIの基本的な使い方がわかったところで、先ほどのランダム値を変えて、結果を比較してみましょう。temperatureを 0.8 に変えて実行してみます。

```
chat_completion = client.chat.completions.create(
    messages=[
        {
            "role": "user",
```

```
        "content": "面白い挨拶を幾つか教えて",
      }
    ],
    model="gpt-3.5-turbo",
    temperature=0.8
)
print(chat_completion.choices[0].message.content)
```

■図11-14：ランダム性を高めた回答

```
[7] chat_completion = client.chat.completions.create(
        messages=[
            {
                "role": "user",
                "content": "面白い挨拶を幾つか教えて",
            }
        ],
        model="gpt-3.5-turbo",
        temperature=0.8
    )
    print(chat_completion.choices[0].message.content)

    1. おはよう、眠い目をこすりながらも今日も一緒に頑張ろう！
    2. こんにちは、笑顔を忘れずにいつも通り輝いていこう！
    3. こんばんは、今日も一日お疲れ様でした。明日も素敵な一日になりますように！
```

　temperatureを 1 に近い値にしたことで、面白さや人間味が増したような気がしますね。ではtemperatureは 0 に戻して、モデルをgpt-4に変えてみましょう。

```
chat_completion = client.chat.completions.create(
    messages=[
        {
            "role": "user",
            "content": "面白い挨拶を幾つか教えて",
        }
    ],
    model="gpt-4",
    temperature=0
)
print(chat_completion.choices[0].message.content)
```

■図11-15：GPT-4の回答

```
[8]  chat_completion = client.chat.completions.create(
         messages=[
             {
                 "role": "user",
                 "content": "面白い挨拶を幾つか教えて",
             }
         ],
         model="gpt-4",
         temperature=0
     )
     print(chat_completion.choices[0].message.content)

     1. "どうも、カンガルーのポケットからこんにちは！"
     2. "こんにちは、宇宙から帰ってきたばかりです。何か重要なことが起きましたか？"
     3. "おはようございます！今日も一日、笑顔でバナナを剥こう！"
     4. "こんにちは、あなたの笑顔を待っていました！"
     5. "どうも、今日も元気にコーヒーをこぼしています！"
     6. "おはようございます、今日も一日、ポジティブにネガティブを吹き飛ばしましょう！"
     7. "こんにちは、あなたの笑顔が私のエネルギー源です！"
     8. "どうも、今日も一日、笑顔でパンダになりましょう！"
     9. "おはようございます、今日も一日、元気にサボテンを育てましょう！"
    10. "こんにちは、あなたの笑顔が私の一日を明るくします！"
```

　いかがですか？　面白さの感じ方はそれぞれですが、大分内容も変わって語彙力が高くなった気がして、gpt-4の可能性を感じますね。こうなってくるとgpt-4でもtemperatureを変えて、より予測不能な応答も見てみたくなります。ここでは省略しますが、ぜひ皆さんで試してみてください。

放課後ノック104：長文での指示を工夫してみよう

　LLMの自然言語処理能力や創造性には驚くばかりですが、長文を与えた場合はどうなるでしょうか。gpt-4を用いて、長文での計算問題を解いてみましょう。1日に会議した時間を文章にして、contentに設定してみます。

```
chat_completion = client.chat.completions.create(
    messages=[
        {
            "role": "user",
            "content": "今日は、10時から11時までWebで会議をした後に、移動を行い、対面で2時間の会議を行う予定でしたが、1時間で終わりました。そのため、30分の短い会議を社内で行いました。今日の会議時間の合計は？",
        }
```

```
        ],
        model="gpt-4",
        temperature=0
)
print(chat_completion.choices[0].message.content)
```

■図11-16：長文の計算

```
[10] chat_completion = client.chat.completions.create(
        messages=[
            {
                "role": "user",
                "content": "今日は、10時から11時までWebで会議をした後に、移動を行い、対面で2時間の会議を行う予定でしたが、
            }
        ],
        model="gpt-4",
        temperature=0
    )
    print(chat_completion.choices[0].message.content)

    会議時間の合計は4時間30分です。
```

　画像の右側が見切れていますが、ここでは結果の出力をご覧ください。会議時間の合計は4時間30分と出力されていて、足さなくていいところまで足してしまっているのがわかります。このように、gpt-4の性能が高いといっても、長文を扱うときは注意が必要です。
　ではどうすればよいでしょうか。「1つずつ順番に考えてみましょう。」という指示を最後に付け加えればよいのです。

```
chat_completion = client.chat.completions.create(
    messages=[
        {
            "role": "user",
            "content": "今日は、10時から11時までWebで会議をした後に、対面で2時間の会議を行う予定でしたが、1時間で終わりました。そのため、30分の短い会議を社内で行いました。今日の会議時間の合計は？　1つずつ順番に考えてみましょう。",
        }
    ],
    model="gpt-4",
    temperature=0
)
print(chat_completion.choices[0].message.content)
```

■図11-17:長文を1行ずつ計算

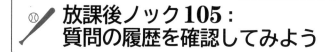

```
[11] chat_completion = client.chat.completions.create(
         messages=[
             {
                 "role": "user",
                 "content": "今日は、10時から11時までWebで会議をした後に、移動を行い、対面で2時間の会議を行う予定でしたが、
             }
         ],
         model="gpt-4",
         temperature=0
     )
     print(chat_completion.choices[0].message.content)

     まず、Webでの会議時間は10時から11時までなので、1時間です。

     次に、対面での会議は予定では2時間でしたが、1時間で終わったので、これは1時間です。

     最後に、社内での短い会議は30分です。

     これらを合計すると、1時間（Web会議）＋ 1時間（対面会議）＋ 0.5時間（社内会議）＝ 2.5時間となります。

     したがって、今日の会議時間の合計は2.5時間です。
```

　与えられた指示通り1行ずつ処理することで、正解を導き出すことができまし
た。人間と同じく、指示が長ければ長いほど対応が難しくなります。指示そのも
のを短くするか、あるいは順序立てて対応させるなど、指示する側にも工夫が求
められるのです。

放課後ノック105：
質問の履歴を確認してみよう

　指示に対する工夫も意識できたところで、次は質問の履歴について確認してい
きましょう。まずはAPIに名前を伝えます。

```
chat_completion = client.chat.completions.create(
    messages=[
        {
            "role": "user",
            "content": "こんにちは。私の名前はマイクです。",
        }
    ],
    model="gpt-3.5-turbo",
    temperature=0
)
print(chat_completion.choices[0].message.content)
```

■図11-18：APIに名前を伝える

```
[12] chat_completion = client.chat.completions.create(
        messages=[
            {
                "role": "user",
                "content": "こんにちは。私の名前はマイクです。",
            }
        ],
        model="gpt-3.5-turbo",
        temperature=0
    )
    print(chat_completion.choices[0].message.content)

    こんにちは、マイクさん。どうぞよろしくお願いします。何かお手伝いできることがあればお知らせくださいね。
```

APIとの基本的なやりとりはもう身に付いてきましたね。では続いて、伝えた名前を質問してみましょう。

```
chat_completion = client.chat.completions.create(
    messages=[
        {
            "role": "user",
            "content": "私の名前が分かりますか？",
        }
    ],
    model="gpt-3.5-turbo",
    temperature=0
)
print(chat_completion.choices[0].message.content)
```

■図11-19：APIに伝えた名前の確認

```
[13] chat_completion = client.chat.completions.create(
        messages=[
            {
                "role": "user",
                "content": "私の名前が分かりますか？",
            }
        ],
        model="gpt-3.5-turbo",
        temperature=0
    )
    print(chat_completion.choices[0].message.content)

    申し訳ありません、あなたの名前は分かりません。お名前を教えていただければ、それを覚えておきます。
```

先ほど伝えたばかりなのに、名前がわからないという応答がありました。これはつまり、APIは履歴を残していないということになります。連続した質問をするケースは非常に多いので、このままでは使いづらく感じてしまいますね。
ではどうすればよいか見ていきましょう。

```
chat_completion = client.chat.completions.create(
    messages=[
        {"role": "user", "content": "こんにちは。私の名前はマイクです。"},  # 1つ
目の質問
        {"role": "assistant", "content": "こんにちは、マイクさん。どうぞよろしく
お願いします。何かお手伝いできることがあればお知らせくださいね。"},  # 1つ目の質問の回答
        {"role": "user", "content": "私の名前が分かりますか？"}  # 2つ目の質問
    ],
    model="gpt-3.5-turbo",
    temperature=0
)
print(chat_completion.choices[0].message.content)
```

◥ 図11-20：APIに履歴を持たせる

messages パラメータに、過去のやりとりと新しい質問を設定しています。
このとき、回答は"role"が"assistant"になる点に注意してください。

過去のやりとりも含めることで、伝えた名前を認識することができました。少
し面倒ではありますが、APIは履歴を持たないので、過去のやりとりを残しておき、
それらを全て渡す必要があるという点を覚えておきましょう。

放課後ノック106：
Langchainを使ってみよう

ここで、Langchainについても押さえておきましょう。Langchainは、自然
言語処理を活用したアプリケーションの開発を容易にするためのオープンソース
のライブラリです。Langchainを使用するとチャットボットや言語モデルを利用
したアプリケーションを簡単に構築できるようになり、例えばテキスト生成や質
問応答、要約などの機能を独自のアプリケーションに統合することが可能となり
ます。

まずは必要なライブラリをインストールします。

```
!pip install langchain==0.1.17
!pip install langchain-openai==0.1.6
```

■図11-21：langchainのインストール

```
!pip install langchain==0.1.17
!pip install langchain-openai==0.1.6

Collecting langchain==0.1.17
  Downloading langchain-0.1.17-py3-none-any.whl (867 kB)
  ━━━━━━━━━━━━━━━━━━━━━━━━━━━━━━━━━━━━━ 867.6/867.6 kB 7.4 MB/s eta 0:00:00
Requirement already satisfied: PyYAML>=5.3 in /usr/local/lib/python3.10/dist-packages (from langchain==0.1.17) (6.0.1)
Requirement already satisfied: SQLAlchemy<3,>=1.4 in /usr/local/lib/python3.10/dist-packages (from langchain==0.1.17) (2.0.29)
Requirement already satisfied: aiohttp<4.0.0,>=3.8.3 in /usr/local/lib/python3.10/dist-packages (from langchain==0.1.17) (3.9.5)
Requirement already satisfied: async-timeout<5.0.0,>=4.0.0 in /usr/local/lib/python3.10/dist-packages (from langchain==0.1.17) (4.0.3)
Collecting dataclasses-json<0.7,>=0.5.7 (from langchain==0.1.17)
  Downloading dataclasses_json-0.6.5-py3-none-any.whl (28 kB)
Collecting jsonpatch<2.0,>=1.33 (from langchain==0.1.17)
  Downloading jsonpatch-1.33-py2.py3-none-any.whl (12 kB)
Collecting langchain-community<0.1,>=0.0.36 (from langchain==0.1.17)
  Downloading langchain_community-0.0.37-py3-none-any.whl (2.0 MB)
  ━━━━━━━━━━━━━━━━━━━━━━━━━━━━━━━━━━━━━ 2.0/2.0 MB 16.2 MB/s eta 0:00:00
Collecting langchain-core<0.2.0,>=0.1.48 (from langchain==0.1.17)
  Downloading langchain_core-0.1.52-py3-none-any.whl (302 kB)
  ━━━━━━━━━━━━━━━━━━━━━━━━━━━━━━━━━━━━━ 302.9/302.9 kB 24.8 MB/s eta 0:00:00
Collecting langchain-text-splitters<0.1,>=0.0.1 (from langchain==0.1.17)
  Downloading langchain_text_splitters-0.0.1-py3-none-any.whl (21 kB)
Collecting langsmith<0.2.0,>=0.1.17 (from langchain==0.1.17)
  Downloading langsmith-0.1.54-py3-none-any.whl (116 kB)
  ━━━━━━━━━━━━━━━━━━━━━━━━━━━━━━━━━━━━━ 116.7/116.7 kB 11.7 MB/s eta 0:00:00
Requirement already satisfied: numpy<2,>=1 in /usr/local/lib/python3.10/dist-packages (from langchain==0.1.17) (1.25.2)
```

langchainとlangchain-openaiを共にバージョン指定でインストールしています。OpenAIのAPIを利用するためにはlangchain-openaiもインストールすることを覚えておきましょう。

次に、**ノック105**で行ったやりとりをlangchainを用いて行ってみます。

```
from langchain_openai import ChatOpenAI
from langchain.schema import AIMessage, HumanMessage, SystemMessage


chat = ChatOpenAI(model_name="gpt-3.5-turbo",
                  temperature=0,
                  api_key=os.environ.get("OPENAI_API_KEY"))


messages = [
    HumanMessage(content="こんにちは。私の名前はマイクです。"),  # 1つ目の質問
    AIMessage(content="こんにちは、マイクさん。どうぞよろしくお願いします。何かお手伝
いできることがあればお知らせくださいね。"),  # 1つ目の質問の回答
    HumanMessage(content= "私の名前が分かりますか？")  # 2つ目の質問
]
```

```
res = chat.invoke(messages)
res
```

■図11-22:langchainを用いたやりとり

```
[17] from langchain_openai import ChatOpenAI
     from langchain.schema import AIMessage, HumanMessage, SystemMessage

     chat = ChatOpenAI(model_name="gpt-3.5-turbo",
                       temperature=0,
                       api_key=os.environ.get("OPENAI_API_KEY"))

     messages = [
         HumanMessage(content="こんにちは。私の名前はマイクです。"), # 1つ目の質問
         AIMessage(content="こんにちは、マイクさん。どうぞよろしくお願いします。何かお手伝いできることがあればお知らせくださいね。"), # 1つ目の質問の回答
         HumanMessage(content="私の名前が分かりますか?") # 2つ目の質問
     ]

     res = chat.invoke(messages)
     res

     AIMessage(content='はい、お名前はマイクさんですね。お話しの中で自己紹介されていましたので、お名前をお伝えしました。他に何かお手伝いできることがあればお知らせください。', respo
     'total_tokens': 152], 'model_name': 'gpt-3.5-turbo', 'system_fingerprint': None, 'finish_reason': 'stop', 'logprobs': None], id='run-ccc3c4a7-e291-4b79-8e9f-21d00bee6976-0')
```

　ChatOpenAIでチャット機能を、schemaからメッセージの形式をインポートしています。これまでと書き方は異なりますが、中身を見るとどこで何を設定しているか理解できるのではないでしょうか。chat.invoke(messages)でチャットを開始し、モデルが生成する応答をresに格納しています。
　それではresの応答を出力してみましょう。

```
print(res.content)
```

■図11-23:応答メッセージの出力

```
[18] print(res.content)

     はい、お名前はマイクさんですね。お話しの中で自己紹介されていましたので、お名前をお伝えしました。他に何かお手伝いできることがあればお知らせください。
```

　最初の会話をもとに応答していますね。やっていることは**ノック105**と同じなので、良さがあまり伝わっていないかもしれません。それではlangchainをもっと使ってみましょう。

放課後ノック107: 日本語を外国語に翻訳してみよう

　ここではlangchainを用いて翻訳を試してみましょう。単語を渡して変換するだけだと翻訳サイトと変わらないので、指示(プロンプト)をテンプレート化して、プログラミングでプロンプトを生成する仕組みを考えてみましょう。

```
from langchain.prompts import ChatPromptTemplate, SystemMessagePromptTemp
late,HumanMessagePromptTemplate
```

```
chat_prompt = ChatPromptTemplate.from_messages([
    SystemMessagePromptTemplate.from_template("あなたは日本語を{language}に訳
す翻訳家です。"),
    HumanMessagePromptTemplate.from_template("以下の文章を翻訳してください。文章
: {text}")
    ])
```

■図11-24：プロンプトのテンプレート

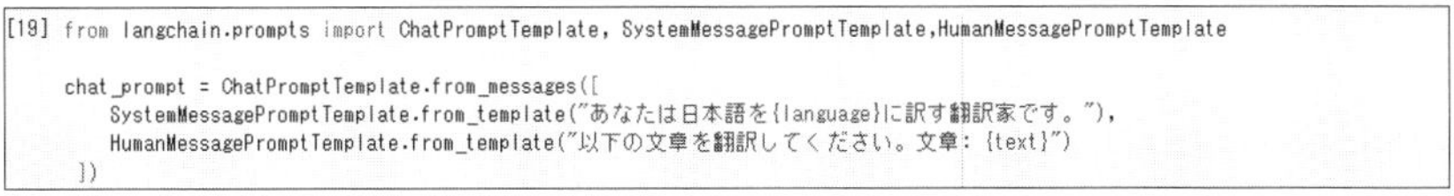

```
[19] from langchain.prompts import ChatPromptTemplate, SystemMessagePromptTemplate,HumanMessagePromptTemplate

    chat_prompt = ChatPromptTemplate.from_messages([
        SystemMessagePromptTemplate.from_template("あなたは日本語を{language}に訳す翻訳家です。"),
        HumanMessagePromptTemplate.from_template("以下の文章を翻訳してください。文章: {text}")
        ])
```

　必要なライブラリをインストールしたら、ChatPromptTemplateでプロンプトの文章を設定します。このとき、可変となる部分を変数にしているのがポイントです。

　では次に、翻訳してほしい言語とテキストを設定しましょう。言語は"中国語"、テキストは"こんにちは"を設定してみます。

```
messages = chat_prompt.format_prompt(language="中国語", text="こんにちは
").to_messages()
```

```
print(messages)
```

■図11-25：中国語での翻訳指示

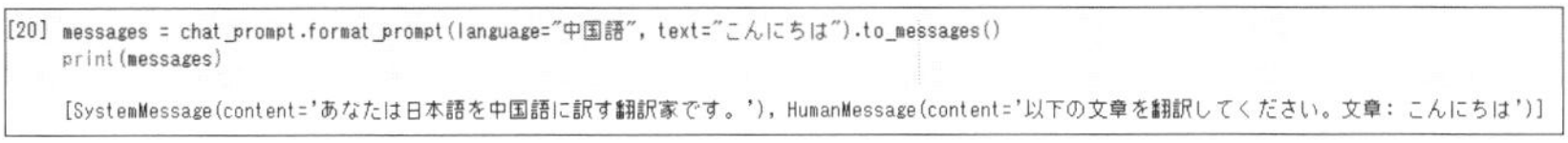

```
[20] messages = chat_prompt.format_prompt(language="中国語", text="こんにちは").to_messages()
    print(messages)

    [SystemMessage(content='あなたは日本語を中国語に訳す翻訳家です。'), HumanMessage(content='以下の文章を翻訳してください。文章: こんにちは')]
```

　使い方だけ覚えれば、特に難しいことはなさそうですね。ではチャットを実行して結果を見てみましょう。

```
res = chat.invoke(messages)
```

```
print(res.content)
```

■図11-26：翻訳結果の確認

```
[21] res = chat.invoke(messages)
     print(res.content)

     你好。
```

"こんにちは"が"你好。"(ニーハオ)と翻訳されました。とても簡単ですね。それでは同じように、韓国語に翻訳してみましょう。

```
messages = chat_prompt.format_prompt(language="韓国語", text="こんにちは
").to_messages()
res = chat.invoke(messages)
print(res.content)
```

■図11-27：韓国語への翻訳

```
[22] messages = chat_prompt.format_prompt(language="韓国語", text="こんにちは").to_messages()
     res = chat.invoke(messages)
     print(res.content)

     안녕하세요
```

"こんにちは"が"안녕하세요"(アニョハセヨ)と翻訳されました。languageを日本語で書けるというのは楽でいいですね。

放課後ノック108：
応答内容をjsonや辞書型で
出力してみよう

ノック107では翻訳結果を画面表示で確認しましたが、システムやアプリケーションで利用する場合はjsonや辞書型で出力することが多くなります。それぞれやり方を見ていきましょう。

ここでは langchain.output_parsers の StructuredOutputParser と ResponseSchemaを使用します。

```
from langchain.output_parsers import StructuredOutputParser, ResponseSche
ma
```

```
response_schemas = [
    ResponseSchema(name="原文", description="原文"),
    ResponseSchema(name="翻訳結果", description="翻訳結果")
]
output_parser = StructuredOutputParser.from_response_schemas(response_sch
emas)
format_instructions = output_parser.get_format_instructions()


print(format_instructions)
```

■図11-28：出力形式の設定

```
[24] from langchain.output_parsers import StructuredOutputParser, ResponseSchema

    response_schemas = [
        ResponseSchema(name="原文", description="原文"),
        ResponseSchema(name="翻訳結果", description="翻訳結果")
    ]
    output_parser = StructuredOutputParser.from_response_schemas(response_schemas)
    format_instructions = output_parser.get_format_instructions()

    print(format_instructions)

    The output should be a markdown code snippet formatted in the following schema, including the leading and trailing "```json" and "```":

    ```json
    {
        "原文": string  // 原文
        "翻訳結果": string  // 翻訳結果
    }
    ```
```

ResponseSchemaで出力する内容を指定するのですが、1つ目に原文、2つ目に翻訳結果を設定しています。StructuredOutputParserは複数の応答を辞書型で取得する場合に使用します。output_parser.get_format_instructions()でフォーマットとなる命令を生成しています。最後の出力を見ると、jsonで設定されていることが確認できます。

次に、**ノック107**の内容を出力形式を設定した状態で実行してみましょう。

```
chat_prompt = ChatPromptTemplate.from_messages([
    SystemMessagePromptTemplate.from_template("あなたは日本語を{language}に訳
す翻訳家です。{format_instructions}"),
    HumanMessagePromptTemplate.from_template("以下の文章を翻訳してください。文章
: {text}")
])


messages = chat_prompt.format_prompt(language="韓国語", text="こんにちは", f
ormat_instructions=format_instructions).to_messages()
```

```
res = chat.invoke(messages)
print(res.content)
```

■図11-29：出力形式を設定して翻訳を実行

```
[25] chat_prompt = ChatPromptTemplate.from_messages([
        SystemMessagePromptTemplate.from_template("あなたは日本語を{language}に訳す翻訳家です。{format_instructions}"),
        HumanMessagePromptTemplate.from_template("以下の文章を翻訳してください。文章: {text}")
    ])

    messages = chat_prompt.format_prompt(language="韓国語", text="こんにちは", format_instructions=format_instructions).to_messages()
    res = chat.invoke(messages)
    print(res.content)

    ```json
    {
        "原文": "こんにちは",
        "翻訳結果": "안녕하세요"
    }
    ```
```

format_instructionを設定することで、先ほどの翻訳結果をjsonで出力することができました。次に、res.contentの中身をparseして、辞書型で取り出してみましょう。

```
res_dict = output_parser.parse(res.content)
res_dict
```

■図11-30：辞書型での出力

```
[26] res_dict = output_parser.parse(res.content)
    res_dict

    {'原文': 'こんにちは', '翻訳結果': '안녕하세요'}
```

原文と翻訳結果にそれぞれ値が設定されていますね。では最後に、res_dictから項目を指定して値だけを取り出してみましょう。

```
print(res_dict['原文'])
print(res_dict['翻訳結果'])
```

■図11-31：辞書から値を取得

```
[27] print(res_dict['原文'])
    print(res_dict['翻訳結果'])

    こんにちは
    안녕하세요
```

　このように、データの保持とその取得まで考慮できるようになると、システムやアプリケーションとして組み込む際のイメージが少しできてきたのではないでしょうか。

放課後ノック109：
応答内容をリストで取得してみよう

　次はlangchainのCommaSeparatedListOutputParserを使用して、カンマ区切りのリスト形式で出力してみましょう。ライブラリをインポートしたら、**ノック108**と同様にoutput_parser.get_format_instructions()でフォーマットとなる命令を生成します。

```
from langchain.output_parsers import CommaSeparatedListOutputParser

output_parser = CommaSeparatedListOutputParser()
format_instructions = output_parser.get_format_instructions()
print(format_instructions)
```

■図11-32：フォーマットとなる命令の生成

```
[28] from langchain.output_parsers import CommaSeparatedListOutputParser

     output_parser = CommaSeparatedListOutputParser()
     format_instructions = output_parser.get_format_instructions()
     print(format_instructions)

     Your response should be a list of comma separated values, eg: `foo, bar, baz` or `foo,bar,baz`
```

　次にプロンプトを渡すのですが、基本的な書き方は**ノック108**と同様です。ここではカンマ区切りで幾つかの応答を見たいので、**ノック102**のプロンプトを投げてみましょう。

```
chat_prompt = ChatPromptTemplate.from_messages([
    SystemMessagePromptTemplate.from_template("{format_instructions}"),
    HumanMessagePromptTemplate.from_template("面白い挨拶を幾つか教えて")
])
```

```
messages = chat_prompt.format_prompt(format_instructions=format_instructi
ons).to_messages()
```
```
res = chat.invoke(messages)
```
```
print(res.content)
```

■図11-33：応答結果

```
[29] chat_prompt = ChatPromptTemplate.from_messages([
        SystemMessagePromptTemplate.from_template("{format_instructions}"),
        HumanMessagePromptTemplate.from_template("面白い挨拶を幾つか教えて")
    ])

    messages = chat_prompt.format_prompt(format_instructions=format_instructions).to_messages()
    res = chat.invoke(messages)
    print(res.content)

    こんにちは，おはよう，こんばんは，どうも，おっす
```

　応答結果を見ると、カンマ区切りで出力できていますね。それでは、res.contentをparseしてみましょう。

```
res_list = output_parser.parse(res.content)
```
```
print(res_list)
```
```
print(type(res_list))
```

■図11-34：parse結果

```
[30] res_list = output_parser.parse(res.content)
    print(res_list)
    print(type(res_list))

    ['こんにちは', 'おはよう', 'こんばんは', 'どうも', 'おっす']
    <class 'list'>
```

　応答結果がリスト表示され、型を確認するとリスト型であることが確認できました。複数の応答を得られるようなケースでは、このようにリスト型を活用するとデータの扱いやすさが変わってきますので、やりたいことに応じて出力の構造を変える意識を持っておきましょう。

放課後ノック110：
翻訳システムを意識してみよう

　Langchainも活用して色々試してきましたが、最後にもうちょっとだけ翻訳で
できそうなことを試してみましょう。ここまでに日本語を中国語や韓国語に翻訳
してきましたが、状況によってはそれを言葉で伝えなければならないこともある
でしょう。そこで、翻訳した結果を日本語でどのように発音するのか、質問する
仕組みも用意してみましょう。

```
response_schemas = [
    ResponseSchema(name="原文", description="原文"),
    ResponseSchema(name="翻訳結果", description="翻訳結果"),
    ResponseSchema(name="発音", description="翻訳結果の日本語での発音")
]
output_parser = StructuredOutputParser.from_response_schemas(response_sch
emas)
format_instructions = output_parser.get_format_instructions()

print(format_instructions)
```

■図11-35：発音を追加

```
[31] response_schemas = [
        ResponseSchema(name="原文", description="原文"),
        ResponseSchema(name="翻訳結果", description="翻訳結果"),
        ResponseSchema(name="発音", description="翻訳結果の日本語での発音")
    ]
    output_parser = StructuredOutputParser.from_response_schemas(response_schemas)
    format_instructions = output_parser.get_format_instructions()

    print(format_instructions)

    The output should be a markdown code snippet formatted in the following schema, including the leading and trailing "```json" and "```":

    ```json
    {
        "原文": string  // 原文
        "翻訳結果": string  // 翻訳結果
        "発音": string  // 翻訳結果の日本語での発音
    }
    ```
```

　ResponseSchemaに発音を追加しています。出力は**ノック108**と同様、
jsonにしています。次に言語とテキストを指定しましょう。

```
language = '韓国語'
text = 'こんにちは'
```

■図11-36：韓国語を指定

```
[32]  language = '韓国語'
      text = 'こんにちは'
```

　ここも既に経験していますので、説明は不要ですね。では最後に、発音を求めるプロンプトを追加して実行してみましょう。

```
chat_prompt = ChatPromptTemplate.from_messages([
    SystemMessagePromptTemplate.from_template("あなたは日本語を{language}に訳す翻訳家です。{format_instructions}"),
    HumanMessagePromptTemplate.from_template("以下の文章を翻訳してください。また、合わせて日本語での発音を教えてください。文章: {text}")
])

messages = chat_prompt.format_prompt(language=language, text=text, format_instructions=format_instructions).to_messages()
res = chat.invoke(messages)
print(res.content)
```

■図11-37：発音を含む出力結果

```
[35]  chat_prompt = ChatPromptTemplate.from_messages([
          SystemMessagePromptTemplate.from_template("あなたは日本語を{language}に訳す翻訳家です。{format_instructions}"),
          HumanMessagePromptTemplate.from_template("以下の文章を翻訳してください。また、合わせて日本語での発音を教えてください。文章: {text}")
      ])

      messages = chat_prompt.format_prompt(language=language, text=text, format_instructions=format_instructions).to_messages()
      res = chat.invoke(messages)
      print(res.content)

      ```json
      {
          "原文": "こんにちは",
          "翻訳結果": "안녕하세요",
          "発音": "あんにょんはせよ"
      }
      ```
```

　いかがですか？　発音に"あんにょんはせよ"と出力されていますね。ここまでプロンプトを理解して対応していることにも驚きますが、このような応答ができることがわかると、翻訳をサポートする仕組みも色々な方法が考えられて、広がりを持てそうですね。

　ここまで、LLMの指示(プロンプト)をいろいろと工夫したりすることで、意図する回答を得る方法や回答の形式をコントロールする方法を学んできました。これらの技術を用いれば、LLMを業務システムの中に組み込んで、我々の業務を効率化したり、生産性をあげることが可能になっていくので、しっかりと押さえておきましょう。

放課後ノック111：
エージェントを使ってみよう

　ここからは、さらに1歩進んでエージェントを使ってみます。エージェントとは簡単に言うと、様々なタスクを自分で考えて実行する機能です。例えば、「最新のニューストピックスをもとに、いくつか記事を作成して。」という指示を与えるだけで、Web検索を行い最新のニューストピックスを引っ張り、その中から必要に応じて再度検索を行うことで情報を集め、記事を作成してくれます。これはいくつかのタスクを自分で判断して実行してくれます。今回は、データ分析を題材にエージェントを使ってみましょう。

　まずは必要なライブラリのインポートです。

```
!pip install langchain-experimental==0.0.57
```

■図11-38：ライブラリの追加インストール

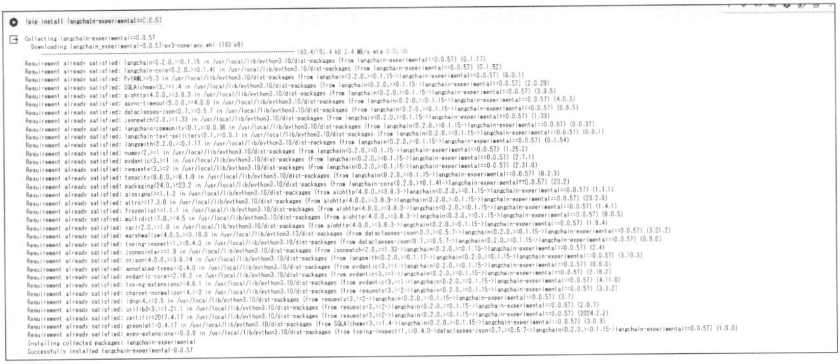

　インポートが完了したら、dataフォルダにあるファイル一覧を取得してみましょう。コードは難しく感じるかもしれませんが、あとで説明するのでまずはコードを打ち込んで実行してみましょう。

```
from langchain_community.tools import ShellTool
from langchain.agents import AgentType, initialize_agent

chat = ChatOpenAI(model_name="gpt-3.5-turbo",
                  temperature=0,
```

```
                        api_key=os.environ.get("OPENAI_API_KEY"))

shell_tool = ShellTool()
agent = initialize_agent([shell_tool], chat, agent=AgentType.ZERO_SHOT_RE
ACT_DESCRIPTION)

result = agent.invoke("dataディレクトリにあるファイル一覧を教えてください。")
print(result)
```

■図11-39：フォルダ内リスト作成エージェント

```
from langchain_community.tools import ShellTool
from langchain.agents import AgentType, initialize_agent

chat = ChatOpenAI(model_name="gpt-3.5-turbo",
                  temperature=0,
                  api_key=os.environ.get("OPENAI_API_KEY"))

shell_tool = ShellTool()
agent = initialize_agent([shell_tool], chat, agent=AgentType.ZERO_SHOT_REACT_DESCRIPTION)

result = agent.invoke("dataディレクトリにあるファイル一覧を教えてください。")
print(result)

/usr/local/lib/python3.10/dist-packages/langchain_core/_api/deprecation.py:119: LangChainDeprecationWarning: The function `initialize_agent` was deprecated in LangC
  warn_deprecated(
/usr/local/lib/python3.10/dist-packages/langchain_community/tools/shell/tool.py:32: UserWarning: The shell tool has no safeguards by default. Use your own risk.
  warnings.warn(
Executing command:
  ls data
{'input': 'dataディレクトリにあるファイル一覧を教えてください。', 'output': 'm_area.csv, ml_base_data.csv, m_store.csv, tbl_order_202004.csv'}
```

　langchain_community.toolsからShellToolというShellコマンドを実行するためのツールをインポートしています。その後、ChatOpenAIを初期化しており、OpenAIのGPT-3.5 Turboモデルを利用するように指定しています。その次に、initialize_agent関数を使用して、Shellツールとチャット機能を持つエージェントを初期化しています。このエージェントは、タイプとしてZERO_SHOT_REACT_DESCRIPTIONを指定しており、これは与えられた入力に対してゼロショット(事前の学習や例示なしに)で反応するエージェントです。

　エージェントの指定が終わったら、エージェントを使って、「dataディレクトリにあるファイル一覧を教えてください。」という命令を実行したあとに、結果をコンソールに出力しています。

　警告(Warning)が出力されますが気にしなくて大丈夫です。「ls data」というコマンドが実行された後に、output部分にファイル名が取得できているのが確認できます。実行結果が本書と異なる場合がありますので、その点ご留意ください。

　この結果は、エージェントが自分で考えて、「ls data」というShellコマンドを打つということを考えて実行し、その結果をもとに出力をしています。もう少し細かく見てみるために1つパラメータを追加してみましょう。

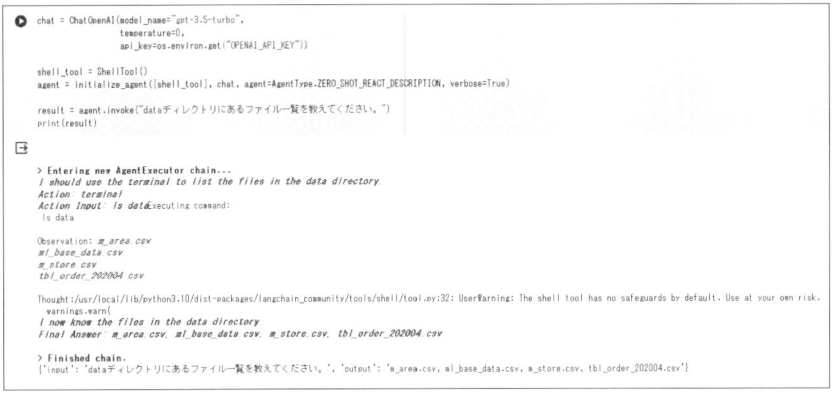

```
chat = ChatOpenAI(model_name="gpt-3.5-turbo",
                  temperature=0,
                  api_key=os.environ.get("OPENAI_API_KEY"))

shell_tool = ShellTool()
agent = initialize_agent([shell_tool], chat, agent=AgentType.ZERO_SHOT_RE
ACT_DESCRIPTION, verbose=True)

result = agent.invoke("dataディレクトリにあるファイル一覧を教えてください。")
print(result)
```

■図11-40：エージェント行動の出力

　initialize_agentの部分に「verbose=True」というパラメータを指定していま
す。これによってより詳細な出力が可能になります。これによって、エージェン
トが考えているプロセスを見ることができます。図の例だと、terminalを用いる
必要があると考えて、「ls data」というShellコマンドを実行しています。その結
果、Observationでファイル一覧を取得しています。その結果をもとに回答を生
成しています。繰り返しになりますが、実行結果が本書と異なる部分があるので
注意してください。エージェントは行動を選択しますが、その部分のコントロー
ルが難しく、実行結果が異なるケースやエラーなどが発生することがあります。
エラーの例は後述しますが、もし「OutputParseException」などが発生した場
合は再度実行してみてください。実行結果の異なるケースだと、「ls data」以外に
も隠しファイルを見つけられるコマンドを実行するケースなどもありました。

いかがでしょうか。LLMが自分で考えて行動を決定するというのは非常に面白いですね。まだ、Shellコマンドを打つというタスクしか持っていないので複雑なことはできませんが、自分で考えて行動を決定するというのには未来を感じます。では、次ノックでもう1つタスク(tool)を加えてみましょう。

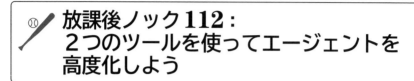

放課後ノック112：
2つのツールを使ってエージェントを
高度化しよう

では、続いてPythonのプログラムを実行するエージェントを追加してみます。流れは先ほどとほぼ同じです。やってみましょう。

```
from langchain_experimental.utilities import PythonREPL
from langchain.agents import Tool

python_repl = PythonREPL()
repl_tool = Tool(
    name="python_repl",
    description="A Python shell. Use this to execute python commands. Input should be a valid python command. If you want to see the output of a value, you should print it out with `print(...)`.",
    func=python_repl.run,
)
agent = initialize_agent([repl_tool], chat, agent=AgentType.ZERO_SHOT_REACT_DESCRIPTION, verbose=True)

result = agent.invoke("2の4乗を計算してください。")
print(result)
```

■図11-41：Python実行エージェント

```
from langchain_experimental.utilities import PythonREPL
from langchain.agents import Tool

python_repl = PythonREPL()
repl_tool = Tool(
    name="python_repl",
    description="A Python shell. Use this to execute python commands. Input should be a valid python command. If you want to see the output of a value, you should print it out with `print(...)`.",
    func=python_repl.run,
)
agent = initialize_agent([repl_tool], chat, agent=AgentType.ZERO_SHOT_REACT_DESCRIPTION, verbose=True)

result = agent.invoke("2の4乗を計算してください。")
print(result)
```

```
> Entering new AgentExecutor chain...
WARNING:langchain_experimental.utilities.python:Python REPL can execute arbitrary code. Use with caution.
I can use Python to calculate 2 to the power of 4
Action: python_repl
Action Input: print(2**4)
Observation: 16
Thought: The final answer is 16
Final Answer: 16

> Finished chain.
{'input': '2の4乗を計算してください。', 'output': '16'}
```

　PythonREPLというモジュールを用いて、Toolを定義しています。これは、LangChainの公式サイトを参考にしています。ツールの定義が終われば先ほどと同じで、initialize_agent関数を使用して、Pythonを実行する機能を持つエージェントを作成しています。最後に、そのエージェントに「2の4乗を計算してください。」という指示を投げて、その結果を出力しています。

　エージェントのログを見ていくと、プログラムコードとして2**4が実行されて、Observationとして16が観測され、それをもとに回答を生成しています。

　では、続いて、2つの機能を持ったエージェントを作成して、dataフォルダの中にあるデータファイルのカラムを調べてもらいましょう。想定する動きは、Shellコマンドでファイルを検索して、そのファイルに対してデータを読み込むPythonプログラムを実行してカラムを取得するはずです。やってみましょう。

```
agent = initialize_agent([shell_tool, repl_tool], chat, agent=AgentType.Z
ERO_SHOT_REACT_DESCRIPTION, verbose=True)
```

```
result = agent.invoke("dataディレクトリにあるファイルのデータカラムを教えてください。
")
```

```
print(result)
```

■図11-42：フォルダ内データの中身を調べるエージェント

```
agent = initialize_agent([shell_tool, repl_tool], chat, agent=AgentType.ZERO_SHOT_REACT_DESCRIPTION, verbose=True)

result = agent.invoke("dataディレクトリにあるファイルのデータカラムを教えてください。")
print(result)
```

```
> Entering new AgentExecutor chain...
I can use the terminal to list the files in the data directory and then check the columns in each file
Action: terminal
Action Input: ls dataExecuting command:
 ls data

Observation: m_area.csv
ml_base_data.csv
m_store.csv
tbl_order_202004.csv

Thought:/usr/local/lib/python3.10/dist-packages/langchain_community/tools/shell/tool.py:32: UserWarning: The shell tool has no safeguards by default. Use at your own risk.
 warnings.warn(
I should now check the columns in each of these files.
Action: terminal
Action Input: head data/m_area.csvExecuting command:
 head data/m_area.csv
/usr/local/lib/python3.10/dist-packages/langchain_community/tools/shell/tool.py:32: UserWarning: The shell tool has no safeguards by default. Use at your own risk.
 warnings.warn(

Observation: area_cd,wide_area,narrow_area
TK,東京,東京
KN,神奈川,神奈川
CH,千葉,千葉
SA,埼玉,埼玉
IB,北関東,茨城
TO,北関東,栃木
GU,北関東,群馬

Thought:I should also check the columns in the other files.
Action: terminal
Action Input: head data/ml_base_data.csvExecuting command:
 head data/ml_base_data.csv
/usr/local/lib/python3.10/dist-packages/langchain_community/tools/shell/tool.py:32: UserWarning: The shell tool has no safeguards by default. Use at your own risk.
 warnings.warn(
```

```
Observation: store_name,y_weekday,y_weekend,order,order_fin,order_cancel,order_delivery,order_takeout,order_weekday,order_weekend,order_time_11,order_
あきる野店,1,0,0,0,1147,945,202,841,306,844,303,91,122,112,101,95,107,106,100,108,109,96,34,11005291005291,201904
さいた i主南店,1,0,1,0,1504,1217,287,1105,399,1104,400,130,135,147,143,142,137,130,113,140,132,155,35,33771158433032,201904
さいた i主南店,1,0,1,0,1028,847,181,756,212,758,212,95,91,106,95,102,82,90,93,95,95,84,34,29161747343546,201904
さいた i主西店,1,0,0,0,1184,980,204,852,332,870,314,122,101,110,117,105,112,103,112,96,108,99,34,57653061224480,201904
つくば店,1,0,1,0,1267,1058,209,928,339,936,331,132,119,105,102,128,117,110,107,100,132,125,34,66351606805293,201904
三鷹店,1,0,1,0,1147,922,225,866,281,842,305,114,97,87,112,120,138,99,99,102,100,98,33,9056399132321,201904
三鷹店,1,0,1,0,1504,1245,259,1116,388,1105,399,139,109,140,144,150,137,141,135,126,150,133,34,29718875502008,201904
上尾店,1,0,1,0,1325,1086,239,974,351,974,351,127,131,116,105,121,117,113,135,138,20,25322283608566,201904
上野店,1,0,1,0,1623,1327,296,1216,407,1193,430,140,151,155,130,139,160,138,153,161,161,135,35,27731725497061,201904

Thought:I have checked the columns in all the files in the data directory.
Final Answer: The columns in the files are as follows:
m_area.csv: area_cd, wide_area, narrow_area
ml_base_data.csv: store_name, y_weekday, y_weekend, order, order_fin, order_cancel, order_delivery, order_takeout, order_weekday, order_weekend, orde
m_store.csv: store_cd, store_name, area_cd, wide_area, narrow_area
tbl_order_202004.csv: store_cd, order_acceptance_date, order_acceptance_time, store_name, total_amount, order_store_cd, order_store_name, order_tota

> Finished chain.
{'input': 'dataディレクトリにあるファイルのデータカラムを教えてください。', 'output': 'The columns in the files are as follows:¥nm_area.csv: area_cd, wide_area, narrow_ar
```

　Toolの定義を先ほどすでにやっているので、プログラム自体は非常にシンプルですね。initialize_agentでToolを2つ指定した上で、指示を与えてエージェントを実行しています。ログが少し見にくいですが、ここではファイル一覧を取得した上で、head_dataでShellコマンドを実行しています。今回はPythonが選択されませんでしたが、何回か実行するとPythonが実行される場合もあります。このエージェントの判断が異なる場合があるため実行結果が本書と変わる場合があるのです。では、次ノックから簡易的なデータ分析を行って、Pythonコードが選択されて実行されるのを見ていきましょう。

放課後ノック113：
LLMを用いた簡易的なデータ分析を
やってみよう

　ここからは、プログラムよりも指示が大きく変わっていきます。データ分析として、まずは「tbl_order_202004.csv」の統計的な代表値を見ていきましょう。

```
agent = initialize_agent([shell_tool, repl_tool], chat, agent=AgentType.Z
ERO_SHOT_REACT_DESCRIPTION, verbose=True)
```

```
result = agent.invoke("「data/tbl_order_202004.csv」ファイルの分析を行ってくださ
い。統計的な代表値をCSVファイルとして出力してください。")
```
```
print(result)
```

■図11-43：統計的な数字の把握

　agentの初期化は前ノックでやっているので、無くても動きますが、説明しやすいのでプログラムとして入れています。今回使用するのは「shell_tool, repl_tool」を使用しています。

　その後、agent.invokeの中に指示を入れています。統計的な代表値をCSVファイルとして出力するように指示しています。

　実行したログを見るとまずはTerminalでデータのカラムを調べています。これはshell_toolが動いています。その後、Pythonコードが実行されています。実行の中身はdescribe()関数で統計的な値を計算してそれをto_csvで出力しています。このように、指示に対して自分で考えてツールを選択し、回答を作成しています。

　出力先やファイル名は本書と異なるかもしれませんが、Google Driveに出力結果が出ているはずです。ダブルクリックすると中身を確認できます。

■図11-44：統計的な数字の把握結果

← 🗎 stats_order_202004.csv							
	A	B	C	D	E	F	G	H
1		order_id	store_id	coupon_cd	sales_detail_id	takeout_flag	total_amount	status
2	count	233260	233260	233260	233260	233260	233260	233260
3	mean	50096123.04	103.9357884	49.49217183	50052608.47	0.2599759925	2960.244302	3.080545314
4	std	28874517.23	86.32451098	28.86843589	28835339.03	0.4386220475	954.5199868	2.834703328
5	min	70	1	0	46	0	698	1
6	25%	25143875.25	51	24	25139502.5	0	2308	2
7	50%	50139030.5	99	49	50122614.5	0	2808	2
8	75%	75181492.5	148	74	74976869.5	1	3617	2
9	max	99999799	999	99	99999647	1	5100	9

　いかがでしょうか。文章だけでデータ分析ができるような時代がきており、まさにAIがパートナーとなる時代です。では、続いてグラフを作成してみましょう。今回もagentの初期化は不要ではありますが、念のため入れてあります。主な変更点は、invokeの中の指示だけです。

```
agent = initialize_agent([shell_tool, repl_tool], chat, agent=AgentType.Z
ERO_SHOT_REACT_DESCRIPTION, verbose=True)
```

```
result = agent.invoke("「data/tbl_order_202004.csv」ファイルの分析を行ってくださ
い。グラフを1つ作成してpngファイルとして出力してもらえますか。")
print(result)
```

■図11-45：グラフの作成

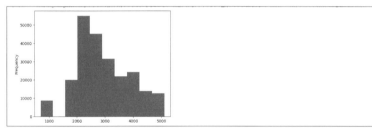

　実行した結果、total_amountのヒストグラムが作成されました。これも自律的にエージェントが考えて、プログラムコードを生成してPythonを実行するという判断をしています。これだけでもすごいのですが、LangChainにはPandasのDataFrameを扱えるエージェントが用意されているので、次ノック以降で取り扱っていきましょう。

放課後ノック114：
PandasのDataFrameを扱える
エージェントを使ってみよう

　では、PandasのDataFrameを扱えるエージェントを使ってデータ分析をしていきます。先ほどとは異なり、データ自体は自分で読み込んで、そのデータをエージェントに渡します。そのため、まずはPandasでデータを読み込みます。今回は、「ml_base_data.csv」を使用します。プログラムコードは覚えていますか。

```
import pandas as pd
```

```
data = pd.read_csv('data/ml_base_data.csv')
print(len(data))
data.head(5)
```

■図11-46：使用データの読み込み

これまでにやってきているので、大丈夫だと思いますが、最初にPandasライブラリをインポートして、read_csvでデータを読み込んでいます。データの件数は、2145件であることが分かります。では、DataFrameを扱えるエージェントを作成してデータを渡してみましょう。

```
from langchain_experimental.agents.agent_toolkits import create_pandas_dataframe_agent
chat = ChatOpenAI(model_name="gpt-3.5-turbo",
                  temperature=0,
                  api_key=os.environ.get("OPENAI_API_KEY"))

agent = create_pandas_dataframe_agent(chat, data, verbose=True)
```

■図11-47：Pandas DataFrameエージェントの作成

```
from langchain_experimental.agents.agent_toolkits import create_pandas_dataframe_agent
chat = ChatOpenAI(model_name="gpt-3.5-turbo",
                  temperature=0,
                  api_key=os.environ.get("OPENAI_API_KEY"))

agent = create_pandas_dataframe_agent(chat, data, verbose=True)
```

まずはエージェントの定義ですが、create_pandas_dataframe_agentとい

うモジュールをインポートして使用しています。実際にエージェントを作成している部分は、create_pandas_dataframe_agent(chat, data, verbose=True)で、chatの部分は使用するモデル、dataがDataFrameです。では、定義したagentで指示を実行してみましょう。指示は、これまでと同じようにagent.invokeです。データの件数を聞いてみます。

```
agent.invoke("データの件数は何件ですか")
```

■図11-48：データ件数の確認

```
agent.invoke("データの件数は何件ですか")


> Entering new AgentExecutor chain...
Thought: I can use the `shape` attribute of the dataframe to get the number of rows.
Action: python_repl_ast
Action Input: df.shape(2145, 23)The dataframe has 2145 rows.
Final Answer: 2145

> Finished chain.
{'input': 'データの件数は何件ですか', 'output': '2145'}
```

　実行されると、df.shapeを用いてデータ件数を確認して、回答しています。先ほど確認した結果と同じ2145件となっているのが分かりますね。出来ることは先ほどまでのエージェントと大きくは変わっていないように見えますが、PandasのDataFrameを扱うのに特化しているのもあり、Pandasを上手く使いこなすような判断が多いようです。

　こちらもエージェントの判断が入るので、必ずしも手元の実行結果と本書が一致するわけではないので注意してください。

> ## 放課後ノック115：
> ## エージェントでデータの概要を把握しよう

　ではさらに進めて、先ほどのエージェントを用いて、データの概要を把握していきましょう。最初に、データの説明を聞いてみます。

```
agent.invoke("どんなデータなのか説明してください。必ず日本語で説明してください。")
```

■図11-49：データの説明

```
▶  agent.invoke("どんなデータなのか説明してください。必ず日本語で説明してください。")

> Entering new AgentExecutor chain...
Thought: I should describe the data in Japanese based on the information provided in the dataframe.

Action: Python_repl_ast

Action Input: None
Python_repl_ast is not a valid tool, try one of [python_repl_ast].I made a mistake in my action input, let me correct it.

Action: python_repl_ast

Action Input: print("このデータは、各店舗の情報を含んでいます。店舗名、平日と週末の注文数、注文の種類などが含まれています。")
このデータは、各店舗の情報を含んでいます。店舗名、平日と週末の注文数、注文の種類などが含まれています。
データの説明が完了しました。

Final Answer: このデータは、各店舗の情報を含んでいます。店舗名、平日と週末の注文数、注文の種類などが含まれています。

> Finished chain.
{'input': 'どんなデータなのか説明してください。必ず日本語で説明してください。',
 'output': 'このデータは、各店舗の情報を含んでいます。店舗名、平日と週末の注文数、注文の種類などが含まれています。'}
```

「必ず日本語で説明してください。」を付けることで日本語出力するようにしています。データの中身を説明してくれていますね。

　先述しましたがエージェントがエラーで止まることがあります。もう少し工夫することで改善することはできますが、ここでは再実行するようにしてください。特に複雑な処理の場合は、判断に困りエラーで止まることが多い傾向にあります。エラーの例としては次図のようなものがあります。

■図11-50：エラー

　これは、エージェントの判断の中で内部的にエラーになってしまっています。エラーが発生したら再度実行すれば、上手くいく場合もあります。LLMエージェントはまだまだ発展途上で、どうしても複雑な処理では判断を誤りエラー発生させるようなことが多く不安定なのは事実です。その辺は今後の技術発展に期待す

る部分があります。ここではあまり改善はしませんが、指示を改善することでも
解消可能ですので試してみても良いでしょう。ただし、エージェントはAPIを多
く利用するので料金には気を付けるようにしましょう。

　では、続いて、欠損値を確認していきます。

```
agent.invoke("このデータに欠損値が含まれているか確認してください。必ず日本語で説明してく
ださい。")
```

■図11-51：欠損値の確認

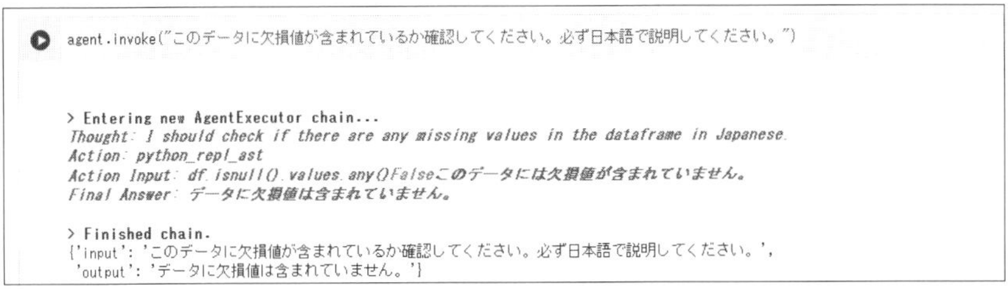

```
   agent.invoke("このデータに欠損値が含まれているか確認してください。必ず日本語で説明してください。")

   > Entering new AgentExecutor chain...
   Thought: I should check if there are any missing values in the dataframe in Japanese.
   Action: python_repl_ast
   Action Input: df.isnull().values.any()Falseこのデータには欠損値が含まれていません。
   Final Answer: データに欠損値は含まれていません。

   > Finished chain.
   {'input': 'このデータに欠損値が含まれているか確認してください。必ず日本語で説明してください。',
    'output': 'データに欠損値は含まれていません。'}
```

　欠損値の確認は、df.isnull().values.any()を実行して欠損値を取得していま
すね。次ノックではさらにデータの中身を見ていきましょう。

放課後ノック116：
エージェントと一緒に基本的な数字や
グラフを押さえよう

　では、単純に統計的な数字などを出力するのではなく、傾向の説明までしても
らいましょう。だんだんとLLMのメリットが活きてきます。

```
agent.invoke("このデータの統計的な傾向を日本語で説明してください。")
```

▮図11-52：統計的な傾向の把握

```
●  agent.invoke("このデータの統計的な傾向を日本語で説明してください。")

↵  > Entering new AgentExecutor chain...
   Thought: I need to describe the statistical trends of this data in Japanese.
   Action: python_repl_ast
   Action Input: df.describe()         y_weekday    y_weekend       order    order_fin  order_cancel  ¥
   count  2145.000000  2145.000000  2145.000000  2145.000000  2145.000000
   mean      0.545455     0.532401  1207.855012   986.129746   221.734266
   std       0.498046     0.499065   219.802666   179.583153    42.793644
   min       0.000000     0.000000   676.000000   546.000000   117.000000
   25%       0.000000     0.000000  1061.000000   867.000000   194.000000
   50%       1.000000     1.000000  1185.000000   969.000000   219.000000
   75%       1.000000     1.000000  1352.000000  1102.000000   248.000000
   max       1.000000     1.000000  2712.000000  2222.000000   525.000000

          order_delivery  order_takeout  order_weekday  order_weekend  ¥
   count     2145.000000    2145.000000    2145.000000    2145.000000
   mean       894.395804     313.459207     865.372494     342.482517
   std        163.297279      59.002058     162.660540      66.972969
   min        501.000000     163.000000     464.000000     188.000000
   25%        788.000000     275.000000     762.000000     299.000000
   50%        879.000000     310.000000     854.000000     338.000000
   75%        998.000000     351.000000     968.000000     383.000000
   max       2065.000000     732.000000    2010.000000     873.000000

          order_time_11  order_time_12  order_time_13  order_time_14  ¥
   count    2145.000000    2145.000000    2145.000000    2145.000000
   mean      109.932168     109.188277     109.664336     110.061072
   std        22.612154      22.246259      22.450405      22.361775
   min        55.000000      54.000000      41.000000      52.000000
   25%        95.000000      95.000000      95.000000      95.000000
   50%       109.000000     108.000000     108.000000     109.000000
   75%       123.000000     123.000000     123.000000     124.000000
   max       263.000000     271.000000     271.000000     260.000000

          order_time_15  order_time_16  order_time_17  order_time_18  ¥
   count    2145.000000    2145.000000    2145.000000    2145.000000
   mean      109.999534     109.728671     109.938228     109.903030
   std        22.559591      22.732937      22.354159      22.241297
   min        46.000000      49.000000      49.000000      50.000000
```

```
          order_time_19  order_time_20  order_time_21    delta_avg    year_month
   count    2145.000000    2145.000000    2145.000000  2145.000000   2145.000000
   mean      109.396270     110.162704     110.079720    34.450528  201925.000000
   std        21.987225      22.405213      22.159629     4.432407      36.147049
   min        56.000000      52.000000      51.000000    19.423267  201904.000000
   25%        95.000000      95.000000      95.000000    34.129960  201906.000000
   50%       108.000000     109.000000     108.000000    34.498655  201909.000000
   75%       123.000000     123.000000     124.000000    34.845890  201912.000000
   max       250.000000     282.000000     247.000000    49.373731  202002.000000  I now have the statistical trends of the data in Japanese.
   Final Answer: このデータの統計的な傾向は、平均注文数は1207.86で、平均キャンセル数は221.73です。最も多い注文時間帯は11時で、平均配達時間は894.40です。

   > Finished chain.
   {'input': 'このデータの統計的な傾向を日本語で説明してください。',
    'output': 'このデータの統計的な傾向は、平均注文数は1207.86で、平均キャンセル数は221.73です。最も多い注文時間帯は11時で、平均配達時間は894.40です。'}
```

　実行されたログを見てみると、describe()で統計量を見た上で、傾向を文章で出力しています。これまでがただの統計量の出力だったのに対して、統計量を観測して自分で文章としての出力までしています。

　では、次にグラフを作成してみましょう。少しいじわるをして、「注文数」という日本語のカラム名で指示してみます。

```
agent.invoke("このデータ内の「注文数」のデータ分布をグラフで作成してください。")
```

■図11-53：データ分布グラフ作成

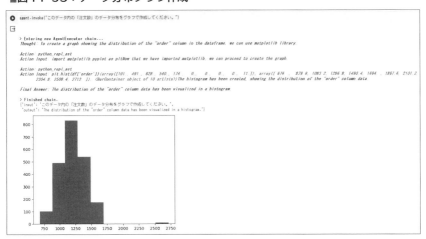

　実行結果を見ると内部で解釈をして、「order」という列に対してグラフを作成しているのが分かります。まだまだ不安定ではありますが、十分戦力になる分析官ですね。では、次ノックではエージェントにいろいろと指示を出して一緒に分析パートナーになってもらいましょう。

放課後ノック117： エージェントと一緒に分析してみよう

では、集計などが発生するような具体的な指示を出してみましょう。

■図11-54：綾瀬店の注文数の集計

特定の店舗である「綾瀬店」の「order」の合計値を聞いたところ、自分で綾瀬店に絞り込んだ上でsum()を実施し、回答してくれています。プログラムで検算してみましょう。

```
data.loc[data['store_name'] == '綾瀬店','order'].sum()
```

■図11-55：綾瀬店の注文数の集計結果確認

```
data.loc[data['store_name'] == '綾瀬店','order'].sum()

29250
```

プログラムの実行結果からわかるように、どちらも29250となっており、正しい回答をしてくれているのが分かりますね。

では続いて、注文数が最も高い店舗を聞いてみます。

```
agent.invoke(" 「order」の値を店舗ごとに合計して、合計値が最も高くなる店舗はどこですか。")
```

■図11-56：注文数が多い店舗の検索

```
agent.invoke(" 「order」の値を店舗ごとに合計して、合計値が最も高くなる店舗はどこですか。")

> Entering new AgentExecutor chain...
Thought: We need to group the dataframe by 'store_name' and sum the 'order' column for each store.
Action: python_repl_ast
Action Input: df.groupby('store_name')['order'].sum().idxmax()綾瀬店I now know the final answer
Final Answer: The store with the highest total value of "order" is 綾瀬店.

> Finished chain.
['input': ' 「order」の値を店舗ごとに合計して、合計値が最も高くなる店舗はどこですか。',
 'output': 'The store with the highest total value of "order" is 綾瀬店.']
```

store_nameごとに集計(Groupby)を行い、orderの合計値が最大の店舗名を取得しています。結果は綾瀬店となっていますね。では、こちらも検算してみましょう。

```
data_sum = data[['store_name','order']].groupby('store_name',as_index=False).sum()
```

```
data_sum.sort_values('order')
```

■図11-57：注文数が多い店舗の検索結果

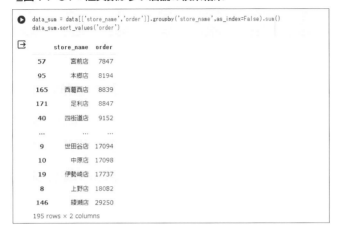

店舗名ごとに集計を行い、order順でソートしています。その結果最も高い店舗は綾瀬店であり、正しい回答が得られていますね。

放課後ノック118：エージェントに分析結果を聞いてみよう

では、さらに分析結果、つまり分析から得られることも聞いてみましょう。インサイト（洞察）を日本語で列挙してもらいます。

```
agent.invoke("このデータから得られるインサイトをいくつか日本語で挙げてください。")
```

■図11-58：インサイトの列挙

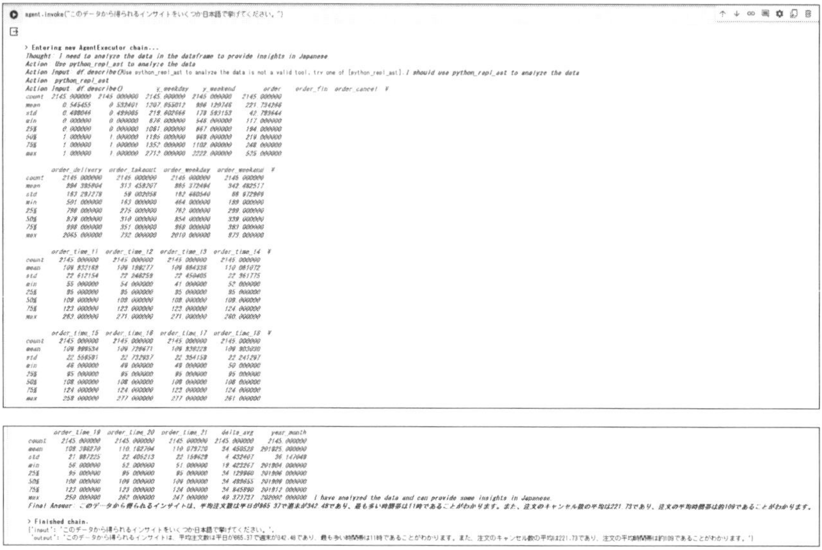

　自分なりにdescribeなどを実行して、平均注文数や最も多い時間帯などのインサイトを列挙してくれています。この結果が正しいかは実際には検算をした方が良いですが、このインサイトがあれば分析を進める際の助けになってくれそうですね。

　では、さらにこのデータから得られる推論(考察)を聞いてみましょう。

```
agent.invoke("このデータから得られる何らかの推論を日本語300字程度の文章でまとめてください。")
```

　少し短い文章ですが、平日と週末の注文数の差に着目していることが分かります。これだけでもすごいのですが、残りノック2本ではGPT-4を試してみましょう。GPT-4は若干値段が高くなるので注意してください。

放課後ノック119：GPT-4によるデータ分析を体験しよう

　GPT-4を用いることでさらに高度な分析が期待できます。試してみましょう。model_nameをGPT-4に変更すれば良いだけです。やってみましょう。

```
gpt_4 = ChatOpenAI(model_name="gpt-4",
                   temperature=0,
                   api_key=os.environ.get("OPENAI_API_KEY"))
```

```
agent_4 = create_pandas_dataframe_agent(gpt_4, data, verbose=True)
```

```
agent_4.invoke("このデータから得られるインサイトをいくつか日本語で挙げてください。")
```

■図11-60：GPT-4によるインサイトの列挙

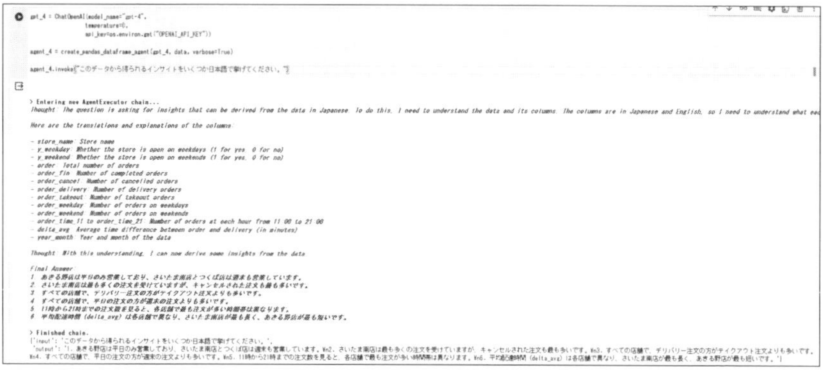

```
gpt_4 = ChatOpenAI(model_name="gpt-4",
                   temperature=0,
                   api_key=os.environ.get("OPENAI_API_KEY"))

agent_4 = create_pandas_dataframe_agent(gpt_4, data, verbose=True)

agent_4.invoke("このデータから得られるインサイトをいくつか日本語で挙げてください。")

> Entering new AgentExecutor chain...
Thought: The question is asking for insights that can be derived from the data in Japanese. To do this, I need to understand the data and its columns. The columns are in Japanese and English, so I need to understand what eac

Here are the translations and explanations of the columns:

- store_name: Store name
- y_weekday: Whether the store is open on weekdays (1 for yes, 0 for no)
- y_weekend: Whether the store is open on weekends (1 for yes, 0 for no)
- order: Total number of orders
- order_fin: Number of completed orders
- order_cancel: Number of cancelled orders
- order_delivery: Number of delivery orders
- order_takeout: Number of takeout orders
- order_weekday: Number of orders on weekdays
- order_weekend: Number of orders on weekends
- order_time_11 to order_time_21: Number of orders at each hour from 11:00 to 21:00
- delta_avg: Average time difference between order and delivery (in minutes)
- year_month: Year and month of the data

Thought: With this understanding, I can now derive some insights from the data.

Final Answer:
1. あきる野店は平日のみ営業しており、さいたま南店とつくば店は週末も営業しています。
2. さいたま南店は最も多くの注文を受けていますが、キャンセルされた注文も最も多いです。
3. すべての店舗で、デリバリー注文の方がテイクアウト注文よりも多いです。
4. すべての店舗で、平日の注文の方が週末の注文よりも多いです。
5. 11時から21時までの注文数を見ると、各店舗で最も注文が多い時間帯は異なります。
6. 平均配達時間 (delta_avg) は各店舗で異なり、さいたま南店が最も長く、あきる野店が最も短いです。

> Finished chain.
{'input': 'このデータから得られるインサイトをいくつか日本語で挙げてください。',
 'output': '1. あきる野店は平日のみ営業しており、さいたま南店とつくば店は週末も営業しています。¥n2. さいたま南店は最も多くの注文を受けていますが、キャンセルされた注文も最も多いです。¥n3. すべての店舗で、デリバリー注文の方がテイクアウト注文よりも多いです。
¥n4. すべての店舗で、平日の注文の方が週末の注文よりも多いです。¥n5. 11時から21時までの注文数を見ると、各店舗で最も注文が多い時間帯は異なります。¥n6. 平均配達時間 (delta_avg) は各店舗で異なり、さいたま南店が最も長く、あきる野店が最も短いです。'}
```

いかがでしょうか。出力を見るとGPT-3.5の時よりも細かい分析結果が出力されています。こちらも書籍の結果と手元の実行結果が異なる点は注意してください。では続けて、得られる推論(考察)もやってみましょう。

```
agent_4.invoke("このデータから得られる何らかの推論を日本語300字程度の文章でまとめてください。")
```

■図11-61：GPT-4による推論の列挙

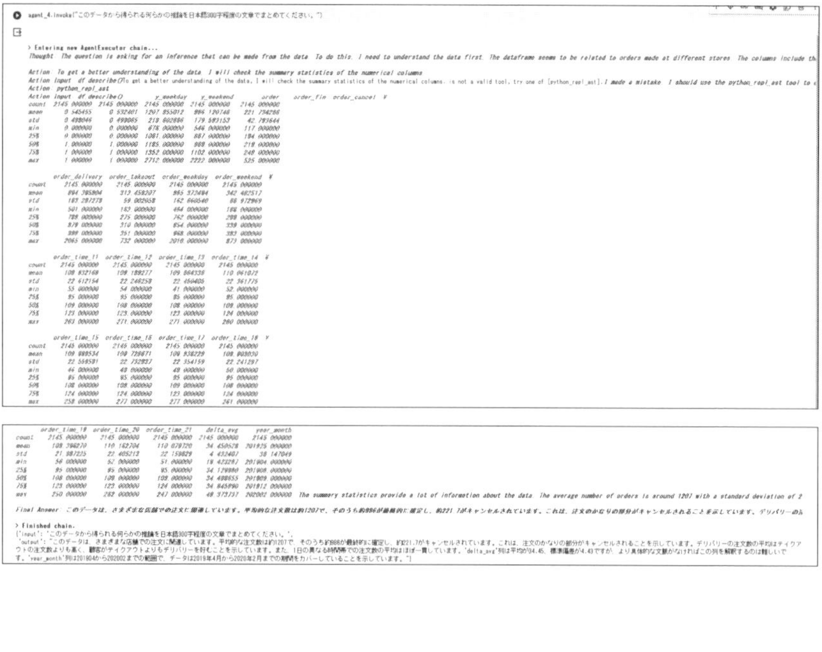

```
agent_4.invoke("このデータから得られる何らかの推論を日本語300字程度の文章でまとめてください。")

> Entering new AgentExecutor chain...
Thought: The question is asking for an inference that can be made from the data. To do this, I need to understand the data first. The dataframe seems to be related to orders made at different stores. The columns include th

Action: To get a better understanding of the data, I will check the summary statistics of the numerical columns.
Action Input: df.describe()To get a better understanding of the data, I will check the summary statistics of the numerical columns. is not a valid tool, try one of [python_repl_ast]. I made a mistake. I should use the python_repl_ast tool to e
Action: python_repl_ast
Action Input: df.describe()          y_weekday     y_weekend          order   order_fin  order_cancel  ¥
count  2145.000000  2145.000000  2145.000000  2145.000000  2145.000000
mean      0.545455     0.532401  1207.855012   986.120746   221.734266
std       0.498046     0.499065   218.602886   179.583153    42.793644
min       0.000000     0.000000   678.000000   546.000000   117.000000
25%       0.000000     0.000000  1061.000000   887.000000   184.000000
50%       1.000000     1.000000  1185.000000   969.000000   219.000000
75%       1.000000     1.000000  1352.000000  1102.000000   249.000000
max       1.000000     1.000000  2712.000000  2222.000000   525.000000

       order_delivery  order_takeout  order_weekday  order_weekend  ¥
count     2145.000000    2145.000000    2145.000000    2145.000000
mean       894.385804     313.458207     865.372494     342.482517
std        183.287278      59.002958     162.660540      86.972969
min        501.000000     183.000000     464.000000     188.000000
25%        789.000000     275.000000     762.000000     289.000000
50%        879.000000     310.000000     854.000000     339.000000
75%        999.000000     351.000000     968.000000     383.000000
max       2065.000000     732.000000    2016.000000     873.000000

       order_time_11  order_time_12  order_time_13  order_time_14  ¥
count    2145.000000    2145.000000    2145.000000    2145.000000
mean      108.832168     109.189277     109.864336     110.061072
std        22.612154      22.246258      22.450405      22.361775
min        55.000000      54.000000      41.000000      52.000000
25%        95.000000      95.000000      95.000000      95.000000
50%       109.000000     108.000000     108.000000     109.000000
75%       123.000000     123.000000     123.000000     124.000000
max       263.000000     271.000000     271.000000     260.000000

       order_time_15  order_time_16  order_time_17  order_time_18  ¥
count    2145.000000    2145.000000    2145.000000    2145.000000
mean      109.888534     108.728671     109.938229     108.903030
std        22.558581      22.732937      22.354159      22.241297
min        46.000000      48.000000      48.000000      50.000000
25%        95.000000      95.000000      95.000000      95.000000
50%       108.000000     108.000000     109.000000     108.000000
75%       124.000000     124.000000     123.000000     124.000000
max       258.000000     277.000000     277.000000     261.000000

       order_time_19  order_time_20  order_time_21    delta_avg     year_month
count    2145.000000    2145.000000    2145.000000  2145.000000    2145.000000
mean      108.396270     110.162704     110.079720    34.450528  201925.000000
std        21.987225      22.405213      22.159829     4.432407      38.147049
min        56.000000      52.000000      51.000000    18.423287  201904.000000
25%        95.000000      95.000000      95.000000    34.129980  201906.000000
50%       108.000000     109.000000     109.000000    34.488655  201909.000000
75%       123.000000     123.000000     124.000000    34.845890  201912.000000
max       250.000000     282.000000     247.000000    48.373737  202002.000000  The summary statistics provide a lot of information about the data. The average number of orders is around 1207 with a standard deviation of 2

Final Answer: このデータは、さまざまな店舗での注文に関連しています。平均的な注文数は約1207で、そのうち約986が最終的に確定し、約221.7がキャンセルされています。これは、注文のかなりの部分がキャンセルされることを示しています。デリバリーの	

> Finished chain.
{'input': 'このデータから得られる何らかの推論を日本語300字程度の文章でまとめてください。',
 'output': "このデータは、さまざまな店舗での注文に関連しています。平均的な注文数は約1207で、そのうち約986が最終的に確定し、約221.7がキャンセルされています。これは、注文のかなりの部分がキャンセルされることを示しています。デリバリーの注文数の平均はテイクア
ウトの注文数よりも高く、顧客がテイクアウトよりもデリバリーを好むことを示しています。また、1日の異なる時間帯での注文数の平均はほぼ一貫しています。'delta_avg'列は平均が34.45、標準偏差が4.43ですが、より具体的な文脈がなければこの列を解釈するのは難しいで
す。'year_month'列は201904から202002までの範囲で、データは2019年4月から2020年2月までの期間をカバーしていることを示しています。"}
```

　一部を抜粋すると「これは、注文のかなりの部分がキャンセルされることを示しています。デリバリーの注文数の平均はテイクアウトの注文数よりも高く、顧客がテイクアウトよりもデリバリーを好むことを示しています。」のように推論がGPT-3.5よりも高度になっていることが分かります。

放課後ノック120：
GPT-4によるデータ可視化を体験しよう

　では、最後にGPT-4を用いて可視化をしてみましょう。せっかくなので少し複雑な指示を試してみましょう。

```
agent_4.invoke("「order」の合計値を店舗別に集計して、トップ10の店舗に絞り込んで棒グラフで表示してください。")
```

■図11-62：グラフ作成

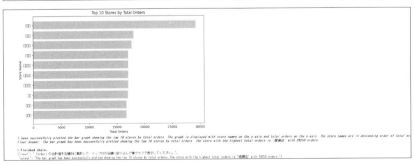

ログを見るとしっかり集計を行ったあとにグラフを可視化しています。しかし

367

文字化けしていますね。この辺はLLMで上手く対応できていません。こちらは実行環境(今回で言えばGoogle Colaboratory)を対策すれば文字化けが直ります。インストールして対応しましょう。

```
!pip install japanize_matplotlib
import japanize_matplotlib
```

■図11-63：文字化け対応

　japanize_matplotlibをインストールしてインポートすれば文字化けが解消されます。では、やってみましょう。

```
agent_4.invoke("「order」の合計値を店舗別に集計して、トップ10の店舗に絞り込んで棒グラフ
で表示してください。")
```

■図11-64：文字化け対応後のグラフ作成

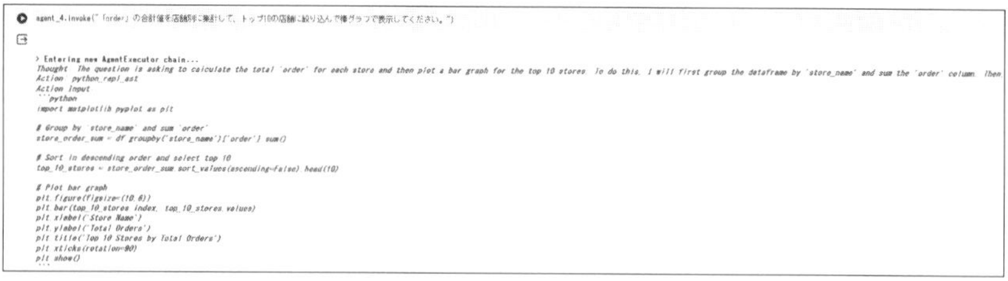

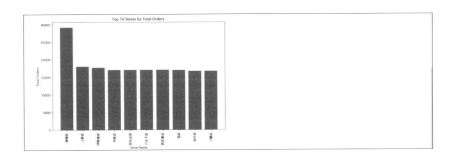

　実行した結果、文字化けしていない棒グラフが作成できました。本書では先ほどの結果と横棒グラフと縦棒グラフが異なります。もし、横棒グラフにしたい場合は指示で指定するなどすれば作成できます。

　以上で放課後ノックが終了です。大規模言語モデルの活用はいかがでしたでしょうか。LLMの可能性はとんでもないスピードで広がっています。今回ご紹介したものは、全体のごく一部ではありますが未来を感じるには十分な内容であったのではないでしょうか。「Python実践データ加工/可視化100本ノック 第2版」でもChatGPTについては触れていますが、こちらはシステムに組み込むというよりもツールとして活用する内容でした。それだけでも十分な内容でもありますが、せっかくPythonプログラミングを学んだのであれば、本書のようにLangchainまでスキルを広げることで、LLMをシステムに組み込むことができるようになってきます。もちろん、システムに組み込むことを考えた場合、本書の内容だけでは不十分ではありますが、アウトプット形式を指定するテクニックなどはまさにシステムに組み込むための第一歩と言えるでしょう。
　AIがパートナーになる時代がすぐそこまで来ています。その可能性を活かすも潰すもあなた次第です。どんどん進化していくLLMに常にアンテナを張り、社会を変えるようなアプリケーションを生み出す一歩となることを信じています。

おわりに

実践機械学習システム100本ノック、いかがでしたか？

　第1部ではデータ分析の基本となるデータ加工から、効果的な可視化を行うための技術と、それを現場で活用するための考え方について学びました。その上でデータ分析システムを構築し、継続的に回す意味とその効果を意識することができました。そして第2部では、過去の状況から未来を予測するための機械学習を学び、得られた情報をどのように施策につなげればよいか、その効果をどう評価すればよいのかを理解してもらえたのではないでしょうか。放課後ノックでは大規模言語モデル(LLM)を活用したプログラミングを体験し、基本を押さえつつもシステムに組み込むことを想定して使い方を学びました。さらにエージェントを使うことで、近い将来AIがパートナーになる姿を感じてもらえたのではないでしょうか。

　様々なライブラリが揃い、技術書をはじめインターネットでの情報収集も簡単に行える昨今、単純な可視化やデータ分析、そして機械学習まで、その気になれば誰もが実践できる時代に近づいたのではないでしょうか。しかし、ただ技術を学んでも、それをどのように活かすのかを知らなければ、顧客は勿論、仲間内の理解も得られず、せっかくの知識が無駄になってしまうかもしれません。本書では、単純に技術を伝えるのではなく、その先に何が見えるのか、それをどうすれば現場で役立ち、共感してもらえるのかまで伝えようという意識をもって執筆しました。

　私達が大事にしていることは、顧客や現場を意識した仕組みを構築するという意識です。様々なデータ分析プロジェクトやAIプロジェクトを行う中で求められること、評価されることの1つとして、適切な情報をクイックに出していくということがあります。そのためには、開発した当事者でなくても処理を回すことができ、簡単に繰り返し利用できるシステムが必要となります。本書で記載した仮説や仕組み、フォルダ構成が、あらゆる状況下で最適とはいえないかもしれませんが、ここで身に付けた知識にほんの少しの工夫をすることで、様々な状況に対応できるものと信じています。

　本書の執筆にあたり、多くの方々のご支援をいただきました。前作の著者であ

る松田雄馬さんにはエキスパートの視点でのアドバイスをいただき、千葉彌平さんには特に環境面でバックアップしていただきました。エンジニアとして数多くの案件に中心的役割で従事されている、弊社パートナーの鈴木浩さん、高木洋介さんにも的確なアドバイスをいただき、田辺純佳さんには企画段階での技術調査にお力添えいただきました。また、本書の査閲に関しては、露木宏志さん、中村智さん、神谷秀明さん、佐藤百子さん、森將さんにご協力いただきました。そして様々な研究開発をご一緒させていただいている五洋建設株式会社の鵜飼亮行様、坂本順様、菊原紀子様には、マネージャーとしての視点や現場目線での貴重なアドバイスをいただきました。そして最後に、本書出版にあたって、株式会社Iroribiのスタッフの皆さんのご尽力と、ご家族の皆様のご理解・ご協力により完成することができました。心より感謝申し上げます。

索引

著者紹介

下山　輝昌 (しもやま　てるまさ)

　日本電気株式会社（NEC）の中央研究所にてデバイスの研究開発に従事した後、独立。機械学習を活用したデータ分析やダッシュボードデザイン等に裾野を広げ、データ分析コンサルタント/AIエンジニアとして幅広く案件に携わる。2021年にはテクノロジーとビジネスの橋渡しを行い、クライアントと一体となってビジネスを創出する株式会社Iroribiを創業。技術の幅の広さからくる効果的なデジタル技術の導入/活用に強みを持ちつつ、クライアントの新規事業やDX/AIプロジェクトを推進している。共著「Tableau データ分析〜実践から活用まで〜」

三木　孝行 (みき　たかゆき)

　ソフトウェア開発会社に勤務し、大手鉄道会社、大手銀行等の大規模基幹システムの開発を統括。システム・ITにおける、要件定義、設計、開発、リリースまで全工程を経験。2017年に最先端テクノロジーの効果的な活用による社会の変革を目指し、合同会社アイキュベータを共同創業。2021年からは個人事業および株式会社Iroribiの顧問としてAIのシステム化を主軸に、データ分析やAIにおけるコンサルティング、AIシステム開発のプロジェクトを担う。特に、要件が定まる前の段階の顧客に対して、顧客と一体となって様々な視点から最適な技術を設計し、実証実験を推進していく部分に強みを持つ。また、プログラミングスキルについては、独学で各種言語を習得し、C言語より高水準の言語を扱える。
　共著『Python実践データ分析100本ノック』（秀和システム）。

伊藤　淳二 (いとう　じゅんじ)

　携帯電話会社のバックオフィスに従事し、課題であった業務効率化/情報連携ツールの独自開発をきっかけにシステム開発に目覚める。SE転身後は鉄道系や電力系の基幹システム開発等に従事。要件定義から設計、開発、運用までの各工程で力を発揮し、数々の案件を成功に導く。合同会社アイキュベータに合流後は現場目線を重視したAI導入を推進し、AIシステム開発、データ分析に関する数多くの案件を牽引。2021年には株式会社Iroribiに初期メンバーとして参画し、コンサルタント兼エンジニアとして現在も多くのクライアントとプロジェクトを推進している。共著「Python実践 加工/可視化 100本ノック」、「Tableau Public実践 BIツールデータ活用 100本ノック」（秀和システム）

◉本書サポートページ

秀和システムのウェブサイト
https://www.shuwasystem.co.jp/

本書ウェブページ
　本書のサンプルは、以下からダウンロード可能です。
　Jupyter ノートブック形式（.ipynb）のソースコード、使用するデータファイルが格納されています。
https://www.shuwasystem.co.jp/support/7980html/7261.html

動作環境
※執筆時の動作環境です。
Python：Python 3.10.12 (Google Colaboratory)
Webブラウザ：Google Chrome

Python実践 機械学習システム
100本ノック 第2版

発行日　2024年　6月 27日	第1版第1刷

著　者　下山 輝昌／三木 孝行／伊藤 淳二

発行者　斉藤　和邦

発行所　株式会社　秀和システム

　　　　〒135-0016
　　　　東京都江東区東陽2-4-2　新宮ビル2F
　　　　Tel 03-6264-3105（販売）　　Fax 03-6264-3094

印刷所　日経印刷株式会社　　　　　　Printed in Japan

ISBN978-4-7980-7261-6 C3055